天下文化
BELIEVE IN READING

企業進化

兼顧獲利、社會與環境永續的B型企業運動

孟睿思——著　邱墨楠——譯
Christopher Marquis

Better Business

How the B Corp Movement Is Remaking Capitalism

目次 contents

推薦序　期待更多企業加入B型企業運動　周俊吉　004
推薦序　台灣企業文化的進化之旅　陳一強　007
各界推薦　010
自　序　人人都該了解B型企業運動　024
前　言　千禧世代正在推動資本主義改變　033
第一章　關注相互依存，而非外部性　055
第二章　相互依存日　091

第三章　聚焦相互依存　113
第四章　讓法律與利害關係人站在一起　137
第五章　投資影響力　167
第六章　員工是公司重心　195
第七章　尋找志同道合的人：B型企業社群　221
第八章　走向世界　245
第九章　拓寬通道　273
第十章　大公司不一定是壞公司　295
第十一章　讓消費者關注　319
結語　未來不必悲觀　340
致謝　345
注釋　351

推薦序

期待更多企業加入B型企業運動

信義企業集團創辦人　周俊吉

很榮幸受邀為劍橋賈吉商學院（Cambridge Judge Business School）教授孟睿思（Christopher Marquis）的新書作序。

他的經歷相當令人驚豔，大學念歷史、碩士改念MBA，並曾在摩根大通（JP Morgan）工作過幾年，然後決定走入學術界、取得社會與管理學博士後，陸續在哈佛商學院、康乃爾大學S.C.詹森管理研究學院任教，疫情前也長期擔任中國多所頂尖大學的講座教授，目前則是受聘為劍橋大學信義講座教授（the Sinyi professor of Chinese Management）。

可能是因為如此跨域的人生經驗，讓他得以一種更寬廣的社會人文角度來觀察企業，特別在企業策略、社會創新、企業家精神與永續發展等領域，這種濃濃的個人色彩在這本書中展露無遺，字裡行間充斥著對資本主義追求利潤極大的失望，及對企業能夠、也必須改革資本主義的無比期待，而這希望的星星之火是自民間自發成立的B型實驗室開始，至今已遍布全球、甚至擴及到每一個人，透過「倫理消費」來影響企業。

他認為，不論是早幾年的企業社會責任（CSR），或是現在談的永續、ESG，在沒有定期監督檢核機制的情況下，都有可能淪為存心「漂綠」企業的遮羞布，尤其是年輕一代的消費者，對於這種虛假負責或是倡議空洞承諾的企業非常反感；而相對周延的B型企業認證，則是透過公開透明的標準與過程，協助辨識真正優良的產品或服務，有效贏得大多數消費者的信任。

然而，真正重要的不是讓每家企業都成為通過B型實驗室認證的B型企業，而是鼓勵每家企業都能像B型企業一樣，在日常營運的每一刻兼顧利害關係人權益，將重視社會與環境福利等B型企業思維，深刻融入企業的DNA；誠如我向來信仰的「企業倫理」：以企業為主體，針對各利害關係人從事合宜行為、建立適當關係，以實踐企業社會責任。如此才能推翻股東利益優先主義，讓企業的存在帶動整體社會、國家、甚至地球，進入共生共榮的正向循環。

特別是，陸續有中大型的跨國企業如北美達能集團、聯合利華、寶僑、雀巢等加入B型企業運動，顯然來自消費者與投資機構的殷殷期待，已經對企業造成相當程度的壓力，若能以企業供應鏈的無形力量加速推動B型企業運動，相信具體改革資本主義、邁向一個更美好未來的目標，應該指日可待。

書中也提及「立法」（共益公司法），是B型實驗室成功的基礎，藉由明白清楚的法律框架定義B型企業，並據此循序漸進發展。對照國際趨勢，台灣目前僅修正公司法，將企業社會責任概念明確入法，距離國外設立專法規範的進度尚遠，期待未來能有更多企業加入B型企業運動的行列，讓身邊人因為有我們而愈來愈好！

推薦序

台灣企業文化的進化之旅

活水影響力投資共同創辦人／總經理　陳一強

從孟睿思教授本人手中喜獲親簽的原文書，轉眼一年多了（謝謝B型企業夥伴王道銀行的安排），我非常驚豔他忠實記錄B型實驗室演進的歷程，從一個痛點開始，先聚焦再推進，發展成為一個全球性的運動。回顧這場運動的長度（可持續的時間）、廣度（受益者的數量）、高度（同儕的領頭羊）、深度（受益者的改變）及速度（所累積的力量）等五個衡量影響力的指標，堪稱全球社會創新的典範。

B型實驗室之所以形成一場全球企業文化變革的運動，不僅止於B型企業認證，至少包含三個層次的改變：一是由下往上，公民草根性自發的社群行動；二是由上而下，政策法規的調適與創新；三是引領主流，重塑市場機制的生態系與新常態。我感覺本書作者再三強調的，不只第一項，更重要的是後兩者。

其實早在二〇一二年，鄭志凱先生、吳必然律師、吳惠蘭會計師等先進即推動過台版的「共益公司法案」（Benefit Corporation Law），當時稱為「公益公司法」，並在王育敏委員支持下通過二讀，但未付三讀（第一次嘗試）。二〇一七年，公司法修法百年機遇之時，謝謝方嘉麟教授、方元沂教授的努力，許毓仁、黃國昌等跨黨派委員曾提出不同版本的「共／兼益公司法專章」，後於二〇一九年初，邀請到本書中提到的比爾・克拉克律師親自來台，雖然功敗垂成無緣進入二讀，卻促成公司法第一條增列「得採行增進公共利益之行為，以善盡其社會責任」的條文（第二次嘗試）。二〇二〇年，方元沂教授再接再厲，將共益公司法案的理念延續於行政院的社會創新政策之中，提出「社會創新事業組織」專法草案（第三次嘗試）。迄今，共益公司法案在台灣旅行竟長達十二年之久。衷心期待事不過三，新國會新會期能通過相關法案，更積極促成台灣企業文化的大進化。

記得二〇一四年活水成立之初，我遇到台灣第一家B型企業Domi綠然能源的創辦人連庭凱及胡德琦，之後在前中華徵信所張大為總經理（創會理事長）的帶領下，於二〇一六年共同創立B型企業協會（B Lab Taiwan），也是亞洲得到正式授權的第一家B型實驗室，至今超過五十家B型企業，數量位居亞洲第一（謝謝連庭凱、張宏尉、張威珍、陳昱築等歷屆理事長及黃惠敏祕書長的耕耘）。十年磨一劍，最近聽聞新加坡淡馬錫信託（Temasek Trust）將大力在亞洲推展B型企業運動，個人有幸參與創建期，深感榮幸。

本書提到B型實驗室成立之先，三位創辦人曾推動過B型投資控股（B Holdings）的概念，此與鄭志凱董事長與我共同發起活水影響力投資的理念不謀而合，至今活水投資超過二十五家社會創新企業，其中綠藤生機、慕渴（鮮乳坊）及甘樂文創等已取得B型企業認證。受到本書的激勵，活水期許未來能協助更多的新創團隊加入這個以相互依存為宗旨的全球社群、共同形塑資本主義的未來。

各界推薦

早期的企業稱為營利事業，顧名思義，以賺錢為目的，但現代的企業必須在營利與ＥＳＧ之間取得平衡，在實踐營利的過程同步做好「公司治理」、「環境保護」、「社區照顧」、「同仁照顧」，從而產生「顧客影響力」，這就是Ｂ型企業所尋的大道，更是讓世界變得更好的動力。

成真咖啡從非洲取得優質咖啡豆，並因而發現潔淨水的重要，當地民眾每日步行五至十公里至河邊取水，不只勞心勞力，還拿不到乾淨的水喝，這成為成真咖啡的使命，讓咖啡循環世界美好，一方面讓台灣人喝到莊園級好咖啡，回饋非洲潔淨水，享受咖啡的同時也能做公益。

成真咖啡董事長　王國雄

本書作者是哈佛與康乃爾大學教授，潛心研究Ｂ型企業運動超過十年，詳實記錄三位創辦人的遠見、堅持及十年來令人難以置信的變化和成功，並且親眼見證B型企業運動成為本世紀最具影響力的社會運動！此書將是關心地球永續的消費者、公民、企業家和未來領袖必讀的作品，帶領大家一起支持B型企業運動，向更美好的未來努力！

還記得當年美國輔導員親訪四季藝術兒童教育機構，並稱讚這是「世界一流的幼兒園」，這是對我們莫大的肯定。四季藝術兒童教育機構也有幸通過B型實驗室的認證，加入這個偉大運動的社群中一起努力。在此，向將B型企業運動帶到世界各地、尤其是台灣的先鋒們致敬！

四季藝術兒童教育機構創辦人　唐富美

「企業向善」（Business for good）是近年來企業的顯學。從聯合國倡議的SDGs、ESG，再到DEI（多元、公平、包容，Diversity, equity, and inclusion）的概念，都是督促企業從傳統的慈善責任外，重新審視企業成立的使命與初衷，並從調整組織內部體制開始，讓向善與永續發展成為企業絕對必須履行的責任。

然而為了確保企業能持續在向善的道路前進，B型實驗室推出的商業影響力評估，就是一套嚴謹的第三方驗證標準，不僅讓消費者、投資人與利害關係人有透明且充足的資訊，也間接展現企業對於社會展現的影響力。

在台灣，這股企業向善的趨勢也開始從上市櫃公司轉移至中小企業。中小企業投入ESG的改善，是一種對未來的投資，當中小企業在全面提升ESG的面向後，才能更有餘裕來避免步入衰退，同時在面對多元挑戰的未來時，才會更具有競爭力！作為台灣B型企業協會第五屆理事長，我誠摯地邀請各位中小企業主一同加入B型企業，讓企業一起進化、一起變得更加永續！

Impact Hub Taipei 共同創辦人暨B型企業協會理事長　陳昱築

為什麼企業需要重視ESG，並提升永續競爭力？答案就在年輕一代身上！以我所創辦的嘉威會計師事務所為例，我們的員工平均年齡僅二十八歲。這些年輕同仁追求有意義的工作，同時也重視工作與生活的平衡。因此，我常分享打造「錢多、事少、離家近」的工作環境理念，透過制度設計以支持員工發揮最大潛能、讓利給員工，且持續加強公司的永續作為。在這樣的正向循環下，我們營收連續多年成長一五%，且流動率低於三%。

這與《企業進化》中提到的B型企業吸引年輕人選擇符合其價值觀的工作不謀而合。我們以身為全球B型企業的一員為傲，期待透過書中案例，吸引更多企業關注員工，實現永續經營！

嘉威聯合會計師事務所所長　張威珍

在《企業進化》中，作者分析全球暴力衝突發生的原因，很大的因素是貧富差距與資源分配不公平導致的結果。美國四〇%的財富掌握在一%的人手中，因此，千禧世代對於資本主義強調股東利益優先的論點非常厭惡，以至於全球各地左派思想抬頭。影響更深遠的是，千禧世代將由嬰兒潮世代繼承約二十四兆美元的財產，他們不僅是員工，也將成為推動決策的投資人與龐大的消費者。當千禧世代渴望透過購買行為和工作來創造積極的變革，B型企業運動恰恰能滿足他們的需求。

中譽科技是一家鋁合金製造廠，員工約一千一百名，客戶都是歐、美、日前五百大品牌，在台灣、越南、泰國有據點與製造工廠。透過台灣B型企業協會輔導下，中譽在二〇二一年六月啟動商業影響力評估的分析與改善行動，歷經一年半輔導，終於在二〇二二年十二月底獲得美國B型企業稽核審查，通過認證。

透過B型企業的認證與實際的行動，證明中譽科技獲得更多歐美客戶的信任與新業務的支持。

未來產業領袖都應該從這本書開始，積極參與《企業進化》的改變，提升社會和諧向善的力量。

中譽科技（開曼）董事總經理　張琇梅（May Chang）

光隆實業是上櫃公司，核心業務為成衣生產與製造，雖處在紡織勞力密集產業，仍一直致力於維護企業內外部的公平和永續精神，經過多年不懈的努力，終於在二〇二四年成為B型企業。

我們在越南有數千名同仁，將同仁照顧好並扶植我們工廠所在鄰近社區，可以改善數萬人的生活方式。這就像書中所述B型企業具有的「投資影響力」。我們期望可以向大眾投資人傳達，台灣傳產企業到開發中國家投資，也可以為當地環境的永續發展盡更多心力，並盡到社會責任。

今後我們會繼續推動B型企業運動，帶動更多台灣上市櫃公司投入認證，推動以人為本且永續性的資本主義新理念。

光隆實業董事長　詹賀博

回憶二〇一三年，在麻省理工的求學旅程中，我在波士頓的街頭中發現了那些我最嚮往的影響力品牌們開始展示「B」的標誌。這些品牌追求的，正是透過商業力量帶來社會與環境的正向改變。這一發現不僅激發我的好奇心，也引領綠藤走上加入全球B型企業運動的旅程，並在二〇一五年成為台灣第三家B型企業；B型企業，也成為我們的信仰與進化標準。

沒想到多年後，《企業進化》這本書，透過其深刻的洞察力和故事，再次喚醒我對B型實驗室「相互依存」和「不斷進化」精神的深深感動。它讓我回想起在大學時期對於公司法所述企業以營利為目的的異樣感覺，並意識到，當年我在大雪中遠赴拜訪的「淨七代」創辦人傑佛瑞・霍蘭德，影響綠藤永續策略的大師，實際上是B型企業運動早期的重要推動者。

《企業進化》還記錄近年來B型企業發展的重要事件和策略思考，比如在二〇一九年第二十五屆聯合國氣候變遷會議上，五百家B型企業共同承諾，在二〇三〇年前實現淨零排放，以及全球數百家B型企業參與的包容性經濟挑戰（Inclusive Economy Challenge），綠藤均是其中的一員，我們甚至見證了台灣從無到有，建立亞洲首家B型實驗室。

我非常感謝孟睿思教授帶來了這本書。無論你是否已經走在B型企業的道路上，還是正在考慮加入這場運動，期待這本書能夠為你展示更多商業世界的可能性，一起探索更有意義的商業實踐。

綠藤共同創辦人暨執行長　鄭涵睿

王道銀行身為B型企業的一份子，我常常在思考，如何能讓B型企業的理念被更多人熟知？如何能讓這樣的商業型態感動更多人、說服更多人？劍橋大學商學院教授孟睿思的這本書，便是這一切所思所想的答案；他結合學術、商業、管理與親身經歷，深入淺出地為我們上了值得思考的一課。

企業的發展中應該包括人、地球、利潤，若企業的發展無法兼顧環境和社會的福祉，那下一代就會為我們的所作所為付出代價；而在與孟睿思教授相識相談的過程中，我深受感動，他深知這代價的高昂，也深知行動和改變的必要。而一本厚實且溫暖的論述，就是感動世界最好的媒介。我非常感佩也感謝這本書的出版，讓所有想讓這個世界更好的人與企業，有了按圖索驥的依歸。

王道銀行董事長　駱怡君

鮮乳坊剛成立時，台灣正經歷食安事件後對於食品的信任瓦解。我們從群眾集資開始，以「自己的牛奶自己救」試圖發動一場以白色革命為名的社會運動。同時，我身為乳牛獸醫的身分，更看到農民在過往收購模式上的弱勢，因此希望能夠讓生產者被看見。為了讓影響力可以堆疊，不僅限於一個專案，我們成立了公司，開始探索「怎麼樣成為一間更好的公司」之路。

當時，正是社會企業在台灣初步萌芽之際，「用商業模式解決社會問題」，正是對於鮮乳坊為何存在的理想詮釋，因此我們以這樣的精神來看待利害關係人共同利益最佳化的商業模式建立。過程中我們也不斷希望確認這個方向沒有走偏，我們也採用過「SROI社會投資報酬率」來衡量我們的商業行動是否真實產生社會影響力。同時關注著SDGs聯合國永續發展指標，試圖讓公司更具體的帶給世界正面幫助，但這過程中，缺乏一個可長期衡量、多面向、清楚有引導目標的儀表板，直到認識B型企業，讓我們清晰地檢視我們的行動，讓過往不容易看見、但重要的事情，能夠被看見。

這本書把整個B型企業運動的歷史脈絡、其核心思想，以及全球參與者當中共同改變的許多精彩故事納入，也感受到這條路上，有許多相同理念的人一起努力的勇氣與力量。雖然傳統商業和扭曲的資本主義已經影響全球社會，但要產生系統性的變革仍充滿可能性，正如同B型運動中所有參與者採取每日的行動，以及當你拿起這本書，在你的消費行動與工作上一起加入。

鮮乳坊創辦人　龔建嘉

本書生動地舉出許多例證，講述B型企業運動如何席捲全球企業，並讓企業轉型為更具理想且真正有生產力的組織。

諾貝爾經濟學獎得主 羅伯・席勒（Robert J. Shiller）

作者是研究全球商業和社會創新動態領域的世界頂尖專家之一。本書以豐富的佐證與生動的案例研究為基礎，粉碎股東利益優先的迷思，並揭露企業如何將社會利益融入其自身使命當中。

《給予：華頓商學院最啟發人心的一堂課》（*Give and Take*）作者
亞當．格蘭特（Adam M. Grant）

這是一份珍貴的藍圖，指引企業如何在成功的同時成為向善的力量。

巴塔哥尼亞（Patagonia）前執行長 蘿絲．馬卡利歐（Rose Marcario）

這本書以令人信服的方式，向我們說明重新定義企業目的如何能產生大規模的影響，並指出B型企業運動將引領人們走向更具韌性的經濟和社會道路。

法國達能集團（Danone）前全球執行長 范易謀（Emmanuel Faber）

對於想將價值觀和使命感視為核心的企業來說，這是一本具啟發性並擁有深刻洞解的書。

班傑利（Ben & Jerry's）共同創辦人 傑利・格林菲爾德（Jerry Greenfield）

本書作者提出令人信服的證據，告訴我們B型企業不僅能做善事，也能透過向善取得成功。每一位想創建一家保有彈性、永續且高效率企業的商業領袖，都該閱讀這本書。

聯合利華（Unilever）前執行長、共益組織想像（IMAGINE）共同創辦人
保羅・波曼（Paul Polman）

這是對當今最重要的一項商業運動迷人而細膩的描述。

《系統失靈的陷阱》（*Meltdown*）作者 安德拉斯・提爾席克（András Tilcsik）

本書告訴我們，為何B型企業的領導方式與永續發展目標行動管理等工具，可能是我

們推動有意義的商業行為，藉此達成二〇三〇永續發展目標的最佳選擇。

聯合國全球盟約（UN Global Compact）組織執行長暨執行董事

利瑟・金諾（Lise Kingo）

美式資本主義長遠來看將走向自我毀滅，目前也已陷入困境。本書提供明智而實際的建議，告訴企業領袖與政策制訂者如何在追求成功的同時做得更好。

美國前麻薩諸塞州州長 德瓦爾・派屈克（Deval Patrick）

書中強調，經濟改革的起點正是將法律力量置於一個理念之下：即企業應尊重所有利益關係人，尤其是他們的員工。本書有力地概述如何重塑資本主義，使其更加公平和公正。

美國德拉瓦州前首席大法官 李奧・斯特林（Leo E. Strine, Jr.）

獻給李英（Li Ying，音譯）

自序

人人都該了解B型企業運動

B型企業運動（B Corp movement）可能是你從未聽聞過最重要的社會運動。如果你關心逐漸加劇的不平等現象、持續向下流動的經濟階級流動性（economic mobility）、氣候危機、即將來臨的土壤和水資源危機，以及部落主義式（tribalism）的政治危機，那就應該要關心B型企業運動。如果你關心長期經濟發展和未來高品質的就業，以及大規模自動化時代下的工作內容，那麼你更需要了解B型企業運動。

B型企業運動是由一家名為B型實驗室（B Lab）的非營利組織發起，它致力於創建一種全新型態的企業，這種企業的基因裡包含三重底線（Triple Bottom Line）：人（people）、地球（planet）和利潤（profit）。嚴格的評估是這項運動的核心，在這種評估下，企業的業績不僅取決於公司盈餘，還取決於公司對社會和環境的貢獻，全球已有數千家企業通過這項評估。這些B型企業為如何影響每一個利害關係人負責，而不僅僅是要為公司股東負責。

在過去的十五年裡，我擔任哈佛大學和康乃爾大學的工商管理學教授，與塑造未來經濟的下一代商業和公民領袖有直接接觸。我在哈佛商學院（Harvard Business School）教授有關社會創新和制度變革的課程，每當在校外演講或為企業提供顧問服務時，經常有人問我見過印象最深刻的商業創新案例是什麼。我的備選答案總是有很多，比如我近期感興趣或留下深刻印象的事，然而自二〇〇九年起，我對這個問題的回答始終是B型企業運動。

最初，大多數人會反問我：「什麼？」但現在，我得到的可能是更多的認同。B型企業運動正在加速發展，商業領袖，尤其是關心永續發展的人也注意到這一點。食品飲料產業可能都聽說了這個消息：總部位於巴黎的跨國食品製造商達能集團（Danone）正致力於成為B型企業*。在服飾業，巴塔哥尼亞（Patagonia）和艾琳費雪（EILEEN FISHER）等知名品牌早就通過B型企業認證，同時也是這項運動的積極支持者。但這項運動的範圍及其潛在影響力尚未被公眾充分認識。大多數商業領袖依然認為B型企業只是在產業邊緣的一小撮企業，這些「無害的」社會企業永遠不可能取得真正的成功。

然而，這是錯誤的假設。B型企業運動在剛起步的前十年，發展已經呈倍數成長，

* 編注：達能集團的北美公司與加拿大公司已經在二〇一八年成為B型企業。

我相信B型企業及其相關理念將成為改革資本主義經濟的催化劑。要理解這種轉變，我們需要系統性理解這項運動的廣度和範圍，包括它的變革動力與歷史。書中所介紹的B型企業，闡釋了為什麼這項認證能夠為企業的營運與未來帶來根本性的影響，以及它又是如何帶來影響。

值得注意的是，這項運動的意義不僅僅在於增加B型企業的數量。在過去十年，B型實驗室的團隊成員打造出用於評估企業的創新工具，並且建立起推動這項運動發展的網絡。除了達能集團，聯合利華（Unilever）、寶僑（Procter & Gamble）、雀巢（Nestlé）、蓋璞（Gap）等跨國企業，以及募資平台Kickstarter、Allbirds、Casper和邦巴斯（Bombas）等過去十年創建的最具創新性企業，都對B型實驗室極感興趣。在與數十家類似社會企業的幾百名高階主管互動時，我發現他們正在引領一項社會運動：他們感興趣的不僅僅是推廣自己的商業理念，還包括更廣泛的理念，即創建對所有利害關係人更加有益的企業。

B型實驗室還提出一項名為「共益公司」（Benefit Corporation）的創新法案，它將社會福利、員工權利、社區和環境置於與股東利益同樣重要的位置上。在美國的大多數州，來自民主黨和共和黨的政界人士一律支持並通過這項法案。這項創新法案目前已經擴展至全球，類似的法案已在義大利、哥倫比亞、厄瓜多與加拿大的不列顛哥倫比亞省通過，許多國家也正對此進行討論。

本書一路追溯這遍地開花的行動，探索它們如何集結並引發一場持續不斷的革命。

我與B型企業的相遇

我對這項運動的興趣是從二〇〇九年春季開始，當時我在哈佛商學院教授一門課程，內容是關於ＩＢＭ、高盛集團（Goldman Sachs）、Timberland等大型公司如何在企業社會責任（corporate social responsibility, CSR）計畫中制定策略。某天，一名學生指出，如果我們想要了解這個領域真正的創新，就不該只專注於研究大公司的企業社會責任，而是進一步研究社會價值觀如何從根本上嵌入企業的基因裡。我不太明白她的意思，於是請她詳細說明。她解釋什麼是B型企業，並且列出幾個我所熟悉並通過B型企業認證的公司，包括美則居家產品（Method Home Products）、亞瑟王麵粉（King Arthur Flour），以及總部位於波士頓的社會投資先鋒企業崔利姆資產管理公司（Trillium Asset Management）。我有些尷尬，因為在這之前我從未聽過B型企業運動，便花了些時間深入了解。我被網上搜尋到的資訊深深吸引，但我還想了解更多，於是聯繫B型實驗室的創辦人。二〇一〇年，我首度發表與B型實驗室的工作有關的深度研究報告。

在那之後，我和同事共同研究並發表五十多個哈佛大學社會創新研究的相關案例，並且愈來愈聚焦在B型企業和B型企業運動。其實我在全面了解這項運動之前，就曾寫過B型企業的故事。二〇一一年，一名學生在課堂上介紹一家採行創新供貨方式，並由女性經營的純天然巧克力品牌Sweetriot。這家公司生產美味的可可碎粒（一種表面塗有巧克力的可可豆碎粒）。當我前往Sweetriot位於格林威治村的總部並採訪經營者時，我驚訝地發現，總部的牆上掛著一張B型企業證書。一年後，我的一位研究助理對眼鏡新創公司沃比派克（Warby Parker）及其「買一捐一」模式產生極大的興趣，讓我相信這也是一家值得研究的重要企業。我前往沃比派克的總部，並再次發現這也是一家通過認證的B型企業（但它現在不是了，原因我將在後文闡述）*。顯然我那些來自千禧世代的學生和研究員，看到了一片我尚未認知到的廣闊領域。

我在短短十年間目睹的變化令人難以置信。二〇〇九年，只有一小部分思想前衛的學生對B型企業有所涉獵；而今天，當我在康乃爾大學為學生上社會企業的第一堂課時，我請聽說過這項運動的學生舉手，幾乎所有人都舉起了手。而更值得關注的是，他們對這項運動充滿熱情，而且很想要參與其中。二〇一〇年起，我每年都會邀請B型實驗室的領導人來我的課堂，並透過贊助校園活動去探討他們的工作成就。儘管第一場校園活動很可惜地只吸引一小部分學生；然而到了二〇一六年，其中幾場校園活動哪怕在可以容納一百多人的場地舉行，也座無虛席。前來聽講的學生只能坐在台階，或擠在會場門口。

我從學生口中認識到這種創新經營方式的重要性。千禧世代已經是當前勞動力市場的半壁江山，未來數十年，隨著他們的父母（嬰兒潮世代）離世，他們預計會繼承多達三十兆美元的財產。[1]千禧世代渴望透過購買行為和工作來創造正面的影響力，而B型企業運動恰恰能夠實現這一點。作為消費者、選民和未來的領導人，他們將成為推動這項運動的先鋒，儘管這需要好幾代人的努力才能真正實現。

B型企業運動正蓄勢待發

值得注意的是，這是一項真正的全球性運動，超過五〇％的B型企業位於美國境外。二〇一四年，我在中國第一次認識到這項運動的傳播範圍之廣。當時我應邀在北京大學社會企業管理碩士的開學典禮上發言，我原本以為這些學生只想聽到耳熟能詳的公司，於是我講解高盛、IBM等企業案例，同時帶出一些中國案例。演講結束後，一名學生代表禮

＊編注：沃比派克在二〇二一年又再度得到B型企業認證，中間失去B型企業身分的原因請見第九章。

貌地告訴我，他們當中很多人都對我沒有提及B型企業感到失望。他們從我的個人簡介中發現我長期研究這個課題，因此期待我能就此發表演說。我大受震撼，便請她通知課程助教，邀請我以B型企業為主題舉辦講座。

幾個月後我重返北京，進行一場以B型企業運動為主題的公開講座，來參加講座的人包括中國當地企業家及對此感興趣的學生。這場講座讓香港的社會企業領袖紛紛關注起我的工作，二〇一七年十一月，我在香港社企民間高峰會上發表主題演講，與會人數超過四千人。我會被邀請參與這場盛會，主要來自於我對B型企業的關注。當時我在香港特別行政區行政長官林鄭月娥之後發表演說。二〇一七年，我著手研究中國第一家B型企業「第一反應」，隨後在哈佛甘迺迪學院（Harvard Kennedy School）發表案例研究報告。

二〇一八年二月，包括我在內的全球十二位學者（諾貝爾經濟學獎得主艾德蒙・菲爾普斯〔Edmund Phelps〕也在其中）向中國總理李克強簡報，說明中國應該理解並適應的世界重大變化。儘管我被要求介紹社會企業與創新，但我在二十分鐘的演講中，足足花了三分之一的時間談論B型企業運動在中國的潛力。中國的B型企業運動仍處於起步階段，但已經有了驅動力和熱情。主辦單位似乎也被這個主題打動，因為我接連受邀參加二〇一九年和二〇二〇年的聚會。二〇二〇年一月，就在中國實施新型冠狀病毒疫情封鎖之前，我再次在北京與總理會面，向他的團隊介紹書中的許多重要觀念。當時我完全沒料到，不過幾個月後，世界就要站在不同的風頭浪尖，這本書中的構想也變得更加重要。

除了我的學生和創立B型企業的社會企業家，來自第三個群體日益高漲的熱情也深深鼓勵著我，他們是相信國家應該有所變化，並且想要更深入了解B型企業運動的普通人。當我為企業高階主管授課，或在與朋友、同事的交談中提及B型企業，許多人都感到很驚訝，因為他們對此毫無所悉。然而一旦有了一定的了解後，他們會意外發現，這樣的企業無所不在。

儘管我研究這個議題長達十年之久，幾乎每天還是會對於自己一路遇見的B型企業數量之多感到驚訝，並深受鼓舞。不久前，我去了紐約，並在離住所幾個街區外的一家餐廳用餐。我點了一瓶來自法國、採用生物動力農法的葡萄酒商魔力酒莊（Chateau Maris）的紅酒，這瓶酒很好喝，後來我赫然發現，B型企業的標籤就印在瓶身背面。二〇一六年，魔力酒莊成為歐洲首家獲得B型企業認證的酒莊。為何一家法國酒莊需要取得美國機構的認證？魔力酒莊的創辦人羅伯特・伊頓（Robert Eden）向我解釋：「B型企業勾勒出一張了不起的路線圖，它吸引並鼓勵我們在公司內部採取行動，對社會和環境的態度變得更開放；它還允許我們引進某些管理工具，以便更加精準地實現自己的目標……它為我們打開許多扇充滿未知的大門。」[2]魔力酒莊致力釀造優質葡萄酒的同時，還優化供應鏈，採用生物動力農法種植，改善當地社區的種植條件。

上述的經驗在在告訴我，B型企業運動正蓄勢待發。當一種變革尚未被充分認識，卻早已在表象之下滲透了一段時間，轉捩點往往會在這之後發生。在某個時刻，某個事件會將這些星星點點的行動串聯在一起，讓人們對此形成更深刻的認知，促使這項運動飛速發展。我真誠地希望本書能為此發揮一些作用。

前言

千禧世代正在推動資本主義改變

許多人極度不信任當前的資本主義制度，尤其是年輕人，他們的理由很充分：儘管資本主義引進驚人的技術創新，但從中受益的只有一部分人。雖然大量指標顯示我們的經濟很強勁，但仍有許多人為了食物和住所等基本生存需求在夾縫中掙扎。一般人在經濟衰退時，看到的是有錢人依然富有，但其他人卻率先受到衝擊。許多聰明的年輕人找不到發揮才能的工作，繼續深造或許可以幫助他們，但多數人卻無力支付學費。

如果這還不夠糟，他們還看到氣候正在改變，以及多數商界人士不願承認自己在這其中無以迴避的責任。颶風「艾瑪」（Irma）、「瑪麗亞」（Maria）和「哈維」（Harvey）在北美部分地區帶來重創，導致長期經濟損失；巴基斯坦的極端熱浪和印尼的氣旋風暴等自然災害也已經造成數千人死亡或流離失所。

加州企業家、也是史密斯霍肯零售目錄公司（Smith & Hawken）的共同創辦人保羅・霍肯（Paul Hawken）表示：「我們正在竊取未來、並把它賣給當下，稱這是國內生產毛額

（GDP）。」[1]這句話是什麼意思？這意味著整個工業界是靠巧妙的手法所建構，企業無需為自身製造的汙染買單。但若把這樣的代價計入營運成本，企業就會虧損。實際上已有研究證明，倘若考慮企業對環境造成的影響，那麼頂尖產業裡沒有一家企業能獲利。[2]

此外，商業世界始終充斥著各種醜聞。有些企業不但無視環境代價，也不在乎人類成本。優步（Uber）、溫斯坦影業（Weinstein Company）等眾多企業已被指責容忍性別歧視和騷擾文化在企業內部大行其道。[3]英國滙豐銀行（HSBC）曾被爆料男性員工的薪資為女性員工的兩倍，而薪酬不平等現象幾乎存在於全世界各個行業。[4]漠視騷擾文化、對早已放棄要求更多的員工支付更微薄的薪資，要釐清這些做法能帶給企業多少好處並不難，這都是**股東利益優先**（shareholder primacy）導致的直接後果。這種行為無視公平公正，只專注於利潤和股票價值的最大化。

在優先服務股東的想法帶領下，企業對自身的負債做出分類。一般而言，那些不屬於企業直接管轄範圍內的成本，比如企業所在地區的空氣品質、員工的醫療成本等，都被視為**外部成本**（externalities）。以股東利益優先為基礎的經濟理論也如此認為，為了提供股東更高的報酬，企業應該限制外部成本，這讓我們走上今天所處的關鍵轉捩點。

美國醫療產業對新冠肺炎疫情的反應就是一個例子。為了降低成本，美國企業在口罩和呼吸器等重要設備的製造上都採取「即時生產」（Just In Time, JIT）*模式。結果導致境外生產與委外生產氾濫，反倒形成一個無法因應危機、不堪一擊的系統。對我們來說，現在最重要的不是考慮外部成本，而是考慮如何相互依存，去理解企業、社區、消費者、員工，甚至地球本身等所有要素是如何緊密相倚。這個網絡中任何一名成員的決定，都會直接影響其他成員。

從歷史上看，各國政府會應對這些問題，並且透過制定政策和設立專案的方式，讓企業扛起責任。但是現在它們不僅從監理職責中抽身，更制定了破壞性的政策。川普政府對環境不負責任的做法和減稅措施一度占據新聞頭條，但實際上，這已經是世界各地的現況。

總有一天，有人會為此付出代價。他們或許不是當前掌權的這代人，但很可能是下一代人，而下一代人自然不會樂見這個結果。正如我們在過去半個世紀的理解，資本主義社會中股東利益優先的經營方式不再是王道。

幸運的是，並非所有企業都受貪婪驅使。愈來愈多企業正致力於為所有人，而不僅

* 譯注：係指企業生產系統的每一道環節、工序僅按需求的數量生產，是一種以零庫存、低成本為目標的生產方式。

僅是有錢人，提供更高品質的生活，從而讓我們遠離環境和社會懸崖風險。全世界已經有三千多家企業通過B型實驗室（B Lab）認證*，其中不少企業生產的都是我們日常消費的商品。由它們發起的B型企業運動會讓更多企業認識到，只有讓所有受影響的人都受益，企業才能真正興旺起來。

很大程度上，B型企業運動是對長期主導企業界的有害工作場所文化、糟糕的環境標準，和以獲利為導向的思維模式直接做出的回應。這是民間自主發起的運動，現在正與其他持相似理念的運動或組織一同擴大影響力，包括維珍集團（Virgin Group）創辦人理查·布蘭森（Richard Branson）創辦的B團隊（B Team），以及全食超市（Whole Foods）執行長約翰·麥凱（John Mackey）發起的自覺資本主義（Conscious Capitalism）運動†。一些B型企業還積極參與由教宗方濟各（Pope Francis）發起的方濟各經濟大會（Economy of Francesco），其宗旨是「讓今日和未來的經濟更公平、更永續、更具包容性，不放棄任何一個人」。[5]二〇一九年十二月，五百多家B型企業在第二十五屆聯合國氣候變遷會議（COP25）上承諾加速減少溫室氣體排放，並在二〇三〇年以前實現零排放，這比「巴黎協定」（Paris Agreement）設定二〇五〇年實現零排放的目標提早整整二十年。[6]最近，B型實驗室還與聯合國合作，協助聯合國在商業領域執行十七個永續發展目標（Sustainable

Development Goals, SDGs））。

在數千家獲得B型企業認證的機構中，既有巴塔哥尼亞這種獨立企業，也有康寶濃湯（Campbell Soup）和蓋璞等跨國企業的業務部門，還有啟動群眾募資的新創公司；英國媒體龍頭《衛報》（*The Guardian*）和《觀察家報》（*The Observer*）所隸屬的衛報媒體集團（Guardian Media Group）於二〇一九年獲得認證；南美洲市值三十億美元的化妝品上市公司「大自然」（Natura & Co），也正推動員工、投資人、消費者與政府改變思維，這家公司最近收購美妝先驅品牌雅芳（Avon）和資源管理公司特里西克洛斯（TriCiclos）。

除了認證工作，B型實驗室亦致力於創造一種全新的公司形式，在公司治理中規範社會責任。截至二〇二〇年年初，美國已經有三十五個州通過共益公司的相關立法，超過一萬家美國企業以共益公司的形式註冊成立；與此同時，義大利、哥倫比亞、厄瓜多、加拿大的不列顛哥倫比亞省也通過共益公司的相關立法；阿根廷、澳洲、巴西、加拿大、智利和法國也正在制定相應的法案。

* 編注：截至二〇二四年二月，全世界已有八千多家企業通過B型實驗室認證。

† 編注：約翰・麥凱已於二〇二二年退休，卸下執行長工作。

本書討論的內容遠不止於B型企業運動。為了理解B型實驗室及其他機構的必要性，強調它們的實踐方式，鼓勵更多人加入這場改革資本主義的運動，本書追溯這些機構的治理原則及其實踐的演進過程。此外，儘管我們所認知的「社會企業」（social business）帶來重要的影響，但將它們視為「第四部門」的傳統思維實際上默認以下的預設：資本主義所涵蓋的其他領域應當保持當前的思維模式，而我們需要的，也就是B型企業運動代表的，則是一種嶄新的經營方式。

B型實驗室點燃了這場運動，但改革資本主義需要我們所有人參與。公司必須堅守更高的標準，努力擴大自己的正面影響力；消費者必須從日常購買行為來選擇他們想要的生活方式；員工必須對他們的雇主提出更多要求，同時充滿熱情，積極投身於永續發展的實踐；投資人，尤其是上市公司的投資人，必須以嚴格而全面的標準來要求這些公司；政策制定者必須積極通過法案，並從自身展現出變革的企圖心；而公民必須用手中的選票發聲。制度無法自我改變，唯有我們可以改變它。

識別真正具社會責任感的企業

總部位於巴黎的達能集團向來是該領域的先鋒，儘管人們通常不認為它是一家社會企業。集團的前任全球執行長范易謀（Emmanuel Faber）看到B型企業運動的革命性意義並投身其中，截至二〇二〇年年初，包括北美子公司在內的十七家子公司已經通過B型企業認證。范易謀告訴我：「成為B型企業讓達能集團有底氣喊出『我們就是這樣的公司』，而且應該要有更多公司一同投入。」

由佛瑞德．凱勒（Fred Keller）於一九七三年創立的晉升工程（Cascade Engineering），是一家總部位於密西根州大急流城（Grand Rapids）的大型塑膠製造公司，從成立之初就致力於推動平等的就業機會，並與密西根州的其他企業共同打擊種族主義。凱勒的女兒，也是晉升工程現任執行長克莉絲蒂娜．凱勒（Christina Keller）描述公司的三重底線：「我們不對員工劃分等級，每個人自有其價值。」但她也強調：「僅僅說『嘿，我們看中你的價值』是遠遠不夠的。」與此同時，晉升工程積極幫助更生人和領取社會福利津貼的人重建職涯。她指出：「關愛地球是公司成長過程中的重要環節……如今這個理念轉化為工廠裡材料回收或廢棄物零填埋等具體做法。而在利潤方面，則成為我們達到最高效率以及找出解決問題的方法。」[7]

佛瑞德在康乃爾大學教授一門關於永續商業模式的課程，因此當他遇見B型實驗室創辦人的那一刻，他就明白自己會支持這項運動。正如克莉絲蒂娜所言：「我們的價值觀一直是如此。為了幫助並推動這項運動，我們成為B型企業，並以一種全新的方式來推動它發展，還吸引許多擁有相同價值觀的企業。（但這並不表示）我們在成為B型企業後才變得不一樣，它只是一道額外的認證，幫助我們知道如何才能變得更好，如何才能與更廣泛的群體打交道。」[8]

B型企業的活動和其他以社會為中心的企業活動（比如捐助非營利組織或實施回收方案等）有個重要的區別。企業社會責任已經存在很長一段時間，這是一種推動企業實踐永續商業行為的商業手段。從表面上看，這個理念當然值得讚許。然而，許多公司被指責是在「漂綠」（greenwashing），即光說不練。它們宣揚自家企業在環境和社會方面的「環保」行動，卻也同時掩蓋它們真正的經營成本。

例如，英國石油公司（BP）多年來長期投資替代能源，並聲稱其名稱中的兩個字母代表的是「超越石油」（Beyond Petroleum）。二〇〇〇年，為了展現新形象，公司將商標從傳統的盾牌改為黃綠相間的向日葵圖案。[9]二〇一〇年，「深水地平線」（Deepwater Horizon）石油漏油事故爆發，公眾這才得知，英國石油公司內部的做法與其對外宣稱的並不一致。這次漏油事故對環境和人類造成毀滅性的損失：鑽油平台爆炸導致十一人死亡，爆炸和漏油產生的煙霧很可能在人的皮膚和呼吸系統留下無法逆轉的傷害，該地區的生態系至今尚未恢復。二〇一七年，漏油事故發生七年後，當地一名漁夫描述那個事故導致的長期影響：「今年夏天，我看到一條脊椎畸形的魚……牠生下來脊椎就是彎曲的。我還看過身上長著大斑點的寬吻海豚，這可一點也不正常。」很長一段時間，那個地區的海產都有毒性。相形之下，人類最大的損失則是經濟上的，包括漁業、旅遊業在內，許多產業都遭到重創。[10]

那麼消費者、員工和我們一般人，究竟該如何區分真正做好事的公司，抑或只有嘴上功夫的公司呢？倘若企業試圖重拾大眾的信任，首先就必須增強透明度並建立問責制，而這也直指英國石油公司在漏油事故中的核心問題。二〇一八年，英國石油公司宣布再度聚焦石油和天然氣鑽井平台的減排行動，乍看之下的確是值得讚許的目標。然而，這家公司卻依舊忽視它的有形產品（石油和天然氣）在全球暖化中造成的巨大影響。環保智庫E3G董事長、英國石油公司前任顧問湯姆．伯克（Tom Burke）等評論家指稱，英國石油公司的做法是「用二十世紀的方式回應二十一世紀的問題」。[11]消費者需要看到商標之下的真相，並且理解到環保行動和環境友善經營是企業的核心要務，而非僅僅端出幾場周邊專案或公關活動就能虛應故事。

最近，我在與親友前往科羅拉多州波德市（Boulder）的一趟旅程中，親身經歷類似的困惑。我向親友介紹我對B型企業運動的研究，而他們之中大多數人對此聞所未聞。那天晚上，我們在室外的零售商店街散步，當我指出巴塔哥尼亞、班傑利（Ben & Jerry's）、阿仕利塔（Athleta，蓋璞旗下的運動服裝品牌，其店鋪窗戶上醒目展示著B型企業標誌）和當地的牛頓跑鞋（Newton Running）等品牌都是B型企業時*，所有人都感到十分驚訝。

有趣的是，一位朋友提到了嵐舒化妝品（Lush Cosmetics），並認為這個品牌應該也列名在我口中的B型企業清單上。為什麼一些已樹立起具有社會責任形象的品牌，並沒有加入這場運動呢？儘管我不敢肯定，但我懷疑嵐舒當時使用的化學品可能是原因之一，該公司曾因此遭受批評。[12]儘管它的商店裝修得像是「農夫市集」，但很可能因為產品使用的塑膠包裝，而無法達到B型企業標準。大多數公司會在官方網頁的底部列出認證標誌，以證明它們的產品屬於公平貿易產品、有機產品，而且遵守零虐待動物準則。嵐舒雖列出一系列與認證標誌極為相似的文字，包括「反動物實驗」、「道德採購」、「一〇〇%純素配方」、「手工製作」、「裸包裝」。但深入探究之後，會發現這些都只是企業的自我包裝，它們口中的理念，沒有一個得到第三方的認證或審核。[13]儘管我們可以從新聞中得知，嵐舒在沒有第三方嚴格評估的情況下，的確在減少化學物質和浪費性包裝的環節上付出一番努力，但我們依舊難以判斷其聲明的真實性。藉由這個例子，我的親友終於明白，B型企業認證是一個非常強大的工具，人們可以藉此便利且可靠的識別真正具有社會責任感的企業。

我們可以從兩個重要的特徵，來區分達能集團北美子公司、晉升工程等企業，以及其他所謂具「社會責任」和「在地關懷」的企業。第一，如前文所述，達能集團北美子公司等企業活動經過嚴格評估，結果也公開透明。人們可以親眼見證企業的實際行動，並對此做出獨立判斷；第二，這些企業會改變自身的治理模式，將社會使命納入企業的法律基礎，同時認識到企業與社會是如何緊密依存。這種新型企業和經濟模式能夠為更好、更公平、更永續的資本主義形式奠定基礎。

這場運動已經走向國際化，它已經遍及世界各個角落，得到諸多企業家支持，在大多數國家都受到熱烈歡迎。但這場運動想要推動經濟跨過臨界點，走向永續的資本主義，全球擴張是唯一途徑。

儘管企業無法解決人們面臨的所有問題，但企業卻在資本主義社會中發揮重要的作

＊編注：牛頓跑鞋在二〇一九年已經不是B型企業。

用，它可以繼續讓天平倒向少數人的利益，同時危害多數人，或是引領公眾找到更好、更公平且長期有效的解決方案。在當前政治和社會環境中，這種轉變比以往任何時刻都更加重要，而轉變**正在**發生。千禧世代作為消費者和員工，偏好挑戰主流且有益社會和環境的企業，在很大程度上推動這樣的轉變。B型企業運動不僅提供實現這種變化的框架，還可以號召群眾一同參與。

股東利益優先VS與消費者和社會同步

二〇一七年，英國消費品公司聯合利華集團拒絕卡夫亨氏（Kraft Heinz）價值一千四百三十億美元的收購要約，令商界大為震驚。此次收購得到卡夫亨氏各大股東支持，包括享譽全球的投資人華倫．巴菲特（Warren Buffett）領導的波克夏海瑟威（Berkshire Hathaway），以及巴西私募基金3G資本（3G Capital）。根據我們對傳統資本主義的理解，這次收購本應被接受，因為這會讓聯合利華的股東變得更富有。但事實並非如此，原因何在？這是因為只關注商業利益而無視其他因素的傳統資本主義勢力，與認識到企業和社會是緊密依存的新勢力之間的衝突，已經來到關鍵時刻。[14]

聯合利華當時的執行長保羅．波曼（Paul Polman）將這場失敗的收購行動描述為「牽掛著世界數十億人的人，與只想著幾個億萬富翁的人之間的衝突」。[15]一邊是巴菲特，其著名投資標的包括可口可樂（Coca-Cola）、冰雪皇后（Dairy Queen）和麥當勞（McDonald's）。儘管巴菲特腳踏實地的生活方式和他的投資智慧一樣備受稱讚，哪怕他的財富每天不斷成長，他依然住在一九五八年在奧馬哈買下的房子裡，每天在麥當勞吃早餐，但他選擇投資連鎖速食業者的做法，似乎離當今年輕消費者注重永續發展的價值觀愈來愈遠；[16]另一邊則是低調的企業家保羅・波曼，他更偏好投資重視社會責任的企業，包括淨七代（Seventh Generation）、班傑利等知名品牌，以及普卡草本（Pukka Herbs）、梅特拉（Mãe Terra）、肯辛頓爵士（Sir Kensington's）、山迪奧品牌（Sundial Brands）等較小的品牌，它們都是開發天然有機產品且通過認證的B型企業。

波曼並不天真，他了解把公司定位在更加滿足下一代的需求和利益這種戰略價值。在他的領導下，聯合利華建構起這樣的使命：遵循負責任的商業實務，同時優先考慮所有利害關係人（包括你、我以及地球上每個人）的需求。正如波曼所言：「我不認為我們受託的責任是股東利益優先。我認為恰恰相反。」聯合利華致力於「改善世界公民的生活，並提出真正永續的解決方案」，這種思維模式恰恰根植於公司的信念，即「與消費者和社會同步」，而這最終也為公司帶來良好的股東報酬。[17]

更好的品牌聲譽、更高的員工留任率、對環境友善的經營方式，以及足夠的利潤，都是建立在相互依存基礎上的新型資本主義。這種全新的經營理念正在推動資本主義從二十世紀的股東財富最大化模式，朝向社會價值最大化的全新模式發展。許多人曾質疑，聯合利華拒絕卡夫亨氏收購要約的決定是否明智，畢竟這麼做可能會讓聯合利華持續承受風險。然而現在看來，此舉實際上對聯合利華有利。該公司的「永續生活」品牌在幾年來始終領先其他品牌：二〇一七年，「永續生活」品牌的銷售成長速度比同公司其他品牌快上四六%，大幅推動集團的銷售成長。波曼明白，波克夏和3G資本注重短期價值，而且經常對被收購的公司密集執行成本削減計畫。這意味著員工會失業、改善環境的計畫有可能被砍掉，以及長期永續發展計畫會陷入停滯，所有不可能轉化為短期利潤的事物都可能遭受潛在損失。[18]

即便在反對股東利益優先方面，拒絕收購要約並不算平和的手段。但我反倒認為這個例子更像是一種領先指標，它意味著企業可以用其他方式來經營。巴菲特和波曼體現了兩種截然不同的企業文化，這兩種文化現在顯然是對立的。一方是只關注股東利益和短期報酬的傳統企業；另一方則關注三重底線，即人、地球和利潤。聯合利華正走在重新定義資本主義的領先地位，而年輕人的日常消費選擇將協助這樣的公司實現理念。然而，建立永續商業模式只是第一步，倘若法律沒有做出相應的變化，那麼當新管理階層和投資人管理這些公司時，向善的變革力道可能會隨著時間推移而減弱。事實上，波曼已經從聯合利華退休，這家公司接下來是否會依循他制定的路線發展，還有待觀察。

在許多領域，支持三重底線的「挑戰者品牌」正在重新定義二十一世紀的企業。例如，美則和淨七代提供天然無毒和生物可分解的產品，挑戰主打化學製劑的清潔與家用品產業。這兩個品牌的成功，可歸功於消費者對有害化學物質及其對環境造成的危害意識日益增強，以及品牌本身與傳統主流企業對抗時所展現的冒險態度。

正如我們所知，公眾認為當前經濟制度的確有缺陷，並對此感到失望。在美國，四〇%的財富掌握在一%的人手中。[19]大氣中的碳排放量早已超過警戒線四〇〇 ppm，這是公認的危險值。[20]法律體制阻礙企業為股東和利害關係人長期創造價值；消費者、投資人、政策制定者和勞工則因為缺乏一致的標準，難以分辨良好的公司與行銷。愈來愈多人試圖透過商業經營來應對這些挑戰，這已經是這個時代最重要的社會趨勢之一。而無數消費者、投資人和勞工也在尋找符合自身價值觀的商品來購買和投資，並據此做出更明智的就業決定。

研究顯示，千禧世代想要的不僅是薪資，還包括更高的目標。他們希望自己選擇的公司符合自己認同的社會價值觀；而他們往往也會排斥傳統資本主義以利潤最大化作為單一目標。[21]B型企業的崛起就是這種趨勢的明證。近三分之二的千禧世代表示，他們接受一份工作的主要原因是該公司的使命。許多B型企業發現，公司通過B型企業認證之後，前來求職的人數有所成長；許多求職者也指出，B型企業認證正是他們丟出履歷的原因。[22]二〇一九年，德勤（Deloitte）的一項研究顯示，多數受過大學教育的千禧世代一致認為，企業的主要使命應該是成為引領世界改變的向善力量。然而這批接受調查的千禧世代中，只有不到一半的人認為企業的行動合乎道德。出於種種原因，千禧世代和Z世代對當前的體系及其領導力喪失信心，同時深受具社會責任感且關心員工的企業所吸引。[23]

市場研究證實，和上個世代相比，千禧世代更關注符合其消費觀念的產品和企業。哈佛甘迺迪學院近期一項調查也發現，在十八到二十九歲的人口中，超過五〇%的人抵制資本主義。[24]他們希望自己消費的品牌擁有公開透明的企業文化，而且自己對此有清晰的理解。布魯金斯學會（Brookings Institution）的一項報告指出，九〇%的千禧世代更可能向力求解決社會問題的企業購買產品。[25]全球最大資產管理集團貝萊德（BlackRock）的執行長賴瑞．芬克（Larry Fink）在二〇一九年的公開信中寫道：「世界正在經歷有史以來規模最大的財富轉移，從嬰兒潮世代轉移給千禧世代的財富總額高達二十四兆美元。在這個過程中，千禧世代不僅僅是員工，也將成為足以推動決策的投資人。隨著財富轉移和投資偏好轉變，環境、社會和治理因素對企業市值的影響力會愈來愈大。」[26]

儘管全新的信仰體系正在崛起，但不樂於改變的保守派依然捍衛現狀。B型企業運動的頭一個十年走得並不輕鬆，而且在取得全面成功之前，挑戰還會繼續增加。我們的未來（不只是千禧世代的未來，而是所有人的未來）岌岌可危。儘管當前全球政治局勢呈現兩極化發展（像是川普總統當選和任期內的所作所為，以及發生脫歐投票等許多例子所證實的那樣），但依然有人認為，進步的經濟政策與更加關注自然環境的做法得到了廣泛支持；甚至在美國最傳統保守的群體中亦是如此。這些政策包括向富人增稅，以及加強對公司的管控。例如二〇一七年，皮尤研究中心（Pew Research Center）的一項研究顯示，九四%「市場懷疑論共和黨人」（Market Skeptic Republicans，相當於三〇%共和黨註冊選民）認為經濟不公平的偏向強大的利益集團，政府應該對大型企業加稅，而這種觀點讓他們看起來更像是自由派，而非保守派。[27]此外，大部分美國人並不贊同川普在二〇一七年公布的稅收改革法案，該法案大幅削減富人和大型企業的稅收，幾乎沒有為中低階層帶來任何好處。[28]在社會和文化議題（如移民、生育權、性別平權）和財政議題上，許多自稱立場傾向保守派的人顯得更像是自由派。

人們對B型企業運動的認識，將在未來幾年呈現倍數成長。每天我幾乎都會看到媒體的相關報導，足見其普遍性。例如二〇一八年八月某天，《紐約時報》（*New York Times*）和幾家媒體上刊登的文章引起我的注意，其中一篇是在幾個月前首次發表的專欄，文章標題為〈難怪千禧世代憎惡資本主義〉（No Wonder Millennials Hate Capitalism）。這個主題對我來說一點都不奇怪。[29]報導內容稱百事公司（PepsiCo）的執行長盧英德（Indra Nooyi）即將卸任，並聚焦於她如何將百事公司重新定位為生產更健康食品的公司。[30]其中一個重要的例證，就是百事收購B型企業煮意樂（Bare Foods）。此外，還有一個與麻州州長德瓦爾·派屈克（Deval Patrick）有關的故事，當時他才發表川普應該被彈劾的言論，並有傳言指出他有意投入二〇二〇年總統大選。參加競選之前，派屈克曾任職於貝恩資本（Bain Capital）的投資部門，他的第一個投資對象就是B型企業山迪奧品牌，而且他也公開支持透過B型實驗室分析平台來評估社會投資（social investements）。[31]

大約在同一時期，參議員伊莉莎白·華倫（Elizabeth Warren）在《華爾街日報》（*Wall Street Journal*）的一篇專欄中公布她提出的「問責資本主義法案」（Accountable Capitalism Act）。該法案要求所有營收超過十億美元的企業都必須由聯邦政府管理（當前美國公司章程的核發都是由各州負責），同時要求這些公司必須採取以下的治理模式：公司董事做決策時必須考慮所有主要利害關係人的利益，而不僅僅是股東利益。這篇文章的標題為〈公司不該只對股東負責〉（Companies Shouldn't Be Accountable Only to Shareholders）。[32]華倫承認，她提出的法案建立在B型實驗室首創的共益公司模式之上，這個模式已經應用在擁有三分之二財星五百大企業的所在地：德拉瓦州。

在將華倫的提案駁斥為政府過度干預之前（雖然已經有人這麼做了），你可能會有興趣知道，美國營收超過十億美元的企業僅約三千八百家，要求它們將員工、顧客、社會利益與股東利益同等看待，難道不合理嗎？考慮到我們當前面臨的眾多危機，尤其是信任上的危機（在美國，企業是最不受信任的機構之一），再想想英國脫歐、「黃背心運動」（Yellow Vests Movement）*和「反抗滅絕運動」（Extinction Rebellion）†等社會政治運動背後的經濟力量，該提案似乎並非不合理的保護手段。

此外，參議員馬可・魯比歐（Marco Rubio）發表一份多達四十頁的報告，名為

* 譯注：黃背心運動是法國群眾發起的一場社會運動，因抗議民眾身穿黃背心而得名。這場運動始於二〇一八年十一月十七日，起因是法國政府加徵燃油稅。

† 譯注：「反抗滅絕」是一項全球性運動，發起於二〇一八年的英國，正視氣候危機的環保人士於多座城市展開抗爭，呼籲政府採取行動減碳降排。

〈二十一世紀的美國投資〉（American Investment in the 21st Century）。他在報告中指出，美國經濟正在遭受因過度關注短期財務報酬而帶來的危害。該報告亦明確指出，股東利益優先論是「美國企業偏離自身在經濟中應該扮演的傳統角色」的主要原因，因為「該理論促使企業傾向以快速且可預測的方式還給投資人資金，而非培養企業的長期實力；它削弱企業在研究和創新上的投資，同時低估美國勞工對生產的貢獻」。魯比歐的報告總結道：「我們需要建立一種經濟模式，它能夠超越從狹隘和短期財務視角理解價值創造的觀念，同時設想一個值得長期投資的未來。」[33]

參議員華倫和魯比歐在很多方面的意見並不一致，但是他們一致認為，扼殺美國的競爭力、社群和勞工的癥結就是股東利益優先論。包括妮基・海莉（Nikki Haley）、麥克・彭斯（Mike Pence）、史考特・華克（Scott Walker）在內的共和黨州長都已經簽署共益公司法案。如今，我們很少見到民主黨與共和黨在某項議題上達成一致，而這恰恰說明將人民利益而非利潤放在經濟決策中心的政策，極可能得到兩黨的支持。

就連美國幾家大型企業的執行長，也得出同樣的結論。二〇一九年八月十九日，集結兩百多家大企業且極富影響力的貿易團體商業圓桌會議（Business Roundtable）對其「關於公司目的的宣言」（Statement on the Purpose of a Corporation）做出了修訂，目的在促使企業不僅要滿足股東需求，也必須滿足員工、消費者和社會等利害關係人的需求。[34] 儘管這個進展令人興奮，並且可能象徵著這個世界在企業意識形態上所需的根本轉變，但這份宣言還是遭到強烈批評，因為它幾乎沒有提供任何企業在扛起這份責任時該執行的細節。除非這些企業的執行長言出必行，否則這又將是另一個商界領袖嘴上說要讓世界變得更美好，實務上卻仍走上老路的例子。

而為了將前述的宣言付諸實踐，領導人需要讓公司對利害關係人負責，並且根據以利害關係人為中心的目標來調整公司內部的業績標準；同時最重要的是，他們要與投資人及政府領導人商討。為了實現更廣泛的變革，這群商界領袖必須說服資本市場和政策制定者，讓他們理解滿足利害關係人利益的治理結構有多重要。

邁向更美好的世界

我們正處於一個相互依存時代的開端，但要想推翻股東利益優先論，我們還有很多工作要做。基於十多年的研究，以及對全球數十位領先企業領導人的訪談，本書將探討由B型實驗室引領的這場變革運動，將如何且為何能夠發揮作用。B型實驗室提倡的模式強調問責制、業績標準與利害關係人治理。正如我們將看到的，這種模式在日益高漲的影響力投資運動中獲得利益，並幫助其發展，同時與企業員工產生強烈的共鳴。躬逢其盛的企業家正透過深入推廣在地網絡來創造改變，而這場運動已經在全球快速傳播。

正如我接下來在書中會提到，為了幫助這場運動進一步擴散，我們還需要在以下三個關鍵領域展開行動：首先，我們的重點要從增加B型企業的數量，轉向創造一個體系，讓所有公司都可以像B型企業。與聯合國永續發展目標等重大國際專案合作是朝此目標邁進的關鍵一步；其次，B型實驗室必須吸引規模更大的跨國企業，使其將企業社會責任推進到更深的層次，並提供一種讓公開市場朝長期導向轉變的方式；最後，所有人（包括各位讀者）都必須成為這場變革運動的一份子。唯有理解「消費選擇」的力量和重要性，我們才能讓這個世界變得更美好。

第一章

關注相互依存，而非外部性

現行的資本主義制度是許多重大問題的根源，但本書要傳達的資訊不全然是悲觀的。在政府合理監管的前提下，資本主義同樣可以成為一股強大的向善力量。它所激發的科技創新和經濟發展已經讓數百萬人脫離貧困，我們面臨的挑戰則是在利用資本主義正面因素的同時，保護個人和社會不受負面因素影響。

為了透過改革經濟來滿足所有利害關係人的需求，政府、企業和消費者必須考慮公司在各個面向的表現，確保公司已將社會和環境成本控制到最低。一個相互依存的經濟體不允許企業無視其外部性，當不可回收的產品最終被丟入垃圾掩埋場和海洋，或者低薪的員工必須兼差才能維持生計時，企業不可以只是聳聳肩，對此視而不見。從本質上看，這份責任感正是來自B型企業運動。

B型企業運動由三位在史丹佛大學相識的好友共同發起，他們在追求成功事業的同時，意識到自己身處的商業世界亟須變革。傑．吉柏特（Jay Coen Gilbert）是一家成功的籃球運動服飾品牌AND1的共同創辦人。巴特．胡拉翰（Bart Houlahan）原本是一名投資銀行家，隨後也加入AND1並擔任公司董事長。在投身社會企業和永續企業之前，安德魯．卡索伊（Andrew Kassoy）曾經任職於麥克．戴爾（Michael Dell）的私人投資公司。他們的個人作風反映出各自的背景：儘管卡索伊總是穿著考究，卻是一名謙虛且富有同情心的紳士；吉柏特則往往幽默且即興地描繪宏大的願景；胡拉翰充滿熱情活力（這表現在他一貫的迷人微笑中），但實際上深思熟慮且有條不紊。

三人都對企業冷酷追求短期利潤的行為有所質疑：為什麼企業不能在追求利潤的同時保障員工權益，並且讓他們變得更富裕？為什麼企業不能專注於幫助當地社區？為什麼企業不能將環境責任視為經營的核心原則？他們最終得出兩個關鍵結論：

- **企業可以對社會產生巨大的正面影響。**
- **當前支撐企業的制度不允許企業發揮自身潛能。即使少數企業領袖試圖採取行動，也會受到股東利益優先的法律和文化所束縛。**

因此，他們決定創造補救方案：找到一種方法促使企業擴大規模、籌集外部資金、維持流動性，同時忠於自身的社會使命。二〇〇六年，他們創辦非營利組織B型實驗室（B Lab），致力於重新定義企業，使企業不只「成為世界上最好，還**對世界**最有益」的組織。[1]

為了解決當前系統中的問題，B型實驗室團隊開發出一種以職場環境透明度與當責制為核心的方法。畢竟，**宣稱**公司關切所有利害關係人也沒什麼錯。但如果公司的實際表現既不透明，又拒絕承擔責任，那麼消費者或員工又該如何信任公司，並且相信公司的初衷呢？

推動共益公司立法是B型實驗室成功的基礎：共益公司是一種新的公司形式，它在**法律上**將社會福利、勞工權益、社會及環境效益放在與股東利益同等的位置上。三位B型實驗室創辦人明白，倘若缺少法律的強制力，那麼隨著時間推移，企業極可能偏離自身使命，尤其當它們需要引進外部資金的時候。吉柏特和胡拉翰曾在經營企業上遭遇過同樣的問題。「我們創建AND1主要出於兩個目的，即創造財富，並且產生更廣泛的影響力。」胡拉翰回憶。但他們發現，「隨著時間推移，要想在擴大規模和出售資產的同時堅持使命」是不可能的。[2]於是，B型實驗室的共同創辦人設想出一道法律框架，讓更高的目標成為競爭優勢。

為什麼我們需要更加關注當責制和企業治理？近年來，隨著資本主義愈來愈重視股東利益優先，企業已經轉向利用外部因素。也就是說，企業透過破壞環境、剝削勞工或其他手段，將環境和人力成本轉嫁給社會，即使這麼做會讓其他人受害。接下來介紹的當責制和企業治理方法為企業提供一個全新的平台，在這個平台上，企業可以將其他利害關係人

（如員工、環境和社區）置於與股東同等的地位。

股東利益優先的迷思

設立公司是一種強大的手段，我們可以讓它以正面的方式改變社會。從工業革命到資訊革命，經濟和創新之所以能夠產生重大突破，在一定程度上是因為設立公司讓個人得以將資產匯集到集體企業之中。公司具備的有限責任等特點，讓它可以透過降低風險來吸引投資，同時無限期允許公司簽訂長期合約。這種特殊的法律制度最初是為了開發鐵路或建立銀行等大型商業投資所設立。在這類投資中，投資人**就是**客戶，他們在本質上與整個社會相互依存。因此，不同於當前人們所認知到企業的存在理由（投資報酬最大化），早期企業專注於提供滿足公共利益的商品與服務。人們投資這些早期企業，即是為自己和所屬的社群爭取低成本且高品質的服務。

然而隨著時間推移，設立公司的初衷變得模糊不清。最終，股東利益優先的法律概念主導公司法和商界。但這種觀點存在大量迷思，需要一一揭露。

迷思1：股東利益優先是自然形成的

二十世紀下半葉，我們對公司的認知經歷極大的變化。以股東財富最大化形式出現的利潤，逐漸被視為公司唯一的目的。自此之後，股東資本主義是由市場運作自然形成的觀點逐漸滲入我們的集體意識。然而當我們回頭審視這個觀點的發展歷程，就會發現它並非朝最有效的系統自然演進的結果，而是源於特定的歷史傳承。這可以追溯至一九七〇年代至一九八〇年代，當時一些具影響力的美國經濟學家發起一場宣稱股東利益優先的思想革命。一九七〇年，芝加哥學派中大力提倡自由市場經濟且聲名遠播的米爾頓．傅利曼（Milton Friedman）在《紐約時報雜誌》（*The New York Times Magazine*）撰文譴責企業的「社會責任」實為不負責任，因為這可能導致企業濫用股東資源。傅利曼認為：「對企業而言，社會責任只有一個，那就是利用自身資源從事增加利潤的活動。」[3]

但在美國商業的早期歷史中，利潤最大化並不是企業唯一的目的。美國社會學家威廉．羅伊（William G. Roy）在得獎著作《社會化資本》（*Socializing Capital*）中指出，現代企業的獲利模式是誕生在一連串無意義的選擇與特殊的歷史背景之下。最初，設立公司的目的是建設基礎設施、支持教育事業和經營市場。在美國，州政府創立第一批向政府負責的公司。直到十九世紀末，國會通過允許公司私有化的法律。羅伊指出，二十世紀初，小型製造商陸續整併，這是為了降低政府、銀行，尤其是規模較大的競爭對手影響。因此，當前的資本主義模式實際上是從這股動機開始，希望顛覆以社會為中心的使命，發揮影響力，並實現對市場的控制。[4]

傅利曼及其後繼學者的觀點，正是針對這個觀點更具影響力的時代回應。正如阿道夫．伯利（Adolf A. Berle）和加德納．米恩斯（Gardiner C. Means）在開創性著作《現代公司與私有財產》（*The Modern Corporation and Private Property*）中的討論，在二十世紀上半葉，美國商業環境的特徵是所有權較分散，經理人不易受股東影響。所以，他們可以為勞工解決問題、提供良好的福利待遇、投資他們所屬的群體，而且不吝做慈善工作。然而與此同時，這樣的體制導致企業變得臃腫，出現大量更在意如何保住自己的位置、而非優先考慮公司利益的經理人。[5]

為了糾正這些弊病，傅利曼等人強調，企業經理人和高層只是為股東利益服務的「代理人」，因此需要建立一種制度，促使經理人與股東利益保持一致。這個理論及其相關實務在接下來二十年取得進一步發展，逐漸演變成我們今天熟知的股東資本主義。社會和法律上的共識是，董事會和企業高層的唯一目標應該是增加股東財富，否則可能因為未履行「受託人責任」，即沒有保護高於一切的股東利益被起訴。這種理論也普遍存在於以股權為基礎的獎勵性薪資計畫中。支持該理論的人認為，這才是資本主義最有效的形式。

最終，公司主要對股東負責的觀點被寫入法律，在投資市場約定俗成，並深深扎根於我們的思想和文化之中。詹姆斯．佩里（James Perry）是庫克（COOK，一家專門生產天然即食食品的銷售商）的執行長，他說：「這就好比絕地武士對人類施展心靈控制術*。」B型實驗室創辦人傑．吉柏特則將其比喻為資本主義的核心「原始碼錯誤」。[6]在傅利曼那篇文章發表五十年之後，儘管世界發生翻天覆地的變化，全球經濟依然遵循他的行動方案。正如我們會在書中看到，當公司強調主要為股東利益服務時，將會帶來可怕的後果。為廣泛的利害關係人群體服務，不僅更符合資本主義在歷史上大部分時期的運作方式，而且更具永續性。

迷思2：股東利益優先對投資人更有利

二〇一二年，知名的康乃爾大學法學院法律學者林恩．斯托特（Lynn Stout）出版《股東價值迷思：股東利益優先如何損害投資人、公司和公眾利益》（*The Shareholder Value Myth: How Putting Shareholders First Harms Investors, Corporations and the Public*），書中一舉揭穿股東利益優先的謊言，並解釋為何遵循這個理念會導致災難。斯托特尖銳地質疑當前系統宣稱的效率，指出系統固有的衝突就源自於「沒有單一的股東價值」這件事上：在特定時間點對少數股東有利的戰略和價值觀，可能會在一段時間後為其他股東帶來糟糕的後果。在投資人的短期和長期行為中，我們可以很清楚地看到這一點。短期投資人往往會採取暫時造成股價上漲的策略，然後拋售股票，最終讓公司付出代價。假使股東之間未能達成某種形式的共識，比如公司治理中的企業使命，那麼他們就不可能為公司帶來長期且正面的影響和改進。[7]

這種影響在由法人主導的資本市場更加明顯，美國和大多數已開發國家都是如此。機構投資人持有遍及全球市場、高度多樣化的長期投資組合（包括退休基金和共同基金）。值得注意的是，這些機構投資人實際上就是我們所有人。正是**我們的**退休基金方案構成這些投資，而我們是基金受益人。機構投資人做出關於國家資金投資的每一項決策，都影響我們所有人的生活：諸如什麼樣的政策得以被推動、什麼樣的議題會引起國際關注、這個國家的社會和環境問題又將如何被解決等。

由於這些基金的規模龐大，這些機構投資人本質上就是「普世資產的擁有者」

＊ 譯注：《星際大戰》系列中，朝目標運用原力，使其產生幻覺，以迷惑和誤導對手的能力。

（universal owners）：他們的持股代表整個經濟，而非某項特定投資，因此他們要求整個市場是健康的，而非只有某家公司是健康的。研究顯示，對於普世資產的擁有者來說，超過八〇％的財務報酬都來自市場本身的表現，而非某項特定投資的波動。因此，對於絕大多數美國人來說，影響其投資表現最重要的因素在總體層面，比如環境汙染、社會動盪，以及其他更廣泛的社會趨勢和環境趨勢，這些通常被視為外部因素。這些因素影響著總體經濟，因而也會影響他們的投資組合。與此同時，著眼於短期收益的投資人對總體問題的興趣要小得多，實際上，他們可能會認為公司在員工培訓、減少汙染或其他環保事務上的投入是一種浪費，這會讓他們的短期收益最小化。[8]

瑞克．亞歷山大（Rick Alexander）曾是全球十大公司的律師之一，如今他卻稱自己是一名「復原公司律師」（recovering corporate lawyer）。他認為「有必要讓公眾參與，一同改變公司文化。例如解釋為何對通用汽車（General Motors Company）有利的行動，不見得有利於美國」。近來，亞歷山大仍在B型實驗室致力於法律政策相關的工作。二〇一九年，他創辦「股東共用」（Shareholder Commons），這是一個致力於更廣泛與資本市場合作，從而推翻股東利益優先的組織。他解釋，由於通用汽車的股東也是蘋果（Apple Inc.）和Google母公司Alphabet等企業股東，因此「對通用汽車有利」的行動不應局限於回饋股東的報酬，相反地，人們應該開始想像，到底怎麼做才能帶來「繁榮的世界和經濟，讓每個人過得更好」。

迷思3：股東利益優先更有利於所有人

當我們考量股東利益優先對集體利益的影響程度時，普世資產所有權（universal ownership）便顯得愈來愈重要。亞歷山大回憶，讀了斯托特的書之後，赫然發現自己這二十五年來的假設全是錯的。他曾深受這種說法影響：若一個人按照公司允許的方式行事，並且「在遵守法律的同時，盡一切可能把自身價值最大化，而且不在乎這將對人們或環境造成多大危害，那麼我們稱這樣的人為反社會者（sociopath）。然而，這正是我們希望董事會做的事」。我們認為只要一家公司能夠帶給我們報酬，這家公司就是成功的；不過亞歷山大修正這樣的說法，他認為當一家公司能夠帶給我們報酬，**又不會**消耗我們所依賴的其他資本（無論是人力、自然或社會資本），那麼我們才認為它是成功的。[9]

為了實際評估公司的表現，我們需要考量外部因素。例如，一旦汙染造成的經濟損失被計入公司成本，公司就有可能會賠錢。環境風險評估公司Trucost的研究說明這些問題的重要性。Trucost調查由企業導致的前一百大環境重大危害事件，指出它們對全球經濟造成的損失每年高達四．七兆美元；造成最大損失的組織與領域，分別是東亞和北美的燃煤發電廠及全球農業體系（特別是水資源匱乏的地區），它們造成環境和社會的損失遠遠超出其總體收入。換句話說，「影響力高的地區或組織未能創造足夠的利潤，來彌補對環境的危害……當未標價的自然資本沒有算進商品成本，那麼其中很大一部分成本就會轉嫁給消費者」。[10]但這時問題來了，因為消費者並不願意承擔這種代價。倘若我們能夠理解外部因素內部化的重要影響，至少可以公開討論如何更好地管理這些成本。

問題的根源就在於，我們當前的系統完全透過交換產生的價值來衡量財富。而特定交換之外的因素，也就是所謂的「外部性」，不具價值，因此被視為免費。這種企業在追求利潤的過程中獲得的「免費贈品」，通常包括水和空氣等自然環境。儘管大家愈來愈了解外部因素影響自然環境的方式，但卻很少了解外部因素對勞工、社區和消費者造成的影響。好比說「零工經濟」（gig economy）甫興起便備受推崇，在很多人眼中似乎是一件好事，而且它為低收入者提供靈活的額外機會；但大多數以此模式經營的企業並不認為，自己必須對員工負起責任。例如，二〇一七年優步在全球擁有超過兩百萬名「司機夥伴」，但獲得認可的正式員工僅約一萬名。優步並沒有實際雇用絕大多數的勞工，而是冷漠地專注於企業自身成長，並且將大部分經營相關的成本都轉嫁給社會，像是醫療、退休福利和保險等成本。此外，這種社會趨勢促使人們從事更多份零工，最終犧牲個人健康。今日，同時打多份零工的美國人比以往任何時刻都更多。[11]

公司將外部性成本轉嫁給社會的一個重要方式，是廣泛使用401（k）*等退休福利計畫來取代固定收益退休金計畫（該計畫保障一定的退休收入），從而將很大一部分風險和責任轉嫁給員工。由於四〇一（k）等計畫無法保障退休收入，不僅加劇退休危機，更使美國人史無前例地暴露在所謂「市場」的風險之下。對於許多員工而言，尤其是那些在一九七〇年代或一九八〇年代投入職場的人們，能夠躋身於一家知名的大企業便值得慶賀。「你永遠都會有工作，」過去的人們都這麼說，「這裡福利很好。」然而，在過去二、三十年，大企業持續刪減退休金，將服務長達數十年的員工調整到其他形式的退休金方案，甚至凍結退休金。[12]西爾斯（Sears）一度是美國聘雇員工最多的龍頭企業，二〇〇六年終止退休金計畫後，員工及退休員工依然有權享有在此之前所累積的福利。為員工著想的決策本應令人欣慰，但西爾斯高層對此抱怨連連。執行長愛德華．蘭伯特（Edward

*譯注：亦稱401（k）條款，係指美國一九七八年「國內稅收法」（Internal Revenue Code）第四〇一條第k項規定。該條款適用於私人公司，為雇主和員工的退休金存款提供稅收相關優惠。依該計畫，企業為員工設立專門的四〇一（k）帳戶，員工每月從薪資中拿出一定比例的資金存入該帳戶，而企業通常也為員工繳納一定比例的費用。

Lampert）便曾表示，退休金計畫是妨礙西爾斯與其他零售商競爭的一大負擔，「許多零售商都沒有提出大規模的退休金計畫，因此不需要為此花費數十億美元。」[13]西爾斯口中的負擔，指的當然是自家企業員工，是那些投注數十年心血在這家公司的人們。儘管站在利潤最大化的邏輯，他的說法似乎很合理，但更深一層來看，這恰恰印證瑞克．亞歷山大將公司比喻為反社會者的觀點。

對普世資產的擁有者來說，來自環境和社會的外部性是不可避免的：它們表現在汙染、自然災害和新冠疫情等公共衛生危機所耗費的高額成本，還有經濟不平等引發的不穩定局勢，以及其他環境和社會現象。假設一個人要投資某家公司，那麼他可能會考慮短期風險或成本等因素；但一家公司在環境汙染或貧富差距等問題上的作為（或不作為）所造成的影響將無可避免地外溢，並影響其所在群體、地區、國家的其他企業或個人。這些不利於環境或員工的決策可能會影響整個世界的經濟，其影響程度取決於公司規模。普世資產的擁有者很清楚企業和社會在本質上相互依存，他們也知道挹注資源在降低企業對環境和社會造成的損害上所帶來的價值。外部因素至少該被承認，而且最好內部化。儘管公共政策在保護弱勢群體和環境等議題上不可或缺，但B型企業模式讓我們針對誰該承擔這些代價進行公開、直接且深入的對話，同時要求企業將外部因素及其對一般大眾的影響透明化，從而推動企業建立當責制。

全食超市的慘痛教訓

一些公司在經歷慘痛的教訓後才意識到，股東利益優先的問題，想想全食超市的執行長約翰・麥凱。這家在北美家喻戶曉的企業，奠基在一名大學中輟生約翰・麥凱二十三歲時的夢想。三十多年來，全食超市持續向社區提供天然食品；它拒絕創投公司，抵制將「嬉皮精神」汙名化的聲浪，在一九九二年上市。然而在二〇一〇年代，當全食超市的股價達到頂峰時，來自各地的競爭對手紛紛崛起，局勢發生轉變。[14]

約翰・麥凱是B型企業運動的早期批評者，儘管他的企業使命和價值觀似乎與B型企業運動一致。麥凱始終站在「自覺資本主義」運動的前端，這項運動的理念是建立在「自由企業資本主義才是有史以來最有利於社會合作和人類進步的強大經濟制度」。自覺資本主義與企業社會責任、永續發展、影響力行動和B型企業運動等相關概念的主要區別，在於業績核查、法律當責和公眾透明度等面向。麥凱雖然認為「照顧利害關係人」的立意極佳，但他仍質疑：「有必要為此而立法嗎？」二〇一三年，他出版《品格致勝》（*Conscious Capitalism*）一書，在書中用足足一個章節來闡釋B型企業運動的不足。「只要你有明確的社會目標，而且你的公司能繼續賺錢，」他說，「你就沒有理由去顛覆股東價值最大化的原則。」[15]

然而，當麥凱的公司遭遇股東強烈攻擊時，他的觀點改變了。二〇一七年春季，全食超市的第二大股東、投資管理公司JANA合夥（JANA Partners）表示有意出售公司股票，其他股東也紛紛仿效。二〇一七年六月，約翰・麥凱將全食超市以一百三十七億美元的價格賣給了亞馬遜（Amazon）。鑒於這兩家公司的理念價值差異極大，此舉著實令大多數人震驚。對於這家注重有機食品和環保主義的反主流文化公司來說，重視效率而非社會價值的亞馬遜似乎並非合適的買家。在二〇一七年的B型企業領軍者研討會（B Corp Champions Retreat）上，約翰・麥凱透過B型實驗室創辦人吉柏特的訪談解釋了這一點：「他們想要接管公司、接管董事會，並迫使我們出售公司。」他說：「我多麼希望我們是一家B型企業。」二〇一八年，他在自己舉辦的自覺資本主義高峰會（Conscious Capitalism CEO Summit）上再次重申他對B型企業運動的看法。[16]

瑞克・亞歷山大解釋為什麼共益公司可使公司避免面臨全食超市那樣的困境：「當有人希望入股一家公司，成為一名積極干預公司治理的股東，那麼這家公司是否採用共益公司的治理方式，可能會成為他考慮的因素之一。因為比起那些只宣稱要提高公司股價、並未提出相關使命的企業，干預治理這樣的公司更為困難，而這應該會形成一道強大的阻力。當公司擁有一位將永續發展納入長期計畫的執行長，那麼試圖積極干預公司發展的股東所發表的意見，可能不會得到共鳴。」[17]

將公司出售後，麥凱表示，B型企業是「資本主義所迫切需要的改革運動尖峰」。儘管當前制度是為市場利益優先而設立，但愈來愈多消費者和員工開始對企業在市場上的運作方式產生興趣。他說：「我很清楚資本主義制度中最病態的領域。那就是金融業，它幾乎失去價值觀的約束，成為金錢和利潤的代名詞。」麥凱和其他同樣經歷慘痛教訓的人形成這樣的認知：一旦股東開始積極干預公司治理，公司的價值觀和使命對股東來說就不再重要，重要的是如何促使公司利潤最大化，這意味著要拆分或毀掉整個公司。正如麥凱所言：「這就是資本主義最病態之處。」[18]而B型企業運動正是麥凱口中治癒這種痼疾的對策。

推翻股東利益優先

推翻股東利益優先並專注於企業的相互依存性，是一件說來容易，做起來卻相當困難的事，這形同在要求法律體系、投資人評估公司的方式，甚至我們看待企業使命的方式，都要做出系統性變革。有人認為我們必須從改變文化開始，改變我們對社會的假設和規範。這與麥凱的「自覺資本主義」精神是一致的，亦即當一家公司有意識地試圖為所有利害關係人的利益而努力，並且設定更高的目標，也就是設定一個社會使命，那麼它一定能**做好事**，並成為一家對世界有益的企業。然而和麥凱受到的教訓一樣，這其實遠遠不夠。雖然從個體的角度來看值得讚許，但自願式的企業社會責任專案並不足以克服現有制度的問題。儘管聯合利華的前執行長波曼專注於投資長期永續發展計畫的做法值得肯定，但人們還是會問：一旦聯合利華在財務上表現不佳，那會發生什麼事？

為了讓改變真正持續下去，我們必須徹底修訂監理公司的法律。德拉瓦州最高法院前首席大法官李奧．斯特林（Leo E. Strine, Jr.）在〈否定的危險〉（*The Dangers of Denial*）一文中表示：「教導別人做正確的事，卻又不承認適用於他們行為的規範和他們所受到的權力制約，無法真正實現社會進步。」[19]正視公司治理法規所帶來的艱難挑戰，可能是讓營利事業負起責任、並實現永續發展的第一步。

B型實驗室成立不久，就與律師和政府官員一同起草法案，將三重底線（不僅承認財務因素，也認可社會和環境因素）納入名為共益公司這個新型公司模式的基礎。**根據法律規定**，共益公司不僅要考慮股東的利益，還要考慮員工、客戶、社區和環境的利益。這對於公司的傳統權力結構來說，是具有法律約束力的一大轉變。

在大多數通過立法的國家和地區，共益公司要完全公開它的影響，同時接受第三方定期檢核它在社會和環境上的表現。而且強調公開透明，將更多的權力交還給員工、客戶和其他利害關係人，包括那些在創造正報酬的同時，關注系統風險管理或創造正面影響力的投資人。此外，對於在股東治理上具影響力的理性批評而言，這也不失為一道關鍵的補救措施。機構投資人委員會（Council of Institutional Investors）在對商業圓桌會議宣言的公開回應中認為：「對所有人負責，意味著對所有人都不負責。」同時，「一旦『利害關係人治理』和『永續發展』成為掩蓋不良管理的溫床或拖延改變的藉口，整體經濟必將蒙受損失。」[20]

因此，正如首席大法官李奧．斯特林所言，這個系統亟須改變，企業及執行長的目光不能僅僅停留在股東治理。「倘若我們想讓企業承擔更多社會責任，就必須採取正確的方式。要是我們認為公司法本身應該給予其他利害關係人更多保障，就該制定法規，賦予利害關係人可行使的權力。但在保護環境以及保障勞工與消費者的權益上，更有效的方法是啟動外部監理。但這還需要解決機構投資人的獎勵和責任問題，因為他們是大多數上市公司的直接股東，唯有如此，投資人的行為模式才能更符合普世資產擁有者的長期投資利益。」[21]

巴塔哥尼亞的使命

伊凡．修納德（Yvon Chouinard）是狂熱的攀岩愛好者，在一九七〇年代，當時年紀輕輕的他開發出一種全新的岩釘，這就是巴塔哥尼亞的起點。這是個在車庫創造出來的品牌，如今已成為全球知名品牌。然而岩釘業務最終被喊停，因為人們發現這款產品會破壞攀岩愛好者熱愛的自然地景，而這也證明伊凡．修納德在環保意識上的堅定承諾。[22]二〇一八年，這家公司決定加足馬力，讓公司使命變得更直接明確：巴塔哥尼亞的使命是拯救我們的地球。伊凡．修納德甚至對人力資源部門制定全新的指導方針：在其他條件相同的情況下，雇用對維護地球環境最有熱情的員工。這個承諾也讓巴塔哥尼亞成為加州首家共益公司。二〇一一年，在巴塔哥尼亞註冊為共益公司的第一個清晨，伊凡．修納德表示：「我希望五年甚至十年後，當我們回顧今天時，我們會說這就是革命的起點。現行典範已經失效，這才是未來。」[23]

現在，伊凡．修納德每個夏天都會在懷俄明州釣魚。工作時，他會坐在一張舊木桌前，桌上只有一部市內電話，對面坐的是執行長蘿絲．馬卡利歐（Rose Marcario）。[24]伊凡・修納德的眼光長遠，他也表明將公司重組為共益公司的原因：「巴塔哥尼亞想要成為一家持續經營一百年的企業……而共益公司立法創造出法律框架，將企業創辦人所制定的價值觀、文化、流程和高標準制度化，促使巴塔哥尼亞這樣的使命驅動型組織在繼承、籌資甚至變更所有權的過程中，依然能受公司使命驅動。」[25] 如今，巴塔哥尼亞依然是B型企業運動的先鋒。蘿絲・馬卡利歐在巴塔哥尼亞的公益報告（Benefit Report）中寫道：「B型企業運動是我們一生中最重要的運動之一，它建立在一個簡單的基礎上，即企業影響和服務的不僅僅是股東，它還對社會和地球負有同等責任。」[26]

透過企業治理實現企業責任優先

我們有理由提出疑問，為什麼更廣泛地改變企業和資本主義是實現一個更永續、更公平社會的關鍵解決方案？這難道不是讓狐狸來看守雞舍嗎？難道不應該把權力讓給其他社會部門，比如政府和非政府組織嗎？為什麼不把重心放在以這些替代性系統為基礎、更激進的改革上呢？

在社會影響力上，非營利組織或非政府組織具有很高的靈活性，而且它們無須揭示現代資本主義制度和當前市場體系的複雜性。在很多方面，非政府組織始終致力於提供社會公益，並推動社會變革。但這種類型的組織也有不少限制，其中之一就是「它們如何創造收益？」。She Geeks Out是一家顧問與培訓機構，專門教育並支持擁有多元包容價值的公司及組織，它的共同創辦人告訴我，他們在尋找合適的組織註冊形式時碰到困難。公司最初打算申請成為非營利組織，但由於公司會創造營收，因此不得註冊為非營利組織。有人建議他們申請註冊五〇一（c）6[*]，但他們發現註冊這種免稅團體的好處有限。最後，She Geeks Out成為通過認證的B型企業。對於許多企圖對社會和環境產生影響力的組織來說，募資需要時間，而且原本可以透過非營利組織的身分，更有效地利用捐款；但由於它們專注於滿足資助人的要求或展示自身影響力，最終反而無法妥善解決公司最初想要解決的社會問題。

本書的重點是如何直接解決導致不平等和永續性下降的關鍵問題。倘若我們可以從根本上改變資本主義制度的運作方式，那麼經濟會更具包容性。一個健康的社會需要充滿活力的非政府組織，但正如現狀所示，非政府組織往往沒有充足的資源去創造長期影響力，以至於無法有效減緩一個瘋狂逐利的市場所衍生的不良影響。

對於秉持社會使命的公司而言，共益公司的身分可以讓他們在實現使命的過程更具靈活性。例如，熟能生巧（Practice Makes Perfect）是一家專注於提供暑期學校和暑期學術課程的B型企業，成立幾年後，這家機構就從五〇一（c）3[†]型非營利組織轉型成共益公司。創辦人卡里姆・阿布爾納加（Karim Abouelnaga）表示，由於非營利組織的資金來自稅收減免，也就是那些本應流向政府的錢，因此董事會應該以滿足政府的最大利益為目標行事。然而，卡里姆・阿布爾納加發現，隨著熟能生巧持續發展，政府的利益並不總是與公司的使命保持一致；他同時感覺自己能做到的事情相當有限：「有時我發現自己想要冒更大的風險，做出更大的突破，服務更多學生，卻往往被告知必須『更加務實』，或是『避開較大的風險』。」[27]最後這個組織決定轉型成共益公司，這可以解決許多問題，也有助於堅守使命。

那麼，為何不從政府主導的方案入手呢？正如我所指出的，對當前的變革而言，改變監理企業的法律正是一道關鍵步驟。然而，儘管公共政策和法律保障是公平正義的經濟秩序不可或缺的部分，但它們無法解決每一項全球危機和社會弊病。我們需要政府和企業共同努力。

* 譯注：係指美國「國內稅收法」第五〇一（c）6條所指定的免稅團體，包括商業聯盟、商會、貿易委員會等。

† 譯注：係指美國《國內稅收法》第五〇一（c）3條所指定的免稅團體，包括涉及宗教、慈善、科學、文學、保護婦幼和動物的組織。

二〇一九年年初，由眾議員亞歷山德莉亞・奧卡西歐－科爾特斯（Alexandria Ocasio-Cortez）和參議員艾德・馬凱（Ed Markey）提出的綠色新政（Green New Deal），似乎為大家帶來希望。這項決議呼籲美國進行經濟轉型，透過制定政策和採取獎勵措施來減少碳排放，並在二〇三〇年以前讓所有能源變成乾淨和可再生能源。這項決議關注受氣候變遷直接影響且未能得到充分保障的群體，包括有色人種、窮人、移民和原住民，並要求為他們創造更多就業機會，讓他們能夠輕鬆獲得潔淨的水源、健康的食物、無汙染的空氣等。考量到美國當前的環境，儘管缺乏政策細節，但這個發展方向仍值得讚揚，當然也是必要的。[28]

但對一些人來說，綠色新政似乎只是一道過時的解決方案，是對二十一世紀議題的另一種二十世紀式的回應。儘管它聽來極富感染力，但這個名稱總令人聯想到早期的「大政府」時代，那時企業還未主導經濟和社會。儘管我支持這項方案，但我認為，我們還是要從當前的公司治理模式中找出問題的根源，並且進一步解決。要實現根本性的轉變，我們需要把重點放在改變企業的行為和思維模式。而明智的公共政策可以支持和加速這種轉變。

前文提到參議員伊莉莎白・華倫所提出的「負責任資本主義法案」，正朝此方向邁出充滿希望的一步。這項法案除了要求所有營收超過十億美元的公司採用共益公司模式，還更進一步要求由員工推選公司四〇%的董事會成員；同時要求企業公開揭露所有政治獻金，並允許聯邦政府在公司出現非法行為時撤銷公司登記。若想解決由企業所引發問題的系統性根源，我們首先必須從根本上改變企業的基本目標。

此外，自從聯合公民訴聯邦選舉委員會案（Citizens United v. Federal Election Commission）*做出保障企業、工會及其他機構的言論自由決議以來，大企業和特殊利益集團對政策制定的影響力愈來愈大。由於政治人物必須同時吸引多方利害關係人，因此他們提出的往往不是最好的解決方案。以菸草業為例，大型捲菸製造商在干預政策制定上可是出了名的：二〇一七年路透社（Reuters）的一項調查顯示，有證據表明，菲利普莫里斯（Philip Morris International）已經組織大規模遊說活動，試圖在世界各地削弱並推遲菸害防制活動。[29]假使我們只仰賴政府來推動資本主義改革，就可能會忽視政策制定者和特殊利益集團之間的緊密聯繫。這一點在美國格外明顯。

* 譯注：由美國聯邦最高法院判決的一樁具重要意義的訴訟案：二〇一〇年一月二十一日，美國最高法院做出判決，認定限制商業機構資助聯邦選舉候選人的兩黨選舉改革法案的條款，違反美國憲法中的言論自由原則。

防止「光說不練」

許多大企業口頭上承認資本主義的「社會影響」（social impact），但之所以這麼說，往往是為了保護企業的市場地位與它們創立的制度。說正確的話與做正確的事完全是兩碼事，光說一口漂亮話是不夠的。在過去的幾十年，我們始終堅持這一點。如今人們愈來愈關注「企業社會責任」和「共同價值」等想法，但我們的處境卻比當初更糟糕了。起初，消費者被這些說法安撫了下來，但現在完全可以預見他們又開始懷疑了。

資深記者阿南德・葛德哈拉德斯（Anand Giridharadas）於二〇一九年出版《贏家全拿：史上最划算的交易，以慈善奪取世界的假面菁英》（*Winners Take All: The Elite Charade of Changing the World*），書中批判商界菁英領袖和企業在談論讓世界變得更美好的同時，卻仍堅持資本主義中破壞性的過時價值觀。他提出「市場－世界」（Market-World）的概念，來指稱一種專注於利用資本主義工具來改變世界的信仰體系，並指出這種體系忽視資本主義本身就是問題的可能性。他說，從商業領域尋求解決方案是徒勞的，我們應該向公部門尋求解決方案。儘管阿南德對B型實驗室持批判態度，並認為這可能只是又一次由菁英主導，試圖改變資本主義體系的嘗試，但他承認B型企業的確是一項有用的創新。然而，他也指出唯有在公共政策的協助下，B型企業的規模才能迅速擴大。[30]

阿南德說的沒錯。許多人已經發現，商界菁英會強調那些看起來不錯、但實際上並不好的專案。傑．吉柏特引述諾貝爾經濟學獎得主約瑟夫．史迪格里茲（Joseph Stiglitz）的話：「他們寧願拿一百萬美元贊助這些時髦的說法，也不願從根本上質疑遊戲規則，更不會為了減少因現今已扭曲、低效率與不公平的規則所造成的危害，而改變自己的做法。」[31]

由億萬富翁保羅．都鐸．瓊斯二世（Paul Tudor Jones II）以及狄帕克．喬普拉（Deepak Chopra）、亞莉安娜．赫芬頓（Arianna Huffington）等人在內的百萬富翁共同創辦的非營利組織「資本正義協會」（Just Capital），長年飽受這樣的批評。資本正義協會的使命是投資那些做好事來反映美國重要目標的公司。[32]然而，當我快速瀏覽他們列出的最佳企業榜單後，不禁感到困惑，資本正義協會在判斷什麼才是好公司的標準上所採用的方式，存在明顯的缺陷。儘管我尊重其民主化的初衷，但問題在於，股東利益優先論在我們的社會中已然根深蒂固，因此我們還無法確定，在判斷何為負責任的企業行為上，收集個人意見是否是一種有效的方式。

例如，二〇一八年我第一次檢視資本正義協會的最佳企業榜單，發現其中一家備受讚譽的企業是銷售軟性飲料和零食等產品的百事公司（PepsiCo）。[33]當然，如果適當消費它們的產品，那麼基本上沒有太大的問題，但百事公司的產品高度仰賴高果糖玉米糖漿（這種人工甜味劑與肥胖有關），而且存在潛在的致癌化學物質與其他讓人上癮的添加劑，這讓人嚴重懷疑其核心產品的社會價值。[34]百事公司發起一些專注於社會和環境利益的計畫，甚至收購一家B型企業，但該企業的產品配方卻為世界上大部分的人口帶來健康風險。在公司領導人從根本上改變這家企業之前，我不免質疑他們是否該因為發起企業社會責任計畫而得到讚譽，因為這些計畫只不過是在掩蓋產品的根本性問題。

多年來，資本正義協會的最佳企業榜單中排名前二十的企業，大多是半導體公司，這是一個因使用有害化學物質而備受抨擊的行業。[35]快速瀏覽德州儀器（Texas Instruments）在職場評價社群「玻璃門」（Glassdoor）網站上的員工評論後，你會發現德州儀器的分紅方案不僅極具競爭力，還是二〇一八年和二〇一九年最有正義的五家企業之一。然而，現任員工和前員工的批評更能說明問題，凸顯出德州儀器漠視員工的工作與生活平衡，以及內部不公平的階級制度。[36]近年來，資本正義協會的最佳企業榜單中，高科技企業的比重非常高，這意味著它的標準可能偏向特定產業。資本正義協會最佳企業榜單上的一百家企業中，有的提出令人印象深刻的員工志工計畫（Employee Volunteer Program），有的提供可延長一週的產假，有的則努力耕耘環境永續發展。考慮到各企業所隸屬的產業，這些舉措著實令人欽佩。但是，這些公司真的已經付出足夠的努力，去彌補它們對人類、地球和經濟上所造成的損害嗎？[37]它們是否曾考慮到，它們的利潤是奠基在破壞健康與環境等外部因素上？

若想充分解答這些問題，就需要揭露榜單中的一百家企業在社會和環境上的表現，並根據可信任的第三方標準（如商業影響力評估〔B Impact Assessment〕）加以評估，同時由公正的第三方單位（如B型實驗室）進行查核。在此之前，消費者得到的唯一資訊都是企業願意公開的資訊，而企業往往只願意揭露讓自己看起來不錯的資訊，因此消費者仍缺乏足夠的理由相信它們。

補償性良善VS.內在良善

媒體理論家道格拉斯・洛西可夫（Douglas Rushkoff）把對於資本正義協會的批判，做出補償性良善和內在良善的重要區分。[38]實際上，這些公司（**多數**是大企業）通常會採取大規模的行動，因為這樣看似足以彌補它們造成的巨大損害。以百事公司為例，它蓋了一家零排放的洋芋片工廠。然而問題的核心並沒有改變：百事公司依然是一家生產垃圾食品的公司，並且從根本上導致人們嚴重的健康和肥胖問題，製造出必須由社會承擔的醫療費用等外部性成本。阿南德・葛德哈拉德斯曾在前文提到的著作中一針見血指出，光說不練的企業領袖太多了。他們描繪出一幅正在努力讓世界變得更好的願景，實際上卻仍放不下已造成大規模損害的舊實務。

二〇一八年，全球最大資產管理集團貝萊德的執行長賴瑞・芬克也有類似的批評，他呼籲企業「展示（它們）對社會做出的積極貢獻」，並表示「企業必須讓所有利害關係人受益，包括股東、員工、客戶和它所在的社群」。此番言論令大部分商界人士感到震驚。[39] 有些人對於賴瑞・芬克的聲明又驚又喜，但也有不少人指責他只是在「漂綠」。然而，賴瑞・芬克進一步在二〇一九年的信中深入表達本書中的許多主題，包括企業的社會使命非常重要，千禧世代推動企業更負責任，更關鍵的是，當責制才是重新設計整個系統所需的基礎。[40]

我並不認為賴瑞・芬克只是在裝模作樣。但實際上，投資人在考量企業環境或社會因素時，往往是出於自身利益。從#Me Too運動、反槍枝暴力集會，乃至於氣候變遷的相關辯論，愈來愈多社會議題在群眾意識中的重要性日益增加。貝萊德透過採取行動來提高環境永續性，並且獲得更好的報酬。正如我曾提到商業圓桌會議上那些執行長的問題，賴瑞・芬克要想言行一致，就必須明確支持以利害關係人治理取代股東利益優先，同時承認企業需要更優先考量相互依存性，而且少利用外部性因素。他必須承認，只有當公司治理與公司的目標一致時，執行長才能帶著使命和長遠利益來領導企業。當前，企業的法律基礎過於注重股東利益優先，因此執行長很難朝賴瑞．芬克所呼籲的變革努力。賴瑞．芬克的行動倡議雖是針對執行長，但或許他更應該將目光放在投資人和投資界上。當他回應自己的號召並有所行動，支持採用共益公司這種全新的公司治理模式，就真的可以說自己支持要對經濟進行根本性變革。

企業要做的不僅僅是創造補償性商品，還必須從本質上改變自身看待外部性因素的態度。本書認為B型企業在創造對社會有益的商品的同時，也提供透明的當責制。當企業的核心導向是為世界創造正面的影響，而不只是作為事後的補救或提高企業聲譽的行銷方案時，就會生產出對社會有益的商品。這種商品必須是企業關注的焦點，並且直接攸關企業使命。如果一家企業將重心轉移到為世界創造有益的商品上，就能真正成為一家向善的企業。

我們很快就能想出好幾個每天都在創造對社會有益商品的B型企業。像是紐約揚克斯市（Yonkers）的格雷斯頓麵包店（Greyston Bakery），這是一家製作美味的布朗尼蛋糕、餅乾和點心的企業，以及B型企業班傑利冰淇淋。格雷斯頓麵包店採取開放式的徵才政策，這意味著任何人都可以去應徵。只要有職缺，很快就可以工作。店內員工包括移民、難民、經濟弱勢的人、不同信仰的人、不同性取向的人和更生人等。這項政策背後有個宏大的使命：「開放式徵才政策創造機會給被排除在主流勞動力之外的人，而以社區計畫來為員工及鄰里提供額外的服務，可以幫助這些人保住工作。開放式徵才政策讓人們有機會體會到工作的尊嚴，並且有機會改善自己的生活和所在的社區。」[41]

這項政策所產生的正面影響不言而喻。更生人的失業率高達驚人的二七％，很大程度上是因為這群人遭到汙名化。[42]這自然也會導致再犯率提升，並且付出額外的社會成本，比如對社會福利計畫造成更大的負擔。當前，美國的受刑人數已經超過兩百萬人。[43]此外，難民和移民人口雖然一再證明他們對美國經濟的重要性。然而處在經濟弱勢的人，很少有機會重新振作起來。這群人之所以在找工作時屢屢遭遇挫折，主要來自他們所背負的汙名，而非因為他們不具備工作能力。倘若格雷斯頓麵包店的開放式徵才政策能夠推廣至全美國，並發揮影響力，那麼不僅會對相關人，也會對他們的家庭與所屬社群產生長期正面的影響。

波洛克（Boloco）是新英格蘭地區的一家玉米煎餅連鎖店，雖然是規模較小的B型企業，但它在創造對社會有益的商品上表現得相當出色。波洛克的其中一項使命是幫助低技能、被邊緣化的員工在社會中持續進步，它為西班牙裔員工提供英語和領導力培訓。在這種員工大多為有色人種和移民的產業裡，波洛克認為，保障每一位員工的最低薪資是企業的使命。波洛克每年都會提高最低薪資，二〇一九年，店內員工的平均薪資為每小時十五・二五美元；今天，大約有九〇％的B型企業向員工支付最低生活保障薪資。如果美國的企業都能這樣做，那麼還會有一千五百萬人可以賺得最低生活保障薪資。這種大規模社會變革帶來的好處令人難以想像。[44]

一般來說，照顧弱勢群體的成本會轉嫁到納稅人身上；但波洛克和格雷斯頓麵包店則透過它們的工作，創造基本的人力資本。實際上，這正是這兩家公司存在的原因。格雷斯頓麵包店的口號是：「我們不是雇人來做布朗尼蛋糕的，我們透過做布朗尼蛋糕來雇人。」[45] 波洛克則表示：「我們的使命是改善員工的生活與未來，我們經由製作美味的玉米煎餅來實現它。」[46]

當然，並不是所有內在良善都局限於員工。為了創造內在良善，消費品製造商可以有意識地生產優質產品，而非一味鼓勵盲目消費。巴塔哥尼亞就是一家獨一無二的服飾品牌，因為它鼓勵顧客「買少一點」。為了阻止顧客過度消費，巴塔哥尼亞曾在黑色星期五當天在《紐約時報》上刊登廣告，呼籲大眾「別買這件夾克」或「別買那件襯衫」，然後將當天的獲利全數捐贈環保團體。[47] 為了減少浪費，避免產品被丟到垃圾場，巴塔哥尼亞的回收修補行動「壞了再穿」（Worn Wear）始終遵守「壞了就補」（If it's broke, fix it!）的公司座右銘。巴塔哥尼亞在雷諾市（Reno）經營全美規模最大的服裝修補店。除了無條件退貨和修補政策，同時在國內各地安排工作坊和旅遊團（壞了再穿之旅，The Worn Wear Tour），指導人們在家修補衣物的方法；此外，他們也會將狀況良好的二手衣服買回來轉售。顧客認同巴塔哥尼亞的價值觀，並且願意為得到的品質與服務付費。「只要品質好，他們不在乎付更多錢，」創辦人伊凡·修納德表示，「他們在乎的是大家都應該做的事情，也就是減少消費，同時提高消費品質。」[48] 二〇一九年，巴塔哥尼亞宣布，它將只為B型企業，也就是那些與巴塔哥尼亞同樣擁有負責任的資本主義願景的企業，生產放上品牌標誌的服裝。許多公司都流行這樣做，而且這是一樁高利潤的生意。[49]

新創鞋類製造商Allbirds成立之後，人們終於得以在不關注環境成本的產業巨頭之外，有了新的選擇。Allbirds打造出兩款舒適又時尚的鞋子：一種用美麗諾羊毛製成，另一種用樹木製成。共同創辦人喬伊·茲維林格（Joey Zwillinger）告訴我：「我們打算做一款像樹一樣的鞋子。我的意思是，從環保的角度來看，尤其是碳排放的角度，這款鞋對地球的貢獻要比它消耗的地球資源多。」Allbirds使用天然材料製作永續鞋款，開發出一款名為「甜蜜泡沫」（sweet foam）的鞋底，採用完全可再生的甘蔗製成。生產「甜蜜泡沫」所用的基底樹脂為負碳排，表示這款鞋底可以像樹木一樣從大氣中去除碳。[50]不同於其他公司保留自身對材料使用的專利權，Allbirds的創辦人將這種材料的專利權開放給大眾使用。「假如每個人都使用它，地球會變得更好。」喬伊・茲維林格補充，「使用的人愈多，成本就愈低。」而且Allbirds並未就此止步，除了早先承諾透過購買碳補償，在二〇一九年徹底實現碳中和之外，同時，內部則向每隻鞋徵收十美分的碳排放稅，試圖在財務上釐清往往難以計算的外部性成本。[51]二〇一八年，Allbirds向普徠仕（T. Rowe）、富達（Fidelity）和老虎環球（Tiger Global）等主流投資集團募資五千萬美元，公司市值估計高達十四億美元。[52]

羅山（Roshan）是阿富汗最大的電信服務供應商，每年服務近六百萬名客戶。二〇一二年，羅山通過B型企業認證*，並且始終是世界前一〇%的B型企業。在阿富汗這個飽受戰爭摧殘、支離破碎的經濟體中，作為最大的電信服務供應商，羅山的宗旨是藉由改善通訊網路，為阿富汗的社會和經濟重建做出貢獻。他們為醫院提供醫師培訓和電信解決方案，藉此提升阿富汗的醫療服務；也為孩童建設遊樂設施和學校，在社會上推廣體育活

* 編注：羅山在二〇二四年已經不是B型企業。

動和青少年發展計畫；更重要的是，羅山格外關注女性權益，同時為廣大女性提供就業和受教育的機會。[53]

終結我們所知的傳統資本主義

二〇〇六年六月，為了探索如何運用彼此的共同利益和技能，B型實驗室的三位共同創辦人陸續徵詢許多社會企業家、投資人與意見領袖。經過無數溝通，三人得出結論，若要將資本主義發展成世界上廣泛的一股積極力量，需要建立起三方面的基礎架構：「向善企業」（good business）的客觀標準、承認利害關係人的法律架構，以及向全世界傳播這些理念的聲音。就這樣，B型企業運動悄然展開。

第二章

相互依存日

二〇〇五年五月，籃球運動服飾品牌AND1創辦人將公司賣給美國體育用品公司（American Sporting Goods）。這對企業領導人傑・吉柏特、巴特・胡拉翰和安德魯・卡索伊來說是一個轉捩點。

AND1的故事帶著一點灰姑娘的色彩。吉柏特從史丹佛大學畢業後，在紐約的麥肯錫（McKinsey & Company）做過幾年分析師，後來決定投身公共服務領域，在紐約市長丁勤時（David Dinkins）的藥物濫用防制政策辦公室工作。一九九三年，他二十五歲時，與高中好友塞斯・柏傑（Seth Berger）和湯姆・奧斯丁（Tom Austin）合作，實現塞斯在華頓商學院時萌生的創業構想：在汽車後車廂銷售印有標語的T恤。當他們意識到自己的產品有龐大需求時，很快就發展成一家新創企業。到了第二年，公司在全美已經擁有一千五百家店鋪，成為市值百萬美元的專業籃球服飾品牌。[1]

AND1得名於籃球術語，指球員在得分的同時造成對方防守犯規，並因此得到額外的罰球機會。這個品牌因為有力的口號和鮮明的街頭態度而聞名。首批產品是印有「我是公車司機，我載所有人去上學」、「是這裡很熱，還是我太火辣」、「算了，別自取其辱」等俏皮話的T恤。幾位創辦人至今還留著那些最初寫上代表性標語的餐巾紙。[2]

創業六個月後，吉柏特參加一場婚禮，並在婚禮上遇見史丹佛大學的老友，在一家小型投資銀行任職的巴特．胡拉翰。胡拉翰對他說：「我喜歡我的工作，但我討厭那裡的人。」兩人敘舊時，傑提到，為了讓AND1變成一樁真正的事業，這家羽翼未豐的公司需要一位財務長。胡拉翰回憶：「我簡直不敢相信他之前居然沒找我。如果我沒記錯，我還因此罵了不少髒話。那時距離哈佛商學院開學還有六個月。那場婚禮之後，我打電話給哈佛商學院，請求保留我的學籍，因為我要加入一家市值五十萬美元的T恤公司。」[3]

接下來的十二年，他們將公司的營收擴大到二．五億美元。胡拉翰先後擔任公司的財務長和董事長，吉柏特則是產品和行銷主管，後來擔任執行長。胡拉翰和吉柏特合作無間，而且關係融洽，對彼此也非常了解。「巴特是我共事過最全能的商業夥伴，」吉柏特表示，「他是一個戰略思想家，一個強勢的領導人，一個天才的經理人。最重要的是，他是一個出色的經營者，能夠在給定的預算和時間框架下，看到每個任務應該以怎樣的順序結合起來。」[4]

AND1的發展得益於興盛的街頭籃球文化，從清晨到黃昏，各地的球員在柏油路上不斷精進自身的技術。而其產品和獨特的行銷活動成為一個傳奇。例如，AND1的宣傳錄影帶（一種以相機拍攝後，經少量編輯處理的顆粒感影片）成為當時籃球迷之間引發熱潮的文化現象。短短幾年內，由AND1招募的街頭球員在全美各地進行「錄影帶巡迴表演」，展示他們的天賦和AND1裝備，並因此吸引大量追隨者。[5]在一九九〇年代末至二〇〇〇年代初，AND1成為全球第二大專業籃球服飾品牌，僅次於Nike。

AND1的工作環境也反映出公司的精神，現在看來，這也是後來B型實驗室所提倡相互依存理念的明證。胡拉翰回憶，他們「只是想創造一個人人都嚮往的地方」。這家公司建構一個由同事組成的大家庭，每個人都像是彼此的家人。巴特的妻子是史丹佛大學畢業的工程師、職業海軍軍官、現任美國國會議員克莉希・胡拉翰（Chrissy Houlahan），她曾經擔任AND1的營運長。巴特說：「辦公室裡有八條狗跑來跑去，除了兒童房，辦公室後面還有一座熱鬧的籃球場，中午我們會在那裡舉辦籃球賽。每天早上都有瑜伽課，而且提供孩童照顧服務……一切以員工為中心。」吉柏特和胡拉翰建立的正是他們認為正確的商業模式。他們考慮的不僅僅是利潤。

此外，AND1積極參與當地社區的活動，每年至少將五%的利潤用於慈善事業，並且設立一項巴特口中「充滿活力的直接服務專案」。按照當前B型企業的理念，AND1起初只有在環境責任上沒有全面實踐。對此創辦人表示：「我們在環保和環境議題上是新手。直到Timberland和巴塔哥尼亞等品牌在鞋類及服飾領域開闢先河時，我們才意識到這一點。這也成為我們為了確保企業能為地球、參與這份事業的人們，以及社區成員做好事，而致力去做的一項重要工作。」

AND1的服務導向使命來自吉柏特人生中的一段黑暗時期。二〇〇一年九月十一日，他的兩位好友就在世貿中心（World Trade Center）上班，在第二座大樓倒塌前，他姊姊身為當地電視台從業人員，也在現場連線報導。儘管他們都倖免於難，但那樁悲劇的恐怖感仍在發酵。三天後，吉柏特的父親因肺癌去世。兩星期後，AND1的團隊成員珍·伯納德·朱特（Jean Bernard Jouthe）在上班途中死於車禍。公司全體成員感受到一股毀滅般的失落感。接連經歷三起悲劇事件後，吉柏特受到相當大的衝擊。[6]

為了讓自己振作起來，他和長年修習瑜珈的妻子蘭迪（Randi）一同在麻薩諸塞州參加一場週末靜修活動。蘭迪很清楚，此刻丈夫需要冥想和瑜珈靜修，但她沒想到這將對他們今後的人生產生這麼大的影響。靜修期間，傑思考企業的整體使命，在成為世界首屈一指的籃球服飾品牌後，還可以做些什麼？AND1的服務使命就此誕生。經過深思熟慮，公司的管理團隊對企業使命進行微調：AND1的主要使命是在「富有同情心的商業實務」上成為領導企業。[7]這家公司把它定義為一種承諾，不僅不能做壞事，還必須做好事，也就是將生意的每一個面向都視為服務社會的機會，不期待任何回報。這在某種程度上就是B型企業運動的起源，儘管當時沒有人意識到這點。AND1的服務理念最終延伸到公司的海外工廠。「我們在台灣和中國擁有一萬多名員工，」胡拉翰表示，「因此，我們有一套非常嚴格的行為準則，並透過第三方每年審查兩次。」在公司的領導人眼中，海外工廠裡的員工和費城郊區辦公室裡的員工同樣重要。

AND1也將社區參與列為重點。「我們意識到，我們的籃球鞋和球衣的銷售對象是十八歲的孩子，但他們當中絕大多數人永遠無法成為NBA球員。因此，我們經由贊助教育相關的非營利機構回饋給這個群體。」胡拉翰指出。此外，公司還提供每位員工每年四十小時的帶薪假，鼓勵員工充分利用假期。「AND1也會在辦公室舉辦服務博覽會，人們可以前來使用體育館，告訴我們如何參與和提供更有影響力的服務，從而讓我們運用自身資源，為當地非營利組織提供真正的幫助。」胡拉翰說。

但在創業十年後，吉柏特和胡拉翰在企業中所培養和灌輸的價值觀陷入危機。在Nike、Adidas和Reebok的無情競爭下，產業裡的市場整合加劇，加上管理上出現缺失，AND1的銷量開始下滑。據胡拉翰回憶，Nike曾在一場全美銷售會議上，向每位員工分發掛著靶子的鑰匙圈，靶心就是AND1的品牌標誌。[8]

為了應對競爭，AND1從私募股權公司TA Associates籌得一筆可觀的外部投資。正如胡拉翰所說：「他們是很棒的投資人，但說實話，我們實在不想再投入自己的錢去競爭了……他們拿出三千五百萬美元投資AND1，我們知道要對他們負責。」AND1的直接營收一度飆升至二．二億美元，但接著又跌入低谷。十八個月內，虧損達到一億美元。胡拉翰說：「這與班傑利或Stonyfield的情況不同，我們的股權合夥人並非聯合利華或達能集團那樣真正看重社會承諾的公司。（當時我們找了一個財務合作夥伴，）我們知道自己在做什麼。」

傑利．透納（Jerry Turner）是最終收購AND1的企業執行長。他的妻子是一家工廠老闆的女兒。打從一開始，AND1團隊就很清楚他們在和什麼樣的人打交道。「我們過去不會和這樣的工廠做生意，」吉柏特表示，「它們生產的鞋子品質和勞動基準都很低。」[9]透納投身這個產業多年，他知道如何以同樣的價格盡可能出售成本更低的鞋子。他相信消費者難以區分出差異，利潤空間就會更大。

公司遭收購後約一個月，AND1在溫哥華召開一場全球銷售會議，胡拉翰和吉柏特在會議中感謝所有員工並和他們告別，然後將公司轉交給新的老闆。據胡拉翰回憶，透納在答覆提問時，台下有人問他：「AND1在創業初期就訂定將五%的利潤捐贈慈善事業的計畫，你打算如何推進這個計畫？」透納回答：「現在我們有一個新的慈善事業，它的名字是傑利．透納。」

接下來的幾個月，AND1最初形成的公司文化被系統性地瓦解了。透納「把AND1所有承擔社會責任的商業實務全部廢除。我們本來可以透過談判為可能被解雇的員工爭取更多遣散費，但一切都被取消了。」吉柏特回憶。這一切都不出所料，公司的創辦人很清楚自己別無選擇。「除了一名潛在買家，其他所有買家都放棄收購AND1。當這個交易只剩下兩方在競爭的情況下，我們盡了最大的努力去達成最好的協議。」吉柏特接著說：「（透納）尤其鄙視在『高價』的銷售人員和在行銷活動上『浪費錢』的做法。」幾年之內，透納「榨乾這個品牌的所有資產」。AND1的產品品質大幅下滑，AND1也從一個高價品牌沉淪為一個廉價品牌。[10]

讓市場有效運作的三個要素

一九八〇年代後期，安德魯・卡索伊在史丹佛大學認識吉柏特和胡拉翰。「雖然安德魯比我晚兩屆，但他在許多方面都走在我前面。」吉柏特回憶，「他是我和巴特在學生會的兄弟，而且接替我成為學生會長。他是出生於波德市的運動員，還是一名有實力舉辦音樂會的小提琴家；他得過杜魯門獎學金（Truman Scholars），一度想要當公務員或成為民選公職人員，做類似我在麥肯錫做的顧問工作，他當時忙著在華爾街學習私募業的技能，那是『最終』都能派上用場的技能。」[11]作為AND1的首輪投資人，卡索伊等人共同創立DLJ國際房地產資本合夥公司（DLJ Real Estate Capital Partners）。後來他成為隸屬於MSD資本（MSD Capital）下MSD房地產資本（MSD Real Estate Capital）的合夥人。

「九一一事件」也是卡索伊的人生轉捩點，讓他回想起他的根源。他回憶，公共政策不再是他的選擇，當時他「對政治十分反感」，但他很難從事業與興趣中取得平衡。就在此時，透過綠色迴響（Echoing Green，一個為新興社會企業家提供種子資金的非營利組織），卡索伊了解到社會企業的概念。他開始與這些企業家合作，指導並幫助他們開發自己的商業模式，但他當時還沒有頓悟。有一段時間，他覺得這一切並不太對勁，因為他感受不到成就感。「偶然間，我開始意識到我可以做些真正感興趣的事情。」他說，「我在MSD房地產資本工作期間，花了大量時間來幫助人們釐清如何建構自己的社會企業，這與白天的工作相比，更讓我感到滿足。」

卡索伊並沒有回答社會企業家的所有提問，但他知道這些問題都很重要。他們有個主要問題是如何尋找合適的投資人。卡索伊認為：「實際上，這意味著他們要找到合適的方法來建構出一個能夠服務他們的資本市場。這個市場能整合需要的各種基礎設施；無論這些投資人是評等機構、造市者、私募股權成立的資本型基金（capital-type-fund），還是融資收購基金（LBO），都能讓他們的企業被收購後仍然延續原本的使命。」當他有了這個構想時，他聯繫好友吉柏特和胡拉翰。

二〇〇五年，他們出售ANDI。正如卡索伊所言，他的兩位好友「心煩意亂」。[12]他們知道透納將破壞公司的使命，但他們別無選擇。他們如果不賣出公司，那麼至少要再工作十年，還需要勉強自己在公司收購以及與好友的艱難談判上做出犧牲。正如吉柏特所言：「比起把公司的長期價值最大化，我們更想要把我們的友誼最大化。」[13]

在出售公司的過程中，吉柏特和胡拉翰漸漸發現，他們碰到一些本質上的問題，也就是如何才能更有效資助以人為本的企業。而吉柏特已經開始這樣的探索，他參加由投資圈（Investors' Circle）和社會創業網路（Social Venture Network）舉辦的活動，這些活動的重點是影響力投資和三重底線企業。卡索伊也漸漸加入他們的交流。

企業被收購之後，吉柏特休了一年的長假。他大部分時間都待在哥斯大黎加，但仍與兩位朋友保持聯繫。「我們發現兩件事。」胡拉翰回憶，「第一，有一種槓桿可以拉動具有巨大潛力的企業；第二，現行資助企業的機制不一定能夠讓你拉動這樣的槓桿。在如何經營企業上，我們受到既有的法律和文化約束，但肯定有一種方法能讓你在擴大業務規模、從外部籌集資金和保持一定流動性的同時，還能堅持自己的使命。」

在這些交流中，他們得出結論；能讓市場更有效運作的三個要素是：一套標準，為消費者、投資人和政策制定者提供足夠資訊，使他們得以分辨何為向善企業與向善行銷；一套法律框架，讓公司將永續發展和社會企業作為核心使命和責任，而非只有競爭優勢；一種定義何為向善企業的共同聲明。

確立這三個基本要素，B型實驗室和B型企業運動也應運而生。他們三個人常常在想，假使AND1是一家B型企業，那麼AND1的出售會不會出現另一種結果。談判的成敗取決於權力地位，正如吉柏特所言：「AND1並非處於有利位置，如果我們的業務基本面更強，合作關係更牢固，如果有其他適合的買家，如果AND1的服務使命或其『不可協商』的內涵已經融入公司的法律基因，如果AND1使用B型企業標識，如果公司的零售商或消費者同樣在意這些價值，那麼我們在談判上也許能更加強硬，從而為利害關係人爭取到更多價值。」[14]但更重要的是，AND1是一家以價值觀為導向的企業，就像胡拉翰所說，這是一家「因為擁有使命而變得更好的企業」。

吉柏特也注意到以價值觀為導向的企業另一個關鍵點，就是這可以幫助公司招募到優秀的員工。他說：「我們之所以能夠吸引了不起的人才，實現較低的人員流動率，不僅是因為我們是一個具有魅力、快速成長、個性十足的品牌，也因為我們的核心價值是關愛他人。人們之所以樂意在AND1工作，不僅僅出於它有一個良好的工作環境，我們可以在此分享共同創造的財富；但也可能是因為他們感到自豪，我們工廠裡超過一萬名年輕女工在平等的待遇下成為大家庭的一員。此外，我們也捐贈數百萬美元來支持青少年和教育計畫，以及受『九一一事件』影響的家庭。」[15]在這家公司真正無以為繼之前，公司還可以從支持它的群體（包括供應商或授權商）獲得幫助，比如延長付款期限或保留一點變通空間。他們創造出一個人們真的感覺自己是其中一份子的企業。

打造向善企業的標準

三個好友很快達成一項計畫，胡拉翰和吉柏特深入討論如何才能使更多錢投入向善企業，尤其是那些肩負著強大使命的企業；卡索伊則對於何為向善企業已有自己的想法，這個想法是來自於他與社會企業家的合作，以及他在這個領域發現的各種漏洞。匯集這些想法後，他們決定「為向善企業創立一個品牌，並創辦一家公司，做一些了不起的事情來支持這些想法，並成為一盞耀眼的照明燈」。最終他們意識到，即使他們創辦一家向善企業，但無論它的規模有多大，都無法解決這個世界上最緊迫的議題。卡索伊解釋：「這個世界不需要社會企業……這樣的企業太多了。在與當中的許多人交談後，我們發現，儘管它們都能發展到一定的規模，但接下來他們就需要外部資金，或接班人計畫。」負責任的商業部門嚴重缺乏這些基礎設施，包括一套標準、法律框架和共同聲明，因此三人著手規畫。

一開始，他們打算仿效保羅・紐曼（Paul Newman）將所有利潤捐贈慈善事業的做法，建立一檔基金。紐曼創投基金（Newman Venture Fund）只投資行善的公司，而且把全部利潤都捐出去。在他們的理念逐步成形的過程中，吉柏特參加許多集會、活動和會議。他在一場僅限投資圈成員參與的集會上簡報他們的想法，一個月後，投資圈與社會創業網路合辦一場會議，與會者皆是保羅・紐曼那樣的企業家。

這些會議預告吉柏特及其夥伴即將展開的旅程。他們漸漸發現，在將興趣轉化為行動上，投資人的行動最慢，企業家的行動最快。他們還發現，企業家會抓住面前的機會，並真正發揮**引領作用**。在探索投資圈和社會創業網路這些由熱情驅動的關係網絡同時，吉柏特發現企業家的另一個面向：他們支持協作和集體行動。他也發現企業家理解系統和網絡的能力，以及渴望藉由投資在基於共同目標的關係，將這些能力融入社區。當他向企業家介紹紐曼創投基金的理念時，企業家的正面態度已經清楚表明，吉柏特找到一個成員相互支援，利用彼此共有的經驗和資源發展壯大的網絡。[16]

最終，三人認識到，創投基金無法透過控股公司的方式去顛覆股東利益優先。創投基金的結構設計，使基金最後都需要變現。為了產生得以吸引資金的報酬，他們必須相當迅速地出售或變更控制權。如果成立一家控股公司，則可以避免這樣的問題，因為控股公司收購公司是為了持有，而非拋售。卡索伊解釋：「長期持有的觀念在很多方面影響著短期決策，包括將長期使命和價值創造的重要性置於短期利潤和流動性之上。」一旦他們選擇「控股公司，而非具有短期視角的創投基金，就可以創造出一種長期實體，透過控股公司的股份來為企業創造流動性，同時繼續幫助那些偉大的企業成長」。

B型投資控股（B Holdings）應運而生。但是，當卡索伊聯繫熟識的投資人時，他們都問了同一個問題：「你如何決定你的投資對象？」投資人要怎麼辨識「向善企業」和「向善行銷」的差異？三人原本認為，必定有著一種超越企業財務影響力的評價體系或標準。但他們很快就發現，這樣的體系還不存在。儘管許多公司會使用**「環保」**或**「永續」**這樣的行銷字眼，但由於缺乏客觀標準，消費者和企業對這些字眼的理解並不相同。這同時意味著，不管何種產品，公司都可以對外宣稱是「環保」或「永續」。儘管一些產業標準或產品涉及社會責任，比如公平貿易（Fair Trade）和森林驗證委員會（Forest Certification Council），但在社會責任企業，市場上卻沒有任何通用的認證。「我們真正需要的，」他們對彼此說：「是一個為企業創造標準的非營利組織。」

不久，三人放下之前創業學到的東西，放下曾經與知名投資人、社會責任企業接觸時認識到的東西，放下自己的人生哲學，也放下在各種會議場合上學到的東西，開始展開一項雄心勃勃卻十足艱巨的挑戰：為全新的企業經營方式創造基礎設施。除了缺乏標準，另一個問題在於公司的使命和價值觀必須不可分割且不受影響，不得被公司未來的領導人改變。「在我們看來，負責任的商業運動在第一階段取得巨大成功，但接著卻銷聲匿跡。從班傑利、Stonyfield、美體小舖（The Body Shop）、Tom's of Maine到Odwalla，已經有大量證據顯示，以價值觀為導向的企業具有創造巨大股東價值的市場機會。」吉柏特回憶道，「以價值觀為導向的企業家和投資人想要的是流動資金，他們希望擴大業務規模，創造更大的影響力；但他們不想因此在公司使命上有所妥協。而我們認為，B型實驗室和B型投資控股正是最佳的解決方案。」[17]

創建B型實驗室

二〇〇六年五月，吉柏特和卡索伊參加一場由亞斯本研究院（Aspen Institute，一家致力於解決最棘手社會問題的智庫）舉辦的會議。他們與其他領域的領導人分享B型實驗室的概念，並且明確使用「B型企業」這個品牌。在這場會議上，他們了解到，英國興起一種名為社區利益公司（Community Interest Companies）的全新企業組織架構。自二〇〇五年起引進社區利益公司概念之後，公司便可按照社會企業模式成立，利用公司的利潤行善。這個進展讓三人及其夥伴認識到，這種類型的公司不僅存在，也是可信的。他們因此受到莫大的激勵。

接下來的一個月，他們著手打造B型實驗室。吉柏特將家裡的客房改造成一間辦公室。他邊回憶邊開玩笑，為了感激巴特能與他一同開啟這段旅程，他特地為巴特準備一張小而結實的折疊牌桌。傑用的則是多年前自製的一張小巧木桌。他們人手一部電話、一台電腦，此外別無他物。[18]

接著，他們開始招募能令更多人願意追隨的領袖。他們認為，能夠代表不同產業、地區和影響領域相當重要。二〇〇六年六月，他們在投資圈成員的聚會上展示幾家潛在的B型企業，包括Pura Vida Coffee、Give Something Back Business、BetterWorld Telecom，以及Working Today/Freelarcers’ Insurance等。[19]

他們的下一個任務，就是讓卡索伊在B型實驗室全職工作。當時安德魯還在MSD資本工作，但他每週會花一天和傑與巴特共事，而且每天都會打電話到他們的「家庭式微型辦公室」。吉柏特在談到卡索伊全職加入團隊的重要性時表示：「他還沒加入時，巴特和我總會開玩笑，要怎麼讓我們謹慎的投資家朋友放手一搏。我們明白安德魯能夠讓團隊在資本市場中的可信度大幅增加。雖然我們三個大學就認識了，巴特和我也已經合作十多年，但直到現在，我們似乎才終於有了三人齊心協力的感覺。這種感覺很好，我們能夠有效地截長補短，而且相當互補。」[20]

B型實驗室三位創辦人的個人風格彼此互補。傑是領導人，往往會一頭栽進某件事，巴特與安德魯則更擅長察言觀色，聆聽和理解他人的意見，包括他們自身的盲點。他們有耐心，而且知道如何讓別人感到自在，感覺自己受到重視。傑的無畏精神通常是鼓動他人能量的催化劑。正如他所說：「我們知道我們共同擁有一個大膽的願景，我們會成為一個非常強大的團隊，而且我們在一起的時候很開心。這就是為什麼當安德魯允諾全職投入B型實驗室時，巴特和我碰了碰拳頭後開懷大笑。但安德魯仍以一貫謹慎的風格說，他需要一段時間來改變。」[21]

二〇〇六年七月五日，三人正式在B型實驗室開啟第一天全職上班日。也就是後來大家知道的「相互依存日」（Interdependence Day），這是B型實驗室及許多B型企業每年都會慶祝的日子。最初，他們考慮參照十誡*來起草十項承諾。最後，他們決定參考「獨立宣言」(The Declaration of Independence),因為「獨立宣言」更直接有力地傳達相互依存的概念。二〇二〇年,B型實驗室所提出的「相互依存宣言」(Declaration of Interdependence)基本上與二〇〇六年的版本並無不同,內容寫道:

我們期望讓商業成為向善的力量,從而形成新的全球經濟。這種經濟由一種全新形式的公司(B型企業)構成。這是一種以使命為導向,為所有利害關係人,而不僅僅是股東創造利益的公司。

作為B型企業和此一新興經濟的引領者,我們認為:

- 我們必須完成我們在這個世界上想要尋求的改變。
- 所有企業都應該按照以人為本的方式經營。
- 從產品研發、營運到獲利過程,企業都應矢志不製造傷害,且要創造共同的利益。
- 為了做到上述幾點,我們要充分認識相互依存關係,並對彼此和後代負責。

接下來的三十天,三人為B型實驗室和B型投資控股這兩家機構撰寫一份案例說明、一份執行摘要和一份完整的商業計畫書。他們決定用字母「B」來定義更廣泛的運動。「B型實驗室是一家非營利性組織，宗旨在打造『可獲利』的產業。B型投資控股則是一家營利性B型企業，是一家以價值觀為導向的控股公司，投資同樣以價值觀為導向的企業。」吉柏特指出。[22]

格格不入

B型實驗室成立的時機很好。在社會創業領域，當時人們正熱烈討論堅持永續發展和承擔社會責任的企業未來。班傑利被聯合利華收購，Tom's of Maine則即將被高露潔（Colgate）收購（Tom's of Maine於二〇一九年獲認證為B型企業）。很多人好奇，在新東家的管理下，這些公司是否能夠維繫自身的使命。如卡索伊所言：「這涉及兩個問題。第一個問題是標準……你如何得知Tom's of Maine、班傑利或其他同類型企業的確保有自身使命；第二個問題，當企業發展到一定程度時，人們迫於壓力而出售企業，因為他們別無選擇。正因為別無選擇，就出現信託責任等相關問題……許多案例都顯示出這是一個重大

＊ 譯注：《聖經》中記載由以色列先知與眾部族首領摩西向以色列民族頒布的十條規定，猶太人奉為生活準則。

問題。如果你希望這些企業成功，那麼我們就需要採取不同的做法。」

班傑利的收購一開始並不順利。起初，聯合利華收購這家備受歡迎的冰淇淋企業時，關閉內部的生產工廠並解雇大量員工。很多人認為，企業有為股東追求利潤最大化的受託責任，這項法規是罪魁禍首，收購案這個例子恰恰說明傳統企業與社會企業的對立。

然而，這個問題的解決方案在當時並不明確。胡拉翰記得，當他們還在AND1的時候，他們就「覺得和周遭格格不入」。他們明白，這家公司並不適合傳統的資本主義經濟。從受託人的角度來看，公司的義務只有一個：使股東價值最大化。許多富有社會意識和責任感的企業領導人之所以要創辦企業，是因為他們至少有兩個目的，而且對他們當中的大多數人來說，股東價值並不是最重要的。為了顛覆傳統商業中股東利益優先的準則，就必須改變與公司結構有關的法律框架。

儘管他們最初的想法（成立控股公司）大受歡迎，但讀者可能還記得，人們往往會問，當「環保」與「永續」等字眼已經被行銷人員濫用之際，「你如何決定投資哪一家企業？」「當人們用得愈多，」胡拉翰指出，「它們代表的意義就愈小，因為這背後沒有標準。」

就在這時，為向善企業打造一個品牌（B型企業）的想法浮出水面。隨著愈來愈多企業採行這個概念，卡索伊指出，這些企業成為「政策解決方案和資本市場的宣導者及實踐者」。許多企業家紛紛經營專注在人、環境或兩者兼有的機構。同樣地，愈來愈多投資人試圖推動資金進入後來被稱為影響力投資的領域，他們試圖在追求財務收益的同時，得到社會和環境領域的報酬。最後，也有愈來愈多商學院教授等意見領袖著手研究相關領域。

胡拉翰回憶，將這三個強大的群體（企業家、投資人、意見領袖）聚在一起，就為深刻的改變奠定基礎。正如團隊在決定三管齊下時的主要考量：「向善企業品牌為不同的運動提供保護傘，在我們看來，這些運動都體現相同的目的：試著運用企業的力量來創造社會和環境上的改變。」這樣的品牌應該包含一個強大、可拓展的使命，它應該與企業合作，創造全新的法律框架，抑或調整現行框架，從而以強大且具競爭力的方式去擁抱永續企業和社會企業。最後，它要推行一套標準，唯有符合這套標準的公司才能被認證為**向善企業**。如胡拉翰所說：「我們幾乎聚集所有的企業協會，而且把他們集合在一起，並問：『他們的規模有多大？』我們也至少調查過三至四萬家自稱有三重底線的公司。一旦開始觀察這個領域的規模，而且把它放在大家對這個領域的認識下觀察時，你會發現兩者全然脫節，這時，我們似乎需要一個共同聲明。」

第三章

聚焦相互依存

二〇〇六年秋天，傑．吉柏特和巴特．胡拉翰在舊金山與潛在的合作夥伴、投資人和B型企業進行一場會談。吉柏特說他們走在蒙哥馬利街（Montgomery Street）上，抬頭一看，發現一旁的建物上掛著一面招牌，上面印有美則的商標。憑著透明雨滴造型和洗手液瓶的標誌性設計，美則成為發展最快速的負責任企業之一，並被視為挑戰停滯不前的家庭用品產業新一代的革命性企業。傑和巴特打算進去店裡碰碰運氣，說不定能遇見公司負責人。不出所料，接待員拒絕了他們，於是他們決定先吃頓午餐。他們坐在同街區的一家餐館裡，吃著墨西哥玉米片、酪梨沙拉醬，喝著Negro Modelos啤酒，趁著空檔，傑快速寫了一封電子郵件給美則的共同創辦人亞當．勞瑞（Adam Lowry）和艾瑞克．萊恩（Eric Ryan）。他在郵件中介紹自己和巴特是「史丹佛大學的同窗，後來成為商業夥伴，並且非常仰慕美則在環境和設計領域的領導地位（為了提高可信度，他先提到AND1）」。他簡單提到B型企業，以及兩人就在美則附近的餐館，打算順道過去拜訪。「不到十分鐘，」傑回憶，「美則的執行長阿拉斯泰爾．多華德（Alastair Dorward）就回覆郵件，表示很高興我們前來。」他們大約聊了二十分鐘，多華德承諾會與美則的共同創辦人分享這場談話。[1]

亞當．勞瑞回憶，在吉柏特、胡拉翰與多華德會面後，「為了釐清如何克服傳統C型公司*結構的問題（即美則當時的企業結構），我做了大量的功課。」當多華德打電話告知B型實驗室負責人來訪時，亞當．勞瑞心想：「這也許是我一直在尋找的解決方案。」在舊金山偶然會面的一個月後，傑在費城與亞當．勞瑞見面，針對美則有興趣成為B型企業進行討論。針對B型實驗室設定的標準，亞當．勞瑞則分享他的看法，尤其是如何管理這些標準。

他們的腦力激盪充滿創意、合作無間，而且很有默契。亞當．勞瑞回憶，「那種感覺就是當你和對方交談時，你很快發現自己看待世界的方式和對方完全一樣。」根據過往的經驗，他們非常清楚一點：美則和AND1有著類似的產品開發方法。具體說來，它們都根植於持續改進的理念，這就是B型企業運動的基石。

B型實驗室最困難的工作，並非開創第一代商業影響力評估標準，他們可以從負責任的企業領導人撰寫的著作，以及其他針對特定產品或實務的標準裡尋找靈感。更困難的挑戰是建立動態流程和治理機制，以確保各方的聲音和觀點都能被聽見。商業影響力評估標準必須隨著時間的演變，納入新產業、新觀點和新想法。

* 譯注：C型公司是指股份有限公司的標準形式，股東不用為公司的債務和義務負個人責任。

打造評估工具

有機食品和「環保」產品已經有第三方認證，消費者認識這些標識，而且了解其中的含義。但就如胡拉翰回憶的那樣，具有社會責任意識的商業界一開始「似乎顯得停滯不前」。B型實驗室創辦人希望創造一套供人們識別和理解的標準，他們不僅要提高消費者意識，同時要擴大影響力。「尤其是在世人持續濫用『環保』、『永續』、『負責任』、『慈善』、『在地』等字眼的情況下，當大眾愈頻繁使用這些字眼，其背後象徵的意涵就愈少，因為它們沒有任何標準。」

B型實驗室創辦人希望建立的認證過程，對不同規模的企業都是標準化的，而且在不同產業之間可以比較，能夠讓企業評估自身對社會與環境造成的真正影響，從而努力改進；同時為消費者和投資人提供問責的工具。這種公開透明的程度，有助於減輕消費者的疑慮，他們不會再認為這些公司只不過是在「漂綠」，或只是透過宣傳對社會和環境有益之舉來掩蓋真正的問題。

正如我們所看到的，**表面**向善比**真正**向善更容易實現，代價也更低廉。例如，德國福斯汽車（Volkswagen）為了在美國提高柴油車銷售量，鼓吹自家車款具有低排放量的特色，然而，卻只有在汽車接受檢驗時，才在車上安裝相關裝置以滿足環保排放要求。[2]化妝品和身體護理產品公司會在行銷宣傳中使用「天然」一詞，然而這個詞彙的含義從未形成共識。如前文所述，嵐舒化妝品在其「天然」產品中使用防腐劑、對羥基苯甲酸酯（parabens）和香料。[3]然而，消費大眾並沒有意願或時間去探究一家公司的產品線和歷史，以確定他們的說法是否屬實，或者更寬鬆地說，是否全部屬實。

當B型實驗室成立時，社會責任投資（social responsible investment）社群正在分裂和邊緣化。這在很大程度上與社會責任投資領域的投資人不願公開分享其篩選方法有關，這是他們專屬投資模式的一部分。與此同時，全球永續性報告協會（Global Reporting Initiative，一家專注於為大型上市公司定義報告指標的非營利組織）於二〇〇〇年發布第一份指導方針。這是一個扎實的報告框架，但其設計初衷並不是成為一套評等系統。例如，所有依循全球永續性報告協會所發布的指導方針的公司，都要揭露自身的碳排放量，但沒有任何機制告訴大眾如何評判碳排放量的好壞；各家公司也無法將自己的測量資料與其他公司進行比較。正如吉柏特解釋：「它沒有做出任何判斷，也沒有要求公司揭露全球永續性報告協會所要求的一切指標。因此，還是會發生選擇性揭露部分指標的情況。」[4]而社會創業網路和其他類似社群除了收取會員費，對會員並沒有任何具體要求，這表示任何企業都能加入。儘管為B型企業設計的標準，可能會對這些組織的核心使命（社群建設和成員發展）帶來反效果，但一個有標準可循的認證，能夠幫助企業在競爭激烈的市場中脫穎而出。這或許就是為什麼大多數社會創業網路的成員，也是B型企業認證的早期實踐者。

開發商業影響力評估的過程中，B型實驗室的三位創辦人牢記全球永續性報告協會的報告標準，因為這是市場上理念最相似的標準。一開始，他們覺得可以把報告中多項指標的門檻值做為B型企業認證的要求。但這個想法最終並未成功，因為全球永續性報告協會其中一位創辦人明確表示無意加入這個評等系統。吉柏特對此表示，「我們知道評等系統的價值，因為這可以為值得信賴的第三方指標提升評價。但對方卻期望像我們這樣的組織來做這件事。」三位創辦人很快就發現，即便是專注於相關領域的非政府組織或非營利組織，其指標也只涉及社會或環境表現上某些很小的面向。三位創辦人沒有任何公開、全面且詳細的評等系統可供參照，他們必須創建自己的體系。

全方位的評估標準

在找到可行的版本之前，商業影響力評估歷經幾次迭代。吉柏特深情地回憶，它最初就是「一份電子表單。更準確地說，就像我一貫的做法，一切都始於一連串冗長而曲折的談話。但巴特很快就顯得厭倦，說『讓我花一、兩天的時間研究，看我是不是能總結出一些值得討論的結論。』『聽起來不錯，』我這樣說。兩天後，巴特就向我和安德魯分享商業影響力評估的第一個測試版本。」正如吉柏特所言，胡拉翰真的為它「增加分量」。商業影響力評估的第一個版本好比鈍器，就「像人類的第一個工具」，卻也是獨一無二又有用的。「哪怕商業影響力評估以尼安德人般原始的電子表單形式存在，」吉柏特說：「它也是第一個能夠全面評估企業在社會和環境表現上的工具。」[5]

B型實驗室最初的商業影響力評估，在很大程度上參考班傑利的共同創辦人班・柯恩（Ben Cohen）與社會創業網路主席瑪律・瓦立克（Mal Warwick）的《價值驅動型企業：如何改變世界、賺錢，同時樂在其中》（*Values-Driven Business: How to Change the World, Make Money and Have Fun*）合著中所支持的實務準則。[6]此外，這項標準還借鑒全球永續性報告協會的小企業永續發展報告標準（由具系統性思維的企業家貝琪・鮑爾〔Betsy Power〕匯總而成），以及三位創辦人在AND1的實際經驗。根據最初「相互依存宣言」在產品研發、營運和獲利過程上的維度劃分，胡拉翰在測試版本中總共分成十幾個子類別，每個子類別及其單獨指標進行加權，如此一來，這項工具即可正確且全面評估一家公司在社會和環境上的表現。

儘管參考他們重視與贊同的資料來源，但先前的資料來源並沒有包含他們想要的所有標準。當他們自問「一個好的標準需要具備什麼？」時，他們的回答是「這個標準必須獨立管理、透明且不斷進化」。此外，他們還牢記著另一個讓B型實驗室不同於其他機構的要素：商業影響力評估必須是**全方位的**。胡拉翰解釋，「我們認為必須考察公司整體，而非僅僅考慮它的消費者群體或供應鏈。我們想要衡量的是這些企業對社會產生的正面影響。」他們透過B型企業標準來全面性地考察一家公司，其中的標準涉及員工、公司產品、在地社群、供應鏈和環境、治理結構等面向。對此，胡拉翰也補充：「這形同一道企業認證。但即便公司完全環保，卻苛刻員工，也沒有參與社區工作，那麼依舊無法通過認證；又或者，你的公司有員工入股計畫（employee stock ownership plan），提供優良的工作環境，卻私下排放汙水，那麼也無法通過認證。歸根究柢，這是一種產品認證或實務認證。倘若你希望公司獲得認證，就得讓公司接受全方位的評估。」[7]

有了電子表單，三位創辦人打算使用商業影響力評估的首個測試版本，針對一家實際存在的公司進行測試。他們打電話詢問幾家不同產業且擁有不同經驗的公司，包括巴塔哥尼亞和Pura Vida Coffee（這是一家具社會責任意識的公司，專注於為咖啡農提供公平的報酬，並將利潤再度投入咖啡農所屬的社群）。在初期測試階段，三位創辦人收到極為有用的回饋，尤其是在提問的措辭方面。「最重要的是，我們發現商業影響力評估將永遠處於不斷發展的狀態。」吉柏特回憶他最初與亞當・勞瑞的對話時這麼表示。

商業影響力評估

隨著商業影響力評估的發展與完善，它逐漸聚焦在公司的營運和商業模式。這項評估本身可分為五個部分：治理、員工、客戶、社區和環境。它經歷六次迭代，最新版本在二〇一九年一月公布，B型實驗室對每一個版本都進行改良、深化和拓展。從一開始，B型實驗室就根據公司規模、領域和地區，對於需要回答的問題做出調整。要通過認證，公司必須在總分兩百分的問卷中至少獲得八十分。

必須強調的是，商業影響力評估提供的是一種獨特的評等方式，它可以對公司整體營運狀況做出全面評估。儘管全球永續性報告協會提供一套有效的指標，幫助企業、政府和投資人理解公司對環境和社會的影響，但並沒有將企業的業績納入評估項目；同樣地，雖然永續會計準則委員會（Sustainability Accounting Standards Board）的報告指南中，考量到產業差異等實質問題，但其框架仍只適用上市公司，不像商業影響力評估可以用於任何公司。最後，商業影響力評估與碳揭露計畫（Carbon Disclosure Project）等更具針對性的評估工具也有所不同，後者如其名，是一種針對企業在碳、水和森林等環境上造成影響的審查與評等。

在公司初次提交評估問卷後，商業影響力評估會提供文件來回應評估中的作答。接著，B型實驗室的標準分析師將審查這些答案，如需解決一致性或正確性等問題，標準分析師也會致電該公司。經過審查，公司的評分通常會降至八十分以下。大部分情況下，這對公司來說是個契機，而非阻礙，因為商業影響力評估可以協助公司發掘出全新的領域，以利公司對此有所行動，創造影響力，從而讓日後的評分超過八十分的門檻。B型實驗室標準審查總監克莉絲蒂娜・福伍德（Christina Forwood）解釋，許多公司會因此做出許多不同類型的改進。例如「與非營利組織合作勞動力發展專案，執行項目包括雇用長期失業者、提供高品質培訓，協助個人提升勞動力」。為了達到八十分的門檻，一些公司還會購買再生能源信用額度（renewable energy credits）。這項評估背後的精神是教育性、啟發性，而且也專注在改進上。「我們的重點不在於一家公司做了什麼，而在於如果它還沒做，那麼該如何開始。」總監丹・歐舒斯基（Dan Osusky）解釋，「因此，我們實際上是在為公司打造一張自我進化的路線圖。」[8]

對於一些通過B型企業認證的公司來說，拿到八十分是比較容易的，因此隨著認證標準提高而不斷自我進化，才是真正的挑戰。亞瑟王麵粉身為一家擁有員工分紅計畫的企業，初次申請認證就得到八十分，而且在員工和治理項目的得分遠遠高於這個門檻。但公司仍不斷進步來讓分數增加。「這就是商業影響力評估的美妙之處。」當我前往亞瑟王麵粉的公司餐廳拜訪聯合執行長拉夫．卡爾頓（Ralph Carlton）時，他這樣告訴我。這家餐廳位於「亞瑟王宮殿」（Camelot）中，也就是亞瑟王麵粉在佛蒙特州諾里奇（Norwich）的主廠區，廠內還有一家旗艦店和一間烘焙學校。拉夫．卡爾頓說：「提高分數並不容易，但一旦做到，不僅可以對業務得到令人驚喜的洞察，還能讓管理團隊理解到，要想發展成更強大的企業，我們還有哪些不足，以及還要解決哪些問題。」在第一輪評審中，亞瑟王麵粉在環境項目的得分並不算高；然而到了二〇一九年，這個項目的得分已經提高至一百一十六分。

先驅企業Preserve透過回收塑膠製造出一系列具吸引力的日常消費品，完成商業影響力評估後，公司領導人發現，部分業務部門與其他團隊缺乏良好的溝通。執行長兼創辦人艾瑞克．哈德森（Eric Hudson）解釋，「原先不會針對問題溝通的不同群體卻開始討論起來，這是個很有趣的過程。」Preserve的高層意識到這一點，於是等評估結束之後，立即著手解決問題，例如使產假和陪產假制度更加完善。艾瑞克．哈德森說：「我們發現公司讓員工陷入得在家庭和工作之間做出選擇的兩難處境，這並非我們樂見的結果。」正如國際動物體驗組織（Animal Experience International）的諾拉．利文斯通（Nora Livingstone）所言：「你永遠不會知道你不知道的東西。然而，B型企業的認證過程能讓你跳出規畫及管理公司的視角。經歷這個過程會幫助你以從未想過的方式理解何為善舉，而這不僅極為鼓舞人心，也會幫助你發揮創造力。」9

班傑利總部的建築和自家的冰淇淋名稱一樣古怪，門口有一道兩層樓高的滑梯，梯面上滿滿的迷幻藝術風格繪畫。社會影響力總監羅伯．米沙拉克（Rob Michalak）回憶，公司將這次評估當作一次內部評估和自我檢驗的契機。為了順利通過商業影響力評估，公司花費近兩年的時間解決所有問題。「當你經歷這一切，」他說：「商業影響力評估就成為一面鏡子，讓你的組織和管理階層看清楚實際狀況，排除既有的盲點。」而改進是雙向的。例如商業影響力評估採用的環境影響評估方式，並未關注班傑利所致力從事的環保計畫。這也讓班傑利的管理團隊思考B型實驗室的方式是否更好，如果沒有更好，那麼他們會建議B型實驗室在下一版的商業影響力評估中併入自己的做法。

評估標準的管理與精進

商業影響力評估正在不斷進化成為愈來愈強大的工具。但由於B型實驗室會向企業收取認證費用，可能造成利益上的衝突，例如對規模更大、願意出更多錢的企業降低標準，使其獲得認證。因此，二〇〇七年九月，B型實驗室成立標準顧問委員會（Standards Advisory Council），獨立管理商業影響力評估。

基於參與者的回饋與研究基礎，B型實驗室進一步改進與調整商業影響力評估，而且每兩年就發布新版本。例如二〇一〇年，新資源銀行（New Resource Bank）成為第三百家通過認證的B型企業，但這次認證的商業影響力評估即為調整後的版本。公司前執行長文生・西西利亞諾（Vince Siciliano）指出，原本的標準「更適合社區發展金融機構（CDFI bank）」。新資源銀行申請認證的過程中，西西利亞諾和B型實驗室團隊耗費大量時間，來討論商業銀行和社區發展金融機構的差異，最終提出如何讓商業影響力評估適用於一系列金融機構的解決方案。商業影響力評估得以持續改進，是B型實驗室最大的資產，也讓愈來愈多不同類型的公司聲音被聽見，最終成為B型企業運動的一環。

標準顧問委員會的早期成員亞當・勞瑞強調，持續改進商業影響力評估的同時，維持其實用性也相當重要。「完美是優秀的敵人」成為團隊的座右銘；標準必須是好的，但不可能是完美的，因為對影響力的衡量仍處於起步階段。實用性也很關鍵，如果標準高到連廣受認可的領先企業也達不到，那麼會成為吸引多數企業嘗試認證的阻礙。「B型實驗室務實地確立嚴格而實用的標準，贏得許多一流企業家的信任，而他們也將成為這些標準的首批認證者。」古柏特指出，「反過來看，這也會強化商業影響力評估的可信度與吸引力，讓更多人投入認證的行列。」[10]亞當・勞瑞還記得自己「很早就開始提供相關諮詢」，他告訴許多諮詢者：「隨著時間推移，公司將透過這個重要的過程來自我進化、提高標準。因為無論我們現在選擇什麼，將來它勢必都會變得不合時宜。」

二〇一九年，標準顧問委員會拆分為兩組，一組針對新興市場，一組針對成熟市場，每組都有大約十名成員。標準顧問委員會負責監督所有讓商業影響力評估走向完善的決定，目的是讓那些完成評估的企業留下回饋意見。「我們每年透過這個工具，得到約三千條回饋，而且數字還在增加中。」丹・歐舒斯基表示。委員會負責審查和匯總這些回饋，部分成員也會和其他制定標準的機構合作，以借鑒對方寶貴的專業知識和機制；標準顧問委員會同時負責處理通過認證的B型企業客戶、員工或供應商對這家企業所提出任何具體、實質或攸關可信度的投訴。處理投訴時，委員會將評估這家B型企業是否確實符合

「相互依存宣言」中的社群精神。丹・歐舒斯基指出，B型實驗室的使命是「推動進化」，因此比起獲得B型企業身分，補救企業缺失是更重要的目標。[11]

最新版本的商業影響力評估中，一個重要不同之處在於強調政策和結果之間的差異。丹・歐舒斯基在為B型企業社群平台撰寫的一篇文章〈B型變革〉（B the Change）中，探討一個無可非議的問題：很多人認為商業影響力評估實際上並非「影響力評估」，因為它強調企業的行為，而非企業創造的實際成果。最新版本的商業影響力評估旨在改變這一點。儘管問卷中許多問題都與政策和執行力有關，但關乎成果的問題占比更高。你可以透過正式寫下公司的回收政策來獲得更高的分數嗎？是的。那麼，擁有淨零碳排足跡可以加分嗎？不。丹・歐舒斯基解釋，「我們盡可能在客觀研究和實例的基礎上設計問題，包括涉及政策和執行力的問題。這些研究和實例將告訴我們哪些政策和執行面最可能帶來正面的成果。」[12]

招募首批B型企業

二〇〇六年，當商業影響力評估還在起草階段時，永續消費產品品牌淨七代的執行長兼共同創辦人傑佛瑞・霍蘭德（Jeffrey Hollender）同意與傑和巴特見面，探討B型實驗室及他對B型企業的想法。這成為這個團隊邁出的重要一步。如同班傑利和巴塔哥尼亞，淨七代也是公認具代表性的負責任企業。傑佛瑞・霍蘭德就是社會責任企業的領導人，當時他才剛寫了一本書《什麼最重要：一小群先鋒企業如何教大企業承擔社會責任，而且為什麼大企業會聽它們的》（*What Matters Most: How a Small Group of Pioneers Is Teaching Social Responsibility to Big Business, and Why Big Business Is Listening*）。[13]

他們在淨七代的能源與環境設計領導力（Leadership in Energy and Environmental Design, LEED）認證辦公室會面，這裡可以俯瞰佛蒙特州伯靈頓市（Burlington）的尚普蘭湖（Lake Champlain），該州最終成為B型企業運動的中心。這場會議的交流非常積極，而且視野宏大，霍蘭德與淨七代企業意識總監格雷戈・巴納姆（Gregor Barnum）都認識到B型企業的潛在力量。對於一家設置企業意識總監職位的公司而言，這並不意外。但霍蘭德仍有疑慮：眼前的團隊能否充分評估一家公司是否具有社會責任感呢？此外，他也很清楚，社會責任企業運動若想持續發展壯大，則需要更完備的制度。霍蘭德表示，當時企業過度關注環境議題，很少討論社會問題。他告訴傑和巴特，他擔心B型實驗室會將容易衡量的環境指標過度指數化，同時忽略社會指標。他要求他們建立一個真正全面的評估體系。

霍蘭德問他們，獲得B型企業認證需要多少費用。那時，B型實驗室的認證費用與企業營收掛鉤，即營收的一‰。按照這個邏輯，營收約一億美元的淨七代，每年必須支付十萬美元的認證費用。這是B型實驗室第一次向潛在的B型企業開出如此高的價碼。巴納姆看了看霍蘭德，霍蘭德笑著說：「這可不是一筆小數目。」傑和巴特表示認同，因為這是一個宏大的願景。「那好。」霍蘭德說道，於是淨七代也加入了。霍蘭德的號召力改變了遊戲規則。從那時起，B型實驗室會告訴其他企業的執行長，儘管每年的認證費用高達十萬美元，淨七代還是願意投入這項計畫。

在回顧B型實驗室如何說服知名企業認同一項未經檢驗的提議時，胡拉翰表示：「我們有一套簡單而獨特的說詞，而且這套說詞具有十足的號召力。我們會說，『你們創業的目標是建立影響力，打造出旁人仿效的模式，而我們將提供一個傳播這種模式的平台。我們會為它命名，招募志同道合的企業家，這些人的立基點和您一樣。』」[14]

二〇一一年，霍蘭德遭到自家公司解聘，因為公司更看重利潤而非社會使命，而他作為後者的提倡者，反而成為公司獲利的阻礙。他在首度公開回應解聘事件時表示：「雖然我積極投入淨七代的事業，但公司業務並未觸及我真正關注的核心問題……我真正感興趣的是公平正義。」[15]然而值得注意的是，儘管霍蘭德遭到解聘，而且從當時的情況來看，公司似乎一度排拒B型企業理念。但實際上，淨七代直到現在仍是一家通過認證的B型企業，商業影響力評估分數也持續提高，後來在維持使命的前提下由聯合利華收購。

十九家先行的B型企業

首批獲得認證的十九家B型企業，是B型實驗室的三位創辦人特別鎖定的目標。三位創辦人希望率先吸引能夠讓其他公司追隨的企業，因此陸續接觸投資圈和社會創業網路等商界公認的領導人，以及不同產業、地區的公司。胡拉翰表示：「新葉造紙（New Leaf Paper）試圖在最難做到環保、同時對環境危害最大的產業裡『漂綠』，回饋企業的商業模式則是將自身利潤一〇〇%返還慈善事業。」其他目標企業涵蓋家用產品（如美則、淨七代）、咖啡（如Moka Joe Coffee、Pura Vida Coffee）、時尚（如Indigenous Designs），以及住宅建築（A-1 Builders）。美國西岸向來以其進步精神聞名，最初的B型企業許多都來自加州或華盛頓州；另一個熱門地區則是B型實驗室創辦人的家鄉費城。

今天，許多公司之所以加入B型企業，不僅僅是為了獲得商業上的成功，還希望影響整個市場。首批加入的B型企業的確提高B型企業的品牌價值，但B型企業的品牌並未在當時帶給加入的企業相同的作用。這群企業領導人對B型企業的使命擁有強烈的信念，因此在沒有任何保障或期望之下就毅然參與。儘管早期階段尚無管理或商業上的前例，他們還是認為值得冒這個險。胡拉翰回憶：「我們在早期的簡報中……幾乎沒有引述他們加入的原因。不同的人關注不同的要素，有的關注法律，有的關注標準，但歸根究柢，都攸關領導力。」

超越競爭的社群

早期進行B型企業認證時，已經通過認證的B型企業會從旁協助B型實驗室說服幾家公司加入，但也會同時勸退幾家公司。針對這一點，在B型實驗室負責企業開發的安迪·費夫（Andy Fyfe）解釋，「我們一直認為巴塔哥尼亞、艾琳費雪、新比利時啤酒（New Belgium Brewing）、班傑利等通過認證的企業將為我們開闢產業先例。一旦如此，就會產生骨牌效應，同產業的公司也將紛紛追隨其腳步。但有時卻適得其反。」部分規模較小的企業雖然感興趣，卻可能以為要達到巴塔哥尼亞那樣的水準才能通過認證。正如安迪·費夫所言，其實小公司往往更靈活，反而能夠獲得比巴塔哥尼亞更高的評分。但除非親眼見證，否則它們不會相信。因此B型實驗室開始強調社群，而非消極或有害的競爭。

無論規模大小，B型企業運動都容許企業相互對抗，並且鼓勵企業良性競爭。在其他類型的認證中，評分最高的競爭選手會說：「我們的產品比其他公司的更好。」安迪．費夫則會說：「我們的標準不只是討論是你的肥皂好，還是我的肥皂好那麼簡單。我們還考慮公司是否在乎員工發展計畫，是否雇用更生人，是否正在建設『正能量』（net positive energy buildings）建築……這些都超越了評分，也超越產品本身；這是一種來自社群的力量。」B型實驗室的重點任務是讓B型企業自問：「我們需要和其他B型企業一起完成什麼事？怎麼做才能一起走得更遠？」其中一個很明顯的做法，那就是B型實驗室很早就決定不設排名。當一家企業獲得認證，它就達到了標準。

壯大B型企業創始成員

吉柏特將亞瑟王麵粉比喻為一家十足「中產階級的美國企業……美國每家食品雜貨店都販售它的產品。」他認為這家公司非常適合成為B型企業，因為「它不同於那些新潮、有創投支持、具顛覆性，例如美則或淨七代那種追求環保、試圖拯救地球的企業，」他認為，亞瑟王麵粉能夠吸引更廣泛的企業加入。

吉柏特回憶二〇〇六年，他前往亞瑟王麵粉執行長史蒂夫．沃特（Steve Voigt）的辦公室那天。沃特「半開玩笑地將一張紙扔到他們中間的小圓桌上」，那是一張商業影響力評估表。沃特用它來評估自己的公司將如何發展後，對結果非常不滿意。沃特認為，只因為自己沒有大量雇用少數族裔員工就被扣分，一點也不公平。畢竟總公司所在的佛蒙特州少數族裔並不多。吉柏特分享格雷斯頓麵包店的開放式徵才政策，這項政策為更生人、缺乏經驗者、從未接受正規教育者提供就業機會。「格雷斯頓麵包店在揚克斯市（Yonkers），那裡大多數是有色人種。所以，你認為格雷斯頓麵包店應該因為這些行為而加分嗎？當然。」[16]吉柏特接著解釋，「這就是商業影響力評估的美好之處，沒有一家公司能獲得完美的分數，因為它的標準必須隨周遭變化的世界不斷調整。」

吉柏特強調，要想在總分兩百分的評估中獲得八十分，公司至少得在一種領域取得優異的表現，例如勞動力或環境領域，同時在其他領域有不錯的表現。他也強調，亞瑟王麵粉將因為員工入股計畫而加分，這是其他公司所沒有的。沒多久，沃特表示，「我們要成為B型企業。」[17]二〇一四年，沃特從亞瑟王麵粉退休。但顯然他與B型企業運動精神產生強烈共鳴，並於退休後持續在全美推廣員工入股計畫和共益公司立法。

對初期通過B型企業認證的大多數企業來說，多名成員早已從投資圈、社會創業網路和地區生活經濟商業聯盟（Business Alliance for Local Living Economies）等社群相互結識。例如，地區生活經濟商業聯盟的共同創辦人茱蒂・威克斯（Judy Wicks）很喜歡B型企業這個想法，並承諾她的白狗咖啡廳（White Dog Café）也會第一批加入B型企業；地區生活經濟商業聯盟的執行總監唐・謝弗（Don Shaffer）是Comet Skateboards的合夥人，他向該公司執行長傑森・薩爾非（Jason Salfi）介紹B型實驗室，這家滑板品牌也很快加入社群。[18]

B型企業初登板

二〇〇七年六月，B型實驗室創辦人受邀在地區生活經濟商業聯盟全國大會上介紹B型企業的概念。這對所有與會者都是令人難忘的時刻。在唐・謝弗引介之後，卡索伊和吉柏特走向講台，他們身邊站著十九位第一批加入B型企業的領導人，胡拉翰則在後台負責確保他們的新網站上線。吉柏特簡短發表談話後，接下來，按他的說法是：「站在旁邊的領導人開玩笑似地相互推擠，迫不及待走上講台，分享為何自家企業要成為B型企業。」[19]

麥克・漢尼根（Mike Hannigan）是Give Something Back的創辦人，他率先上台發表一場「權力屬於人民」式的演講；接下來是新葉造紙的傑夫・門德爾松（Jeff Mendelsohn），他談到顛覆產業和新一代企業家的問題；再來是茱蒂・威克斯發表演說。吉柏特回憶，她讓「B型企業的概念在台下的觀眾中產生獨特的信任感……坦白說，理由不重要，重要的是由誰分享。這反映出我們在推動B型企業運動上最重要的一點：最能影響商界領袖的是他們的同行，而非B型實驗室。」[20]令卡索伊特別高興的是，美則和淨七代的代表都上台演講了。淨七代是初期的領頭羊，美則是走在更尖端的企業典範。安德魯表示：「兩名競爭者就這樣站在台上，真是太好了，這像在對大家說『快來吧！這裡還有足夠的空間』。」[21]

美則的亞當．勞瑞也清楚記得那一刻：「在那瞬間，一切都交融在一起。我不認為那只是群聚效應，它凝聚著核心的支持者與標準，以及即將加入這個生態系統的每一家公司。大家彷彿當場做出承諾：『嘿，這就是我們必須做的事』。」在每個人發表演說之前，吉柏特要求他們說明為什麼希望自家公司通過認證。他回憶，「對我而言，這就是在滿足二十一世紀人類的需求上，企業自身需求與政府現行制度之間出現不適配的情況。我們需要改變，而不只是滿足少數人的需求。它應該是動態變化的，而不僅僅是個案或為了那張環保標誌。」從老字號的大型員工入股計畫企業到在地小型企業，在場所有人都明白，這場運動背後的動力是它的使命和目標，以及推動這項運動前行的那群人的熱情。

在這次大會的熱情簇擁下，B型實驗室往前跨出一大步，他們放棄收取第一批成員頭兩年的認證費用，並且邀請成員們參與二〇〇七年十二月在費城白狗咖啡廳舉辦的B型企業「相互依存宣言」集體簽字儀式。在這個儀式上，總計八十一家企業簽署了宣言。受到這場運動的鼓舞，哈利・哈洛蘭（Harry Halloran）、凱・哈洛蘭（Kay Halloran）以及哈洛蘭慈善事業（Halloran Philanthropies）董事長東尼・卡爾（Tony Carr）承諾捐出五十萬美元給B型實驗室，這是B型實驗室收到的第一筆外部資金，這是很重要的里程碑。在此之前，B型實驗室的創業資金來自幾位共同創辦人申請的一百萬美元貸款，他們每個人甚至放棄第一年的薪資。

回首初創團隊之際，傑・吉柏特指出：「女性成員太少，而且沒有有色人種。」倘若B型企業社群想反映這個國家乃至世界的多樣性，那麼仍需「持續、重大且有意義的努力。因為當前主導這場負責任商業運動的企業領袖絕大多數是白人男性。」[22]但與此同時，令三位創辦人自豪的是，他們吸引從全新潮流品牌（如Comet Skateboards），乃至於老字號企業（如創立於一七九〇年的亞瑟王麵粉）等形形色色的公司，並驚訝地發現它們在文化、使命和目標上具有相似性。「如今想來，當年居然那麼多人都簽署了宣言，簡直不可思議。」胡拉翰回憶，「我們的品牌無關緊要，唯一重要的是，它講述著B型企業的故事。」

第四章

讓法律與利害關係人站在一起

當伊莉莎白·華倫二〇一八年在《華爾街日報》專欄中談及共益公司立法是值得仿效的模式，吉柏特隨後在《富比士》（*Forbes*）投稿指出，通過該法案的許多州都是由保守派共和黨人領導。該項立法已於美國十二個州通過。傑又寫道：「也許像華倫參議員這樣的自由派人士推動『負責任資本主義』立法並不叫人驚訝；但對於那些不了解共益公司興起過程的人來說，可能會驚訝共和黨人、世界上規模最大的投資群體，以及愈來愈多商界領袖多年來都在推廣相似的理念。」[1] 創造一個以人、地球和利潤為中心的新經濟模式，並不只是共和黨或民主黨的任務，而是全人類的責任。而修補我們支離破碎經濟體系的唯一方式，就是改變我們的法律。

B型企業認證從一開始就有其法規上的要求：公司必須修訂內部章程，拓展它們的受託責任，從而全面考量包括員工、社區和環境等因素在內所有利害關係人的利益。小企業（絕大多數是法定的有限責任公司）很容易適應變化，因為它們只需要修改現行的經營協議，反映這個受託的定義即可；對大公司來說，要實現這一點則較有難度。在關注利害關係人條款的三十一個州，公司董事可以自行決定是否考慮非金融利害關係人的利益，因此B型實驗室大可將對小企業的那套說詞丟給大企業，讓它們修改公司章程。然而，包括加州和德拉瓦州等重要的十九個州並沒有利害關係人條款，任何修訂都會與基本的公司法產生衝突。當企業得在修改條例和遵循常規之間做出選擇，這種衝突就會帶來法律上的風險。

考量到「退場機制」，修改法律便顯得尤為重要。以前文提到的班傑利與Stonyfield這類以價值觀為導向的企業出售當作例子，胡拉翰解釋，「當模範企業被大型跨國集團以高價收購，對一些人來說是好消息。然而，這往往也會讓企業的創辦人及其忠實客戶大為沮喪，因為人們擔心出售就意味著出賣。無論公司是被迫出售或兩相情願的收購，都會讓下一代以價值觀為導向的創業者產生寒蟬效應。他們擔心尋求傳統的創投或策略收購，會侵蝕他們一開始創業的願景和價值觀。」這些企業希望發展壯大，創造更大的影響力，但它們並不願意犧牲自己的使命。

對於試圖創辦或投資以創造股東價值及社會價值為目標的公司創業家和投資人來說，為了給他們一個合乎法規的平台，B型實驗室支持立法。企業領導人、法律顧問與投資人可以從法律條文中明確得知公司董事與經理人的受託責任（包括創造公共利益），哪怕是在這些公司即將被收購的情況下。在美國，各州對公司的設立具有司法管轄權，因此要創造一個全新的法律框架，得在各州發起立法。

新制訂的法律對透明度有更高的要求。它要求提供給股東和公眾的年度報告應該提到企業在社會和環境方面的表現，並且要求政府準備相應機制來保障這些企業，讓它們創造出對社會與環境的正面影響能夠延續下去。例如當有人企圖取消這種高標準的要求，需要三分之二的股東投票同意。

截至二〇二〇年年初，美國三十五個州和華盛頓特區均已通過共益公司法案，還有六個州正在制訂相關法律；義大利、哥倫比亞、厄瓜多以及加拿大不列顛哥倫比亞省也已經通過共益公司法案，還有全球許多國家或地區都在制訂類似的法案。

法律與股東利益優先論

正如我們所知，股東利益優先被寫進美國的公司法。儘管法律很少明確否定企業有權考慮潛在賣方的經營對社會和環境的影響，但當有多個報價時，公司會進入「**露華濃模式**」（Revlon mode），這種模式得名於一樁具里程碑意義的案例。一九八六年，德拉瓦州最高法院在「露華濃訴麥克安德魯與富比士集團」（Revlon v. MacAndrews & Forbes Holdings）一案中指出，公司有義務賣給開價最高的人。這意味著，當公司的收購不可避免時，公司董事的受託責任就只能是把股東的直接價值最大化，而這往往等同於將公司賣給出價最高的競標者。要是董事和董事會不這麼做，公司就會受到裁罰，包括法院裁定的利益衝突揭露，以及禁止公司提議與出價最高的競標者之外的買家進行交易。

儘管這項裁決始終存在爭議，但並非無前例可循。早在一九一九年，「道奇訴福特」（Dodge v. Ford）一案的裁定中就寫道：「成立和經營企業的主要目的是讓股東利益最大化，董事的權力應該在這個目的上使用。」[2]在「ebay 訴 Craigslist」（eBay v. Craigslist）一案中，德拉瓦州衡平法院（Delaware Chancery Court）裁定，「德拉瓦州的營利性企業不行使股東利益最大化」的使命是無效的，因為這不符合董事的受託責任。法院認定，即使公司要追求更多的使命，也必須帶來經濟利益。[3]

B型實驗室認為，露華濃模式以及對股東利益優先的廣泛關注，剝奪企業家、經理人、投資人和消費者在建立、投資或支持為社會創造長期利益的企業自由。正如吉柏特所言：「如今有許多公司在社會和商業影響力之間取得有效的平衡。然而，我們仍需將允許公司這麼做的價值觀、標準和責任制度化，我們需要這樣的體系，需要改變遊戲規則，而不是繼續收拾爛攤子。」[4]

加州經驗和比爾・克拉克的幫助

加州是B型實驗室創辦人的頭號目標。這裡似乎是最合理的起點，儘管情況並未按照原訂計畫進展。卡索伊說：「我們環顧四周，自問：『哪裡是B型企業集中的地方，哪裡有活躍的永續企業，哪裡又有合適的立法環境和願意接受我們的律師？』很明顯，其中之一就是加州。」

如前文所述，所謂利害關係人條款是：允許但不要求公司董事會在制定決策時考慮公司所有利害關係人的利益。二〇〇八年，他們與來自加州律師事務所的漢森・布里奇特（Hanson Bridgett）、蒙哥馬利與韓森（Montgomery & Hansen），以及溫德爾・羅森（Wendel Rosen）等律師合作，卡索伊表示，「經歷與加州律師協會的大規模爭論之後，我們成功在立法機構通過一項條款，而且幾乎得到兩院一致通過。」不幸的是，加州州長阿諾・史瓦辛格（Arnold Schwarzenegger）在加州律師協會公司法委員會（Corporations Committee of the California Bar）的反對下否決這項法案。但他還是鼓勵法案支持者繼續嘗試。卡索伊解釋，「儘管與律師協會溝通後，史瓦辛格否決這項法案，但他寫了一封信。」州長在信中寫道：「在新千禧年的公司治理模式上，加州本該走在前面，這很可能是另一個機會讓加州再度引領創新的新時代。我會督促立法機構考慮和研究新的公司治理模式，從而為當前模式提供可供選擇的替代方案。但與此同時，我也必須保障股東權益，加州正是因為這一點，才得以成為世界經濟的發電站。」

史瓦辛格「要求法案支持者創立一個獨特的公司實體，而不僅僅是推動利害關係人條款生效，」吉柏特指出：「這也是我們傾向的方案。但我們沒想到，還有人支持更為激進的創新路線。」[5]直到比爾．克拉克（Bill Clark）的出現。

起草示範法案

比爾．克拉克是個虔誠的基督教徒，他認為自己與B型實驗室的合作是「神聖的約定」。大學畢業後不久，比爾就結婚了。當時他的妻子輟學，但他們很快就發現，她應該在生計尚未陷入困境前回去學校念書。比爾原本打算進入西敏神學院（Westminster Theological Seminary）從事古代語言研究，但一切的計畫在妻子重返大學後被擱置，他只好四處求職來養活日益壯大的家庭。最後，他在費城最大的律師事務所：摩根路易斯律師事務所（Morgan Lewis & Bockius LLP）的政府監理部門，找到一份助理律師的工作。等妻子畢業後，他才前往西敏神學院實現自己的夢想。他在神學院裡表現優異，最終獲得神學學位，但每年暑假仍在摩根路易斯律師事務所工作。顯然他找到真正感興趣的學問，那就是法律，似乎他看事情的優先順序需做調整。

後來，比爾進入法學院，之後成為摩根路易斯律師事務所的一名律師。他的職涯導師起草「賓州商業公司法」（Pennsylvania Business Corporation Law），那時該法案正在重修。比爾主要負責成文法和公司法，也就是說，他得起草與合夥公司、有限合夥公司、有限責任公司、非營利公司、商業公司、保險公司、信用合作社等相關的法律。此外，他參加負責編撰國家法規的委員會。

後來他加入AND1的律師事務所，Drinker Biddle & Reath。比爾聽說AND1收購案和隨後創立的B型實驗室，但他當時與B型實驗室的三位創辦人並沒有聯繫。直到B型實驗室在加州的計畫落空，他們才聚在一起。比爾回憶，起初他「對此完全持懷疑態度，我一點也不理解這些事。我的整個職涯都在服務『大人物』，以及賓州最大的上市公司。安泰人壽（Aetna）、康卡斯特集團（Comcast）等都是我的客戶，而我也習慣在市場的另一邊工作。但我表示我會與他們會面，並試著理解他們的問題，看看我們能夠找出什麼樣的解決方案」。與B型實驗室團隊接觸後，比爾很快就全心投入這項事業。回首過去，比爾認為自己「整個職業生涯都是為了加入B型實驗室而做準備。加入Drinker Biddle & Reath是我邁入職業生涯重心的最後一步，因為這讓我遇見了B型實驗室」。

克拉克就是缺少的那一塊拼圖。卡索伊回憶，克拉克「深深受到我們的想法激勵，而他認為應該要擬訂一種替代性的公司形式或選舉方式，讓一般企業在履行受託責任之外可以做更多的事。他鼓勵我們坐下來共同起草這樣的條款，我們一起確定在股東價值之外，創造公共利益的公司應該是什麼樣貌」。[6]

B型實驗室的三位創辦人耗費六個月的時間，終於和比爾・克拉克確立加州共益公司法案的最初模型。卡索伊表示，當時美國仍有其他組織在嘗試類似的做法，「明尼蘇達州的公民權利組織試圖制訂一套企業社會責任法規，夏威夷州也出現類似的嘗試。美國三十一個州正在做這樣的事，因此我們對共益公司法案也有很多想法。我們和比爾花了很長的時間，大致完成一份示範法案，接著打算透過一些人再與幾個州溝通。」

正如比爾所言，他們設想的示範法案將會「得到確立。如此一來，基本法規中的所有常規條款都能適用，但不包括特別章程規定可強制執行擴大的受託責任。可選擇的替代方案正好與史瓦辛格州長的建議一致。因此，在要求政界人士投票時所引發的擔憂，要比對基本公司法規做出類似的修改小得多。」

馬里蘭州一馬當先

二〇〇九年秋季，卡索伊在華盛頓一個名為「雜役與詩人」（Busboys and Poets）的聚會場所參加一場投資圈的盛會。吉姆・愛普斯坦（Jim Epstein）是藍嶺農產（Blue Ridge

Produce）的創辦人，也是永續商業運動的長期成員和B型企業運動的支持者，他將安德魯介紹給時任馬里蘭州參議員的傑米．拉斯金（Jamie Raskin）。安德魯回憶，「我向他描述我們所做的工作。接著他說：『哦，太棒了！這正是我們馬里蘭州需要的東西。它可以讓我們像德拉瓦州一樣（那裡是傳統企業的中心）成為永續企業的中心！』毫不誇張地說，談話一結束，拉斯金就問我：『能給我一張你的名片嗎？我打算從下週起草法案。』」

能夠遇到志同道合、並且可能幫助B型實驗室實現長期目標的人，安德魯感到十分高興，但他當然不相信一切會來得像傑米．拉斯金說得那麼快。安德魯說：「我記得隔天我和巴特與傑通了電話，我們三人都笑了。沒想到兩天後，我們接到拉斯金助理的電話，他說：『你能和參議員通電話嗎？我們打算下週提交法案。』雖然後來花了約兩週的時間才提交法案，而不是一週，但他真的提出法案，找到支持者，並且著手推動這件事。」

有三件大事讓拉斯金感到推動這樁法案的急迫性。「第一件是西維吉尼亞州上大支坑（Upper Big Branch）礦災，第二件是英國石油公司漏油事件，第三件是抵押貸款危機……這些企業災難令人痛心。」[7] 那場礦災至少造成十三人喪生，主因在於沒人針對國際礦業集團（ICG Corporcition）的安全違規採取後續行動。「在我看來，我們的社會好像回到貪婪、不受約束的資本主義時期。」拉斯金告訴我，「一旦公司不受法律約束，那麼公司執照就形同允許它們盜竊的許可證。」

拉斯金當時在讀亞當斯密（Adam Smith）的著作，並將這位大師的觀點放在當代的世界情勢來看。「我得出一個結論，」他說：「亞當斯密的觀點被當代右翼政客曲解及利用。」拉斯金很清楚，亞當斯密並不認為市場應該主導一切，也不認為資本主義就是一切。實際上，他可能更擔心股東利益優先占據主導地位所造成的後果：「壟斷資本和掠奪性商業活動得以發展，某些大企業藉此取得政治上的影響力，接著利用它們的影響力向社會其他成員規定公共政策的基本條款。」

二〇〇八年美國總統大選前夕，保守派非營利組織聯合公民（Citizens United）試圖讓一部反對希拉蕊．克林頓（Hillary Clinton）的電影上映，卻沒有得到許可，因為聯邦選舉改革法案「麥肯與范戈法案」（The McCain-Feingold Act）禁止公司在大選前製作「競選傳播」產品或提供候選人政治獻金來介入選舉。二〇一〇年，美國最高法院做出一個令人震驚的決定：法院支持聯合公民。這開創先例，允許企業基於自身立場，像個人一樣行動。拉斯金表示，「法院的做法基本上表達出，公司的執行長可以從公司的金庫中開具支票，從而支持他喜歡的候選人上台，或擊敗那些與他們對立的候選人。」

拉斯金進一步解釋，透過創造一個新的法律實體，這些公司「可以向潛在的投資人、員工與客戶發出訊息，表明它們是不同類型的企業，因為它們的章程中包含社會意圖。除了常見的德拉瓦州企業模式中致力於獲利的目標，還有更多想實現的特定公共目標」。

當雙方展開合作時，拉斯金問B型實驗室團隊是否有「實際的計畫」。三位創辦人告訴他，他們對共益公司的構想可能要花上五到十年才能實現；然而拉斯金回答，這應該是一項為期十週的計畫。向議會同事介紹共益公司法案時，他總是言簡意賅的說：「最初出現公司的時候，它們受到嚴格的約束，並有特定的目標。唯有實現特定目標，它們才能追求其他目標。」而德拉瓦州的公司模式徹底改變最初的公司模式。這使得公司得以做它們想做的任何事情，可以永久存在，可以對股東承擔有限責任，並將所有風險從公司轉嫁給社會、消費者或員工。然而，如今面對擁有巨額財富的公司，我們很難「將妖怪收回瓶子裡，」他說。因此，說服企業自願將社會理念融入它們正在做的事不只是解決方案，更是巨大的進步。

他提醒馬里蘭州議會的同事，共益公司法案將促進該州經濟發展，因為這將會吸引企業在馬里蘭州註冊並向該州繳納費用，而不會花馬里蘭州一分錢。拉斯金回憶，他的民主黨同仁們立刻就喜歡這個想法。另一方面，多數共和黨人雖心存疑慮，卻也找不出這項法案有任何問題。儘管仍有零星反對的意見，但幾乎沒有搬上檯面討論。拉斯金回憶，有些人認為這是喬治．索羅斯（George Soros）的陰謀，目的是站在自由派這邊重新改寫資本主義的所有規則；更大一部分人則認為這不過是個自我感覺良好的嘗試，不會帶來任何改變。面對諸多質疑，拉斯金邀請B型實驗室團隊前來馬里蘭州作證，並進一步優化立法提案。此外還有一些爭議，主要聚焦在是否應該加入激勵條款，比如對共益公司減稅等。拉斯金打斷這些爭論。最後拉斯金表示，「我們幾乎得到全體支持。」

二〇一〇年四月十三日，馬里蘭州州長簽署該法案。二〇一〇年十月一日，法案生效，十一家公司來到馬里蘭州主計稅捐廳（Maryland State Department of Assessment and Taxation）門口等待成為世界上首批共益公司。第一家是有機環保寵物店Big Bad Woof，接著是公平貿易咖啡進口商Blesses Coffee。

成為共益公司意味著什麼？

成為共益公司之後，企業家不僅會考量股東利益之外更多的利益，同時也能保障創辦人的信念不會受到外部資本影響，而讓公司偏離原先的社會使命。共益公司示範條例規定：

- 除了在財務上獲利，共益公司的目的還包括透過公司經營，對社會和環境產生實質性的正面影響。
- 拓展董事的受託責任，使他們考量自身決策對更廣泛的利害關係人帶來的影響，而不只有考量股東利益。
- 定期公開相關報告，以獨立、透明、可信且全面的標準來評估公司對環境、員工、客戶、社區等多面向的正面影響，以此傳達公司的使命。

除了為社會和環境帶來實質性的正面影響，共益公司也可以選擇為特定群體或環境議題創造具體的公共利益。對當責制的要求，則確保公司董事能考慮股東、員工、客戶和當地社群的利益。此外，依據第三方的標準（包括商業影響力評估）對社會及環境指標進行評估後的年度公益報告書，企業必須分發給所有利害關係人，並在官網公開，以確保完全透明。B型實驗室特別關注負面事件的透明度，例如，他們會揭露一家公司在過去幾年是否有法律訴訟，因為這是股東可以做出明智決策的唯一管道。在美國某些州，共益公司可以選舉一名共益董事，這是負責監督評估完整性的獨立人士；共益公司也可以選舉一名共益主管，主要負責準備公益報告書。公司董事通常不會承擔個人責任，也無需承擔因無法實現公共利益所造成的金錢損失。[8]

一些共益公司最終也會想通過B型企業認證。而在已經通過共益公司法案的州，通過認證的B型企業必須依規定成為共益公司。共益公司和B型企業有幾個相似之處：兩者都需要依第三方標準（驗證B型企業的標準是商業影響力評估）進行評估，並完整公開企業在社會和環境上的表現；此外，這兩類企業都要求董事在制訂決策時考慮所有利害關係人。但我們也要強調兩者的不同之處：一個是透過法律形式認定，另一個是由第三方認證。這當然是最根本的區別。B型企業和共益公司的最大差異在於業績表現。B型企業必須達到商業影響力評估的最低分數，並且每三年重新認證一次；共益公司則不需要達到最低分數，也不需要持續評估或審核。此外，認證費用也不同。B型企業每年根據公司營收向B型實驗室支付年費，共益公司則只需要繳納各州的申請費用。

共益公司立法是必要的嗎？

有些法學學者認為，共益公司立法是多餘的。林恩·斯托特在二〇一二年出版的《股東價值迷思：股東利益優先如何損害投資人、公司和公眾利益》書中指出，在公司法中，「商業判斷原則」（Business Judgment Rule）賦予經理人和董事很大的空間，他們只要不濫用地位或權力，就可以按照自己認為合適的方式領導企業。[9]她在發表於《歐洲金融評論》(*European Financial Review*)的一篇文章中寫道：「他們當然可以選擇將利益最大化，但他們也可以選擇追求其他合法的目標，包括照顧員工或供應商、取悅客戶、造福社區和更廣泛的社會群體，以及維護公司自身利益。股東利益優先只是管理層面上的一種選擇，而非法律上的要求。」[10]德拉瓦州通過共益公司立法之後，她在接受《衛報》採訪時，又進一步討論這個熱門話題。林恩．斯托特表示：「你可以起訴董事，讓他們因為沒有讓股東價值最大化而支付賠償，但這完全是一種誤解，而且在大眾思維中十分常見。」[11]也就是說，在斯托特看來，B型實驗室認定露華濃模式和股東利益優先對整個社會造成危害的看法，是站不住腳的。

但是，德拉瓦州前首席大法官李奧．斯特林卻不這麼認為。在〈否定的危險〉這篇文章中，他揭露個中想法的陷阱，並得出結論：在傳統企業中，董事可以輕易地促成其他關係人的利益。他的一項重要觀點在於，股東是唯一擁有法律權力的群體，他們行使許多權力，包括投票推選董事、推動公司各項條款生效，要求董事負責、批准交易等；其他利害關係人則毫無權力。正如他寫道：「宣稱董事能夠且應該通過促進股東利益之外的利益來實現企業向善，不僅僅是一番空話，而且有害。這種說法並沒有對那些有能力保護關係人權益的一方施加壓力，比如賦予他們保護其他利益的權利。相反地，這形同減輕他們在這方面的壓力。」[12]

瑞克．亞歷山大是前文提過的「復原公司律師」，他對此直接反駁，「這個國家的法律運作方式對我來說很簡單，那就是法官說什麼，法律就是什麼。看看露華濃案吧，德拉瓦州最高法院認同股東利益優先。」換句話說，律師和法律認為露華濃模式是可以避免的，或說那在理論上並不是真正的法律。但實際上，德拉瓦州最高法院的法官顯然已經藉由裁決，使其成為實際應用的法律。

一州一州挺進

若說馬里蘭州的共益公司立法是由一個人推動，那麼，下一個通過立法的佛蒙特州則是獲得包括佛蒙特州企業社會責任協會（Vermont Businesses for Social Responsibility）及佛蒙特州員工入股中心（Vermont Employee Ownership Center）在內一些社會責任企業和個人支持，這對於引起立法關注與獲得佛蒙特州律師協會的支持至關重要。馬里蘭州率先通過共益公司立法後約一個月，佛蒙特州也輕鬆通過這項法案。佛蒙特州是第二個，而非第一個通過該法案的州，卡索伊認為這是理想的結果：

我們認為會有這樣的成果實在很幸運。如果佛蒙特州成為第一個通過立法的州，反而很容易被否定。「那些瘋狂的社會主義者做的，才不是真正的生意呢。」然而，馬里蘭州上市公司的數量僅次於德拉瓦州……而且設有嚴謹的商業法庭，以及一位享有盛名的中間派州長。它緊鄰德拉瓦州，又靠近華盛頓特區。共益公司法案率先在該州通過，顯得足可信賴且慎重其事，這是佛蒙特州難以建立的形象。儘管如此，團隊在一個月內連續命中兩州已經很了不起了。

吉柏特坦承，這番驚人的進展並不在B型實驗室最初的計畫中：馬里蘭州和佛蒙特州的情況讓團隊驚訝不已。「是的，我們一開始擬訂的商業計畫中，立法的確是終極目標之一。我們原以為這至少得花上五到十年。可是機會來了。也不能說：『喔，按原訂計畫，三年內完全無法推進這件事。』我們只能說：『這一切太棒了，讓我們開始吧！』」[13]

紐約、賓州、科羅拉多州、俄勒岡州和北卡羅萊納州都在二〇一〇年表達出對共益公司立法的興趣，於是，B型實驗室的三位創辦人著手在這些州引入相關立法。然而團隊資源有限，三人無法同時前往所有地方，只能集中心力在某個州，為感興趣的政策制訂者提供整套法案，以比爾·克拉克最初為加州草擬的法案為範本，但內容都可以調整，克拉克表示：「這讓我們得以精準捕捉到我們認為最好的做法。」早期各州的立法語言並不像後來幾個感興趣的州的立法語言那麼一致。克拉克指出：「它們擁有三個基本特徵，即改變企業宗旨、改變董事職責，以及針對更廣泛的使命加強揭露相關的報告。這是共益公司最主要的三個特徵。」

引領這類運動風潮的領袖往往是草根行動主義者，而各州的當地企業家對此的反應則有所不同。在南卡羅萊納州，當地的商會認為這個理念的立意很棒；然而在密西根州，當地的商會卻指出企業會擔心如果沒有採納這種模式，就會受到批評。亦即，企業擔心這種允許企業選擇成為共益公司的立法，會替所有非共益公司貼上「壞公司」的標籤。比爾・克拉克表示：「這種擔心非常有意思，不是嗎？突然間，你擔心它一旦被證明是成功的，你也得跟著這麼做。」我們從這些不同的回應得到一個結論，那就是對B型實驗室來說，重要的是在各州找到合適的人選，並獲得這些人的支持。

為了確保兩黨的支持，三位B型實驗室創辦人非常努力。「我們有保守派的支持者，也有自由派的支持者，而且全體投票支持率達到九〇%。」B型實驗室的利害關係人治理暨政策總監荷莉・恩賽－巴斯托（Holly Ensign-Barstow）表示。起初B型實驗室是被動的：除非某個州已經表達興趣，不然創辦人不會主動接觸。他們大多先從當地的B型企業著手，這些企業往往與當地的立法機關、商業人脈及公司法相關律師有所聯繫。一旦這些企業感興趣，B型實驗室才會採取下一步行動，推動足以得到兩黨支持的立法。正如荷莉所說：「我們通常會透過電話溝通，具體情況取決於對方是誰。基本上，我們會針對如何推動法案提出建議。一般情況下，我們希望由共和黨人發起；如果是民主黨人，我們還會建議對方至少找一個對共同倡議感興趣的共和黨人。我們同時會建議他們先與商業組織和律師協會取得聯繫。不幸的是，律師協會有時是最難拉攏的。」

比爾・克拉克很快就發現，想要通過立法，團隊需要進行大量遊說。他的主要任務之一就是在當地找到合適的律師，說服他們推動立法。由於這些律師負責的是這個州在公司及其他商業實體的法律工作，因此往往會對於外人下指導棋產生反彈；當然，或許他們也難以理解這麼做的必要性。況且，法律本來就不會要求公司遵守特定的使命。

早期，其他類似的公司模式已在幾個州引進與立法，例如低利潤有限責任公司（low-profit limited liability corporation）、彈性目的公司（flexible-purpose corporation，在加州），以及社會使命公司（social purpose corporation，在華盛頓州）。不過，愈來愈明顯的情況是，B型實驗室倡導的模式已經成為標準。B型實驗室之所以成功的一項關鍵因素，在於它承諾監理機構，通過立法不會產生任何額外成本。此外，正如拉斯金曾指出，每個州都各有盤算，有些州希望共益公司「幫助我們恢復將企業與選舉政治分開的隔離牆」。拉斯金表示：「也就是說，我希望共益公司能夠挑戰聯合公民，同時挑戰執行長將公司資金視為獲取個人或股東利益的政治獻金的陋習。正如拜倫．懷特法官（Justice Byron White）觀察到，公司是國家的產物，國家當然不可以被自身的產物反過來消耗和吞噬。如果公司的管理高層真心想改善社會福利，那麼應該直接在其所屬社群，或在社會需要他們的地方行動，而不是去干預選舉或金援政治活動。」

前進德拉瓦州

德拉瓦州是美國公司法的實際中心。囊括超過全球六五％的財星五百大企業，都選擇德拉瓦州作為法定註冊地。此外，該州的年度預算中有三分之一來自商業登記。B型實驗室的創辦人很清楚，他們必須以稍微不同的方式接觸德拉瓦州。而事實也證明，要在該州實行共益公司條款有其難度。在德拉瓦州，支持共益公司立法的人並未使用比爾．克拉克的模型，因為他們明白，考量德拉瓦州在制訂公司法和其他實體法律上的一般做法，這麼做的成功機率很低。

瑞克．亞歷山大花了足足二十五年研究傳統的公司法，他是德拉瓦州立法運動的領導人物。過去他大部分的工作都集中在德拉瓦州的法規上，而且他一度堅信股東利益優先。當B型實驗室的三位創辦人找到他時，亞歷山大已經是德拉瓦州的律師，而他們基本上都維護傳統的公司法。他回想道：「當年，我們只覺得他們很傻很天真，根本不想理他們。」這些年來，當地律師見識過各種形式的利害關係人條款，類似B型實驗室最早想在加州通過的法律變革，但最終都被否決了。他說：「無論你的政治立場是什麼，公司就是要創造利潤並得到投資人的支持……如果你覺得外部性成本過高，那麼去遊說國會立法，讓企業將這些成本內部化。」[14]

在當地重要人士的支持下，包括首席大法官李奧・斯特林和當時的州長傑克・馬克爾（Jack Markell，他要德拉瓦州律師協會的公司法部門與他們會面），B型實驗室三位創辦人審慎地接觸德拉瓦州律師協會。亞歷山大雖穿梭其間聯繫，但隨著研究愈來愈深入，他也變得很感興趣。在他讀完林恩・斯托特的著作後，一切都改變了。我們之前討論過這個轉折點。[15]

為了證明自己的看法，二〇一二年九月，B型實驗室邀請多家B型企業的創辦人和執行長見面，包括Etsy電子商務網站的查德・迪克森（Chad Dickerson）、沃比派克的尼爾・布盧門撒爾（Neil Blumenthal）、晉升工程的佛瑞德・凱勒以及Dansko的曼迪・卡伯特

（Mandy Cabot）。重要的是，B型實驗室還確保有可信的投資人到場，包括聯合廣場創投（Union Square Ventures）的艾伯特．溫格（Albert Wenger）和保德信（Prudential）的歐姆德．薩瑟（Ommeed Sathe）。卡索伊回憶他們在一家大型律師事務所會面的情形：「我們到達後，看見十八名中年白人男性圍坐在一張大桌子前，他們來自德拉瓦州各大律師事務所。為了幫助他們理解為何在企業家和投資人眼中，擁有另一種不同類型的企業很重要，我們展開一段漫長的對話。這是個重要時刻。從那以後，每當與其中幾名律師會面，我們都會談論那場會議中的典型案例，並異口同聲認為：『這就是為什麼我們需要在德拉瓦州立法。』這真是一次令人神往的經驗。」

起草法律條文時的談判十分緊張。有一次，比爾．克拉克認為德拉瓦州應該改變條款名稱，因為與B型企業的品牌不那麼匹配，而且會減弱這個運動的影響力。「漂綠」危機接二連三發生；在另一個緊要關頭，B型實驗室向全美的B型企業社群尋求建議和援助。假如德拉瓦州決定繼續推行共益公司法案的簡化版本，那麼此舉會令市場相當不解。B型實驗室的三位創辦人決定發起一場大規模宣傳活動，藉此影響該州立法。當斯特林和馬克爾聽到這個計畫時，胡拉翰回憶：「哦，那真是糟糕透了，因為原本有人一直真誠與我們合作並試圖找出解答，如今他們卻覺得我們的計畫可能會對該州造成嚴重損害。」[16] 二〇一三年二月，斯特林召集亞歷山大、律師協會的領袖和B型實驗室的三位創辦人會面。眾人共聚一堂，斯特林邀請律師協會的領袖分享共益公司法案草案，接著宣布，在所有人對條款有一致的共識之前，任何人都不可以離開。當天，在與會者離席前，來自德拉瓦州律師協會的一名成員表示，德拉瓦州共益公司立法的通過將帶給美國公司法「地震式的轉變」。二〇一三年八月一日，法案獲得簽署。[17]

德拉瓦州的立法在某些地方與其他州有所不同。例如，它沒有界定公司利害關係人的概念，僅僅表示董事必須在股東及其他受公司實質影響的各方利益之間求取平衡。在B型實驗室與其他州確立的共益公司法案中，共益公司必須接受第三方標準的檢驗，而且檢驗結果必須對大眾公開。而在德拉瓦州，共益公司沒有義務接受第三方標準評估公司對社會和環境影響，留下「漂綠」的風險。此外，按照德拉瓦州的法律，要求註冊的「公共共益公司」只需每兩年向股東（而非一般大眾）提供透明度報告（不同於共益公司立法模型中要求的年度報告）。

另一方面，德拉瓦州的法案中也少了「公益執行訴訟」（benefit enforcement proceeding），也就是亞歷山大所謂的股東可以用來「證明公司並未履行共益公司義務，在這個訴訟中，沒有商業判斷原則的保護」。而在傳統公司法中，只要董事真誠行事，股東便會賦予他們商業決策的自由裁量權。在立法模型中，這種保護雖然拓展到董事和管理者，但不包括公司本身。「股東可以起訴公司，指出有更好的方式來實現實質的公共利益。」亞歷山大解釋。他對比立法模型和德拉瓦州的條款，後者在商業判斷原則上沒有例外。

共益公司的挑戰：接受與實踐

儘管截至二〇二〇年年初，美國共益公司的總數已經超過一萬家，但企業家依然面臨來自法律界和金融界的巨大阻力。羅曼・奧巴內爾（Romain Aubanel）對新創企業或共益公司並不陌生，他是網球俱樂部Court 16的共同創辦人，也是醫學影像軟體公司歐雷雅醫療公司（Olea Medical）的創始成員之一。奧巴內爾註冊兩家不同的共益公司，第一家是LNRJ United，這是一家家族投資辦公室。由於公司資金來自他本人，因此他無需徵求任何人的意見即可將其註冊為共益公司。

Jack and Ferdi是他最新的新創事業，這是一款專屬商務休閒旅行者（bleisure traveler）的應用程式。奧巴內爾打算申請共益公司的時候，他說他「對於許多人提出的建議或反應感到十分震驚」，因為從投資人到律師，再到銀行行員，每個人都反對這個構想，或從來沒有聽過這件事。例如，奧巴內爾使用的銀行資訊系統在帳戶設置中無法識別共益公司；律師認為他將與投資人展開一場艱苦的爭論，因為他得花上大把時間來解釋並證明共益公司理念的合理性；也有人擔心公司會因過度關注社會使命而忽視利潤。「我們要麼過於看重利潤，要麼過於看重未知的社會影響力。」奧巴內爾說：「這的確是個難題，畢竟後者尚未得到證實。」他解釋，「潛在的投資人也會擔憂退場機制。倘若你的買家對社會造成不良影響，那麼原先基於你的社會使命前來投資的股東，是否會因此捲入麻煩？」

此外，奧巴內爾的律師認為，共益公司對透明度的要求很高。但奧巴內爾解釋，這正是吸引他選擇註冊共益公司的主要原因。「我們希望與所有消費者和使用者溝通，以顯示我們的不同之處。這是我們想要展現的樣子。」

共益公司對透明度的要求也帶來一些挑戰。例如，最近揭露的事實表明，許多共益公司並未達到強制性的透明度要求。二〇一四年，貝爾蒙特大學（Belmont University）的哈斯凱爾·默里（J. Haskell Murray）發現，在他調查的共益公司中，只有不到一〇%的企業完成年度報告。此外，他發現年度報告的要求並不嚴謹：必須按照第三方標準完成年度報告的要求有些含糊，為企業留下太多解釋空間。[18] 默里也在自己的部落格裡回應伊莉莎白·華倫的「負責任資本主義法案」：「我在學術研究中發現，該州的共益公司法案並未將所謂的『公共利益』與有效的問責機制互相結合，然而該法案要求至少四〇%的董事會成員由員工選舉，這在協調企業宗旨和責任的方向又邁進了一步。當然，這依然忽略董事本該考慮很多其他的利害關係人，而股東仍是唯一有權提起代位訴訟的利害關係人。」[19]

共益公司立法要想達到最初的目標，那麼它的要求必須得到貫徹和維護。若缺乏監督和遵守機制，那麼一些公司或許會將共益公司視為一種高明的「漂綠」手段。[20]

走出美國

共益公司立法在美國的成功引起其他國家的興趣。其中最早的一項倡議來自羅納德・柯恩爵士（Sir Ronald Cohen）在二〇一三年發起的八大工業國組織社會影響力投資工作小組（G8 Social Impact Investment Task Force）。比爾・克拉克和安德魯・卡索伊是該小組使命協調團隊（Mission Alignment）的成員，這個團隊在最終報告中建議八大工業國組織採納共益公司立法。[21]起初，B型實驗室並沒有花太多時間去研究如何改變其他國家的政策，很大程度上是因為創辦人認為大多數司法管轄區在信託責任的規定上相當寬鬆，因此該地區無需採納或改變政策。以法國為例，股東利益優先並非強制性原則。當一家法國公司想要成為共益公司，它只需要修改公司章程即可（澳洲則相反，股東利益優先是絕對原則）。但共益公司立法運動是自行發展起來的，B型實驗室不得不介入，以保護並支持這樣的公司概念。

在義大利，企業家艾瑞克·伊澤基利（Eric Ezechieli）和保羅·迪塞薩雷（Paolo Di Cesare）經營一家名為納維塔（Nativa）的永續發展顧問公司。在他們看來，公司的使命感很重要，實際上，他們也寫進公司章程。然而，商務部拒絕他們的申請，並表示「全體員工的福祉」並不是一家公司之所以存在的適切理由。「這讓我們意識到，在法律上你如果是一名經理人，」迪塞薩雷解釋，「就不能僅僅專注於改善員工的生活或環境。你**必須**使股東的利潤最大化，就這麼簡單。但我們認為一定有別的辦法。」二〇一三年，納維塔通過B型企業認證，而且公司創辦人首度聽聞共益公司立法的法律架構。他們終於找到一直在追尋的答案。接著，他們遇見一位開明的政界人士：參議員毛羅·德爾巴爾巴（Mauro Del Barba），並且尋求他的幫助。接下來幾年內，幾位創辦人陸續接觸政界人士和公民領袖，也得到肯定的回饋。二〇一四年，他們得到義大利民主黨熱烈響應。二〇一五年，相關法案完成起草並迅速提交政府，最終取得義大利參議院和議會的批准。截至二〇一六年，「義大利成為美國之外第一個為新型企業模式立法的國家。這種企業模式不僅著眼於利潤，也兼顧社會與環境效益。」當然，納維塔正是第一個註冊的社會共益公司。[22]

哥倫比亞也對這場運動產生興趣。正當B型實驗室著手與哥倫比亞當地律師合作時，該國政情卻出現變化，正如克拉克所言：「局勢緊張到喘不過氣。」計畫被擱置了，直到推動該計畫的人，也就是當時的參議員伊萬・杜克（Ivan Duque）在二〇一八年六月當選哥倫比亞總統後才出現轉圜。他當選後，共益公司立法很快就通過了，其中部分條款體現哥倫比亞的政經情勢。南美洲其他國家也提出相關立法。二〇二〇年二月，厄瓜多通過共益公司立法；相關立法討論也在阿根廷、澳洲、巴西、加拿大、智利、秘魯、葡萄牙、台灣和烏拉圭等地展開；加拿大不列顛哥倫比亞省已經在二〇一九年五月通過共益公司立法。

透明公開很重要

要顛覆股東利益優先，就得從本質上改變公司的法律基礎，共益公司立法正是朝這個方向邁進的關鍵一步。在共益公司法案的規定下，董事的職責出現根本性的轉變，如今他們必須考慮到所有利害關係人，而不僅僅是股東。從長遠角度來看，要求共益公司依法滿足透明度這一點至關重要。假使少了強有力的執行程序，那麼法律背後的理念很可能失去合法性，並在更大規模的運動浪潮中遭到侵害。

第五章

投資影響力

二〇〇六年，B型企業運動正式啟動前，B型實驗室創辦人與萊斯利．克里斯蒂安（Leslie Christian）會面，她對他們將要創造的事物影響深遠。他們透過瑪喬麗．凱莉（Marjorie Kelly）與克里斯蒂安取得聯繫，凱莉是《資本主義的神聖權力：推翻公司的貴族統治》（*The Divine Right of Capital: Dethroning the Corporate Aristocracy*）的作者。她在書中直指股東利益優先是經濟、社會和環境發展道路上的一大障礙，這個觀點帶給吉柏特很大的啟發。她在新書《掌握我們的未來：正在興起的所有權革命》（*Owning Our Future: The Emerging Ownership Revolution*）中，也探討合作社和社區所有制企業。[1]

戴著白金色頭巾和黑框貓眼眼鏡的克里斯蒂安似乎天生充滿活力。一九九九年，她在家鄉西雅圖創立首批社會責任投資基金之一，成為社會責任投資領域的領軍人物。她創立的Portfolio 21是一檔專注於企業對環境和社會影響力的開放式免佣金共同基金。

社會責任投資運動可追溯至一九六〇年代，當時民權運動和反越戰運動激起廣泛的變革熱情。一九七〇年代，人們開始關注社會與環境所造成的威脅，這也影響部分商界人士，例如在種族隔離危機最嚴峻的時期，許多公司紛紛從南非撤資。到了一九八〇年代，市場上出現一些針對社會責任投資的共同基金。這些基金排除從武器、酒精、菸草和賭博業中獲利的公司，以及壓榨勞力或對環境造成危害的企業。到了一九九〇年，多米尼社會指數（Domini Social Index）創立，人們可以透過這項指數來辨識出符合社會和環境標準的公司。[2]

儘管這些進展令人鼓舞，但克里斯蒂安卻提出一個重要觀點：當社會責任企業進入社會責任投資基金的公開投資市場時，大多數公司已經被捲入一種資本制度和市場動態，它迫使公司做出短期決策，讓公司降低對人類與地球的關注。創辦人由於對股東負有受託責任，往往認為自己應該賣掉公司，而非轉移給新的老闆或自家員工。為了解決這些問題，二〇〇四年，克里斯蒂安創立一家名為Upstream 21的控股公司。在她看來，這是一家「價值驅動型的波克夏海瑟威*」。Upstream 21第一個收購的對象是一家陷入困境的木材公司，這家公司對當地經濟至關重要。「Upstream 21的想法是，『我們不打算買來整頓以後快速賣出去，而是像管家一樣好好保管它。』」吉柏特解釋，「這真的是很強大的願景。」然而，Upstream 21並未堅持太久。它在二〇〇八年的金融危機中受到重創，而且始終沒有恢復過來。儘管克里斯蒂安與合夥人因此虧錢，但她依然對這段經歷保持正面看法。「我們推動共益公司運動，」她說：「我們發現自己學到很多，而且我們為自己關心

* 波克夏海瑟威是巴菲特掌管的公司。

的事情做出貢獻。」

吉柏特與克里斯蒂安見面時，他們談到她如何創辦自己的公司。克里斯蒂安播下共益公司的種子。她記得曾告訴吉柏特：「你必須在法律上（針對利害關係人的利益）更加嚴格規定，而且這是你可以做的事情。你可以成立一家公司，將這一點寫進公司章程，而且不得更改。」克里斯蒂安在Upstream 21就是這樣做的，這也是第一家在公司章程裡明確要求考慮利害關係人利益的公司。克里斯蒂安解釋：「我們制定一系列的條款，定義公司最重要的利益群體，包括員工、社區、環境、供應商、客戶和股東。我們對每個群體一視同仁，而且把這點寫進公司章程。」

考慮到這些情況後，B型實驗室向投資界進軍。正如我們將要看到的，B型企業運動在許多面向上改變影響力投資領域。從根本上來說，商業影響力評估的發展為影響力評估奠定基礎。投資人鼓勵投資組合中的公司運用B型實驗室的工具，這不僅可以讓這些公司更積極理解社會和環境影響力，也能讓它們有效管理公司。此舉加速B型企業運動的發展，大型跨國公司也透過收購B型企業來參與這場運動。截至二〇一九年，已有數十家金融服務公司通過認證成為B型企業，包括創投公司、商業銀行、財富管理機構和保險公司等。

影響力投資興起

洛克菲勒基金會（Rockefeller Foundation）在二〇〇七年創造**影響力投資**這個概念，描述在關注投資報酬的同時，聚焦社會和環境目標的投資。社會責任投資主要關注上市公司的股東決議，以及排除所謂的「罪惡股票」（sin stocks）；影響力投資的重點是在大多數非公開市場中創造正面影響。[3]正如卡索伊所言，當時「阻礙影響力投資的關鍵在於缺少標準和評等的基本工具，藉此幫助投資人理解為何需要評估影響力」。

洛克菲勒基金會將商業影響力評估視為影響力投資的首要指標，並且資助B型實驗室，將最初的商業影響力評估打造成一套更完善的評等系統。過程中，基金會也讓B型實驗室團隊參與「如何推動機構資本成為使命驅動型企業」的相關討論。「二〇〇七年起，」前洛克菲勒基金會主席茱蒂絲．羅丹（Judith Rodin）解釋，「為了應對社會和環境議題，使窮人和弱勢族群加速受惠，洛克菲勒基金會致力使影響力投資發展壯大。B型實驗室一直是這項任務的重要合作夥伴……在擴大這個產業和解決普遍社會性問題上建設基礎設施。」[4]洛克菲勒基金會表示，「商業影響力評估是一套適合投資人的評等系統。無論我們嘗試做出怎樣的改變，歸根究柢，我們需要的是一套合適的方法。」今天，商業影響力評估大多用來認證B型企業，但它也是B型實驗室其他工具和評估的基礎。

開發評估工具

二〇〇七年，洛克菲勒基金會建立「全球影響力投資聯盟」（Global Impact Investing Network），使命是「透過集中領導和集體行動來加速產業發展」。[5]全球影響力投資聯盟推廣的是B型實驗室最初提供給投資人的工具，即全球影響力投資評等系統（global impact investing rating system），這是從商業影響力評估提取資訊，來為各種基金創立的評等系統。這些基金要自己完成一份基金經理評估（訂製版的商業影響力評估），並在B型實驗室的協助下審核回饋結果。一旦基金投資組合中所有公司都完成商業影響力評估，B型實驗室會彙總資料，根據投資在各家公司的金額加權算出平均分數，從而得出影響力商業模式和整體營運的評分。該評分隨後會按照獎牌（銅牌、銀牌、金牌和白金牌）和星級（一星到五星）分類。這檔基金也會在社區、客戶、環境、勞動力和治理等領域得到影響力評等。[6]

B型實驗室認為，全球影響力投資評等系統可以讓機構投資人和高淨值投資人執行更好的盡職調查（due diligence），制定更明智的投資決策，同時有效追蹤並改善投資週期中的社會及環境效益，並且可以讓報告更好的呈現絕對與相對影響。此外，全球影響力投資評等系統也致力於為理財顧問、投資銀行及中間機構提供改善自家產品和增值服務所需的資料分析工具，同時幫助公司和基金經理以潛在業務或投資組合公司的社會和環境影響力為基礎，向使命相同的投資人募集資金。這套評等系統提供投資人方法，以更精細的方式理解社會和環境影響。這套系統已經發展成為現在的影響力分析平台（B Analytics platform）。

從先驅者著手

B型實驗室團隊很清楚，他們必須從對永續投資感興趣的人著手，讓這些人加入。換句話說，他們首先要「得到真正理解它的人認同」；這個投資群體本來就會關注社會投資。他們認為，「如果這麼做有效，那麼我們可以超越影響力投資，讓阿波羅全球管理（Apollo）、黑石集團（Blackstone）和私募基金KKR也得到評等。」由於投資公司和銀行可以直接進行認證，所以可以產生有助於擴大運動規模的網路效應。

新資源銀行就是實現這套戰略的案例之一，這是一家專注於環境永續發展的社區銀行。如前文所述，新資源銀行是第三百家通過認證的B型企業，不僅成功將B型企業的理念傳遞給RSF社會金融公司（RSF Social Finance，這是一家影響力投資先驅機構與另一家早期的B型企業，也是新資源銀行早期投資人之一），以及於二〇一五年通過B型企業認證的荷蘭Triodos銀行。二〇一七年，新資源銀行和B型企業聯合銀行（Amalgamated Bank）合併，共同建立一家美國最大、專注於永續發展的銀行，進一步傳播這個理念。當RSF和Triodos銀行等影響力投資機構成為這場運動的積極參與者和支持者時，B型實驗室開始鼓勵它們向其投資組合中的公司以及有合作往來的公司，傳播B型企業理念。

卡索伊進一步解釋：「我們努力讓投資人成為促使企業使用商業影響力評估等影響力管理工具的加速器。」B型實驗室鼓勵所有投資人透過影響力分析平台來分析自己的投資組合。如此一來，作為投資組合一部分的其他公司也必須使用這個平台，或者，至少上傳資料。而這往往會讓企業興起想要進行B型企業認證的意願，或是讓企業開始使用平台上的商業影響力評估指標和其他工具。

二〇一五年，倫敦的橋梁基金管理公司（Bridges Fund Management）通過B型企業認證，這是「投資人在其所在產業擴大B型企業運動影響力」的另一個例子。早在這場運動越過大西洋之前，橋梁基金管理公司的一個合夥人、負責永續發展暨社會部門基金的安東尼・羅斯（Antony Ross）就告訴我，橋梁基金管理公司一直在遊說政府「建立某種可與企業合作的專業人士或品牌」，這不僅可以驗證企業對其使命的貢獻，也能驗證對客戶的貢獻。現在，橋梁基金管理公司透過商業影響力評估分數來評估投資組合中的企業，考察它們影響力的不足之處，以及橋梁基金管理公司還能在哪些方面提供更多協助。環境議題和人力資源管理是橋梁基金最關注的兩個領域。目前，透過橋梁基金管理公司來評估的企業包括一家連鎖飯店、一家為住房協會提供維修服務的公司，以及一家圖書回收公司。橋梁基金首先關注企業正在解決的問題與可以達成的目標，然後再考量傳統投資人可能會考量的事項。羅斯解釋，「橋梁基金管理公司提供支持私部門盈利事業的基金，也提供支持以使命為基礎的企業基金。我們是受使命驅動的盈利事業。」

橋梁基金的創辦人兼執行長羅納德．柯恩爵士是個出生於埃及的商人。他是英國政界、影響力投資領域和創投界的知名人物，所獲得的讚譽不勝枚舉。一九五七年，他的家人在納賽爾（Gamal Abdel Nasser）*實行反猶政策後逃離埃及。剛到英國時，十一歲的他幾乎不會說英語。他父親把他送到倫敦當地一所學校，並向校長保證，他很快就會成為班上最優異的學生。他適應得很快，後來在牛津大學和哈佛商學院取得出色的成績。畢業

* 譯注：埃及第二任總統。

後，他創立安佰深集團（Apax Partners），這是英國最早的創投公司之一。直到二〇〇五年退休前，他都是公司的主要管理者。他令人驚異的後半段職涯，就從他在英國首創社會影響力債券（Social Impact Bond）開始。[7]他在二〇〇一年受封爵士，被譽為「極富同情心的資本家」與「英國創投之父」。[8]無論在舞台上，抑或面對面接觸，他都讓人感受到他擁有一個真正英國貴族的靈魂，他的言談舉止無不流露出才華與熱情。「我認為眼前最重要的問題，是如何激勵千禧世代再現我們在科技革命時做過的事，」他說：「但這一次**是為了影響力**：做善事，而且把善事做好。」[9]

投資B型企業的理由

在影響力投資取得長足發展之際，新資源銀行的前執行長文生・西西利亞諾也敏銳地意識到公司所面臨的挑戰。「對大多數企業和投資組合而言，財務報酬依然十分重要。」他說，儘管許多影響力投資人表現出魚和熊掌可以兼得的態度，「但實際上不是透過提高風險來獲得報酬，就得投資並非真正環保的公司。真正的目標是深入理解影響力投資，將表面風險降至風險收益比可接受的範圍。」

B型實驗室在努力擴大社會投資圈、接觸傳統投資人的過程中，團隊需要回答的第一個問題是：從長遠來看，B型企業認證對投資人來說是好事？還是壞事？一家公司如何能既考慮股東、員工、消費者和當地社區等所有利害關係人，又賺得到錢？要是B型實驗室無法說服傳統投資人，讓他們相信承擔社會責任也有利於企業，那麼這項運動就無法推動下去。

實際上，B型企業具有傳統企業通常不具備的優勢，例如永續發展、風險控管和品質管理等。B型實驗室一直致力於向投資人傳達這些優勢。例如B型實驗室創辦人首次接觸矽谷投資人時，受到很多質疑。然而，B型實驗室的荷莉．恩賽－巴斯托回憶，「會議剛結束，這些投資人已經開始重新考慮投資組合中的公司了。」當投資人相信B型企業運動可以降低投資風險，他們就會加入。

橋梁基金管理公司在《投還是不投：B型企業投資人指南》（*To B or Not to B: An Investor's Guide to B Corps*）書中列出投資B型企業的優缺點。優點包括：

- **改變投資人的形象，改變他們的心態，吸引年輕人才**。千禧世代逐漸成為資產持有者和員工，投資B型企業的做法改變投資人在年輕人心目中的形象。如果投資人想要把握年輕一代看重的事物，改變自身形象非常重要。研究顯示，長遠來看，具有強烈價值觀並以使命為核心的公司會產生更正面的效益。此外，對於偏好向善企業的員工而言，B型企業極富吸引力。這些員工之所以表現出色，是因為他們所效力的公司基本上代表他們自己。

- **帶來比較基準**。投資B型企業可以創造更多與標竿企業比較的機會。影響力分析工具會幫助投資人以從未使用過的方式來追蹤投資組合中的公司。「提高評分」報告（"improve your score" report）提供公司日後進一步改善的途徑，這是其他指標難以做到的。重新認證B型企業的誘因在這裡也是極大的優勢，因為這能使公司保持時時警惕，思考如何提高分數。
- **創造新的商業機會**。B型企業認證不僅能推廣品牌，還可透過B型企業社群來建立夥伴關係，創造合作機會。
- **建立信任關係**。B型企業可以與利害關係人建立高度信任的關係，因為他們做出承諾，要讓企業成為向善的力量。這會帶給雙方更強大的力量、彈性與長期穩定性，企業也因此獲得更高的市值。
- **堅守使命**。「使命轉變」（mission shift）是價值驅動型企業一個常見的問題。B型企業的使命已經融入企業基因，因此幾乎不可能在使命上有所妥協。[10]

當然，橋梁基金也在書中調查B型企業運動的一些問題，並將其分為五大類：

- **B型企業品牌能否獲得足夠的推力並成為主流？**這是B型企業運動當前致力解決的問題之一。這場運動要求參與企業必須付出極大努力，才能提高品牌知名度和消費者認知度。近年來這場運動與大型跨國企業合作，有助於緩解這種擔憂。
- **商業影響力評估是否能繼續創造強大的評估基準？**為了排除對於這個評分的疑慮，B型實驗室團隊必須堅持他們最初就在做的事：提高B型企業的認證標準，並且付諸實踐。
- **B型企業真的能透過社群創造價值？**B型企業運動可以在新客戶或商業夥伴關係上為相關成員帶來真正的優勢。
- **B型企業的身分會導致公司治理上的問題嗎？**正如我們所見，法律框架的確改變公司的治理方式，但對部分投資人是一種阻礙。然而，在B型實驗室和B型企業與投資人緊密合作之下，這點不再那麼令人擔憂。
- **對潛在投資人來說，「堅持使命」是否過於嚴苛？**B型企業自然意味領導人在某些面向上沒有太多調整的空間。與前面的問題一樣，我們的目標是呈現成為B型企業有很多優勢與機會，並藉此消除潛在障礙。[11]

我的訪談中表明，或許重要的是B型企業與不斷變化的投資環境之間的關係。社會投資先鋒企業（同時也是B型企業）崔利姆資產管理公司的副總蘇珊・貝克（Susan Baker）強調這個轉變背後的力量，她說：「調查顯示，女性和千禧世代一直走在最前線，把對永續、負社會責任和影響力投資的興趣轉化為實際行動。正是這些行動，幫助推動企業在其使命和商業戰略中，開拓或深化永續發展的承諾。」現在，各行各業變得日益多元，不再過度關注以白人男性為主的富有保守人士的利益。例如，二〇一六年，崔利姆資產管理公司敦促ＪＢ獵戶運輸服務（J. B. Hunt Transport Services）採納一項政策，禁止歧視員工的性取向、性別認同和性別表達。這項提案最後通過了，ＪＢ獵戶運輸服務擴大對員工的保障。[12]不久之後，它以實際行動兌現承諾。黑石集團的賴瑞・芬克加入由崔利姆資產管理公司發起的聯盟，反對德州一項關於變性人使用公共廁所的法案。[13]僅僅過了一年，這家投資公司便將多元性別及其他人力資源問題放在首位。

如今，愈來愈多公司更加意識到這類議題，為了吸引新投資人，樹立新形象，展現自己在當前投資新時代的企業中不落人後，它們正在做出必要的改變。公司不僅希望吸引長期投資人，也希望吸引最優秀的人才。蘇珊．貝克表示，「我想到了塔吉特百貨（Target Corporation），身為一家大型零售商，它率先告訴我們，為了吸引最優秀的人才，公司必須優先考慮環境、社會和治理問題，並透過經營方式來展現對這類議題的承諾。」

企業進化

為了踏上B型企業的旅途，企業必須克服最大的障礙是投資人的擔憂。科羅拉多州創投公司Foundry Group的創始合夥人賽斯．萊文（Seth Levine）指出：「這種擔憂往往會阻礙公司參與B型企業認證。我認為大多數公司未能與投資人討論相關議題的原因在於，它們沒想過這個問題，或它們認為這個問題太難，又也許它們普遍抱持一種錯誤的觀念：即公司通過B型企業認證後就無法以利潤為導向。有些公司確實如此，但這並非我們的結論。我們感覺這完全符合我們更廣泛的使命……讓投資人賺到錢。」

說起投資人和B型企業，Foundry Group是個有趣的案例，因為它既是B型企業，**也**是一家傳統創投公司，但不是影響力投資人。萊文在研究商業影響力評估時，發現其中不少內容是Foundry Group已經在做或正準備做的事；而且許多指標都能在一定程度上代表最佳商業實務。「文件中並沒有任何內容反對我們盡可能把錢返還給投資人，把錢返還給投資人是我們存在的終極意義。」他這麼說道。儘管B型企業運動正在革新傳統資本主義制度，但它並未瓦解整個體系，它尋求的是在創造循序漸進的變化和正面影響的同時，使企業成為一股向善的力量。「衡量你關心的事，能夠幫助你改變對自己正在做的事的看法。」萊文解釋。Foundry Group已經有一些良好的實務，例如，考慮國內合作夥伴的利益，不過，商業影響力評估可以幫助公司弄清楚的是它尚未考慮到的事情，比如回收管理和供應商評估。賽斯・萊文回憶說：「我們考慮了一些事情。並說：『嘿，這些事情可以讓我們得分，而且這些事情又是我們想做的，因此我們將兩者結合起來。」

當Foundry Group決定進行B型企業認證時，領導團隊並未針對這一點與有限合夥人及投資人進行太多討論。但在成為B型企業之後，Foundry Group領導團隊偶爾要回答一個問題：公司是否只投資B型企業。賽斯・萊文表示，這個問題的答案是「不，這並不是我們的核心使命。我們的確通過B型企業認證，我們投資過的企業中也有B型企業，但這並不是我們的投資標準。」儘管如此，Foundry Group還是希望自己身為創投公司和B型企業可以激勵其他公司採取行動，同時吸引價值觀一致的企業。[14]

像Foundry Group這樣的B型企業支持者吸引其他投資人參與這項運動。在過去幾年裡，投資B型企業和共益公司的資金已經超過二十億美元。在接下來的十年裡，B型實驗室希望自己能將全部精力轉向公共資本市場，以及主導公共資本市場的大型機構投資人。

B型企業是變革的代理人

在改變股東利益優先這種投資意識形態的過程中，B型企業說服自己的投資人加入這項運動是另一個重要的變革工具。「我們擅長的就是與變革代理人進行互動，」卡索伊表示，「他們就是企業家。」

巴西美妝集團「大自然」就是一個很好的例子。當公司領導人決定進行B型企業認證時，它還是一家上市公司，因此被迫改變公司章程中的條款，而這麼做需要股東投票通過。由於公司擁有大量機構投資人，因此這可能是一個巨大的挑戰。「大自然」團隊提出這個變化為什麼與公司的品牌形象一致。最後投資人並沒有猶豫太久，很快就同意了。吉柏特認為這個例子恰恰說明「大型機構投資人愈來愈認同這場運動」。[15]

「大自然」是先上市，然後才成為B型企業；勞瑞德教育（Laureate Education）的做法則正好相反。這家全球最大的營利性高等教育機構在二〇一七年一月成為首家上市的B型企業。二〇一五年，當勞瑞德教育通過B型企業認證時，公司還處於苦苦掙扎的階段。原因在於營利性教育機構有很多負面報導（尤其在北美市場）。許多這樣的教育機構並沒有將重點放在教育上，而是放在行銷上，它們虛假的就業承諾讓學生背負巨額債務。其中一個典型的例子便是川普大學（Trump University），這所大學在二〇〇五年成立，表面上是提供房地產培訓。這所大學沒有獲得官方認證，實際上也沒有提供任何類型的大學學分、學位或分數。相反地，它提供的是為期三到五天的房地產、資產管理和財富創造的研討會。到了二〇一〇年，川普大學基本停止營運，但在此之前，該校面臨法律訴訟和欺詐指控。川普大學的前任銷售員羅納德．施納肯伯格（Ronald Schnackenberg）在最近公開的證詞中表示，川普大學「感興趣的只是盡可能地向每個人推銷最昂貴的研討會」，而且根據他的經驗，這不過是一個「詐騙計畫」，「專門騙取老年人和未受過高等教育的人的錢」。[16]當勞瑞德教育考慮上市時，公司領導人明白，潛在的消費者和投資人會拿川普大學等擁有負面評價的機構來反對他們。陶德．韋格納（Todd Wegner）曾是勞瑞德教育全球公共事務資深經理和B型企業專案的負責人，他說，勞瑞德教育認為B型企業認證是一種產業基準，而且是更正式了解公司影響力的手段，同時可以讓公司獲得可信度。在二〇一六年上市之前，勞瑞德教育重新註冊成為共益公司。[17]

勞瑞德教育創辦人兼前任執行長道格．貝克爾（Doug Becker）領導這項變革，並花時間投入B型企業運動。他進一步向我解釋公司這麼做的理由：「當考慮上市時，我們想到：『如何才能傳遞不同的資訊？如何講述這樣一個企業的故事？它是一家營利公司，但同時又相信教育具有改變人生的力量。我們能做些什麼來闡明這一點，從而讓人們知道勞瑞德教育與眾不同，並讓投資人注意到我們？』」

重要的一步是向勞瑞德教育的董事會成員解釋這項運動，董事會中有不少人代表大型私募股權投資人。道格．貝克爾表示，已經很熟悉B型企業運動的人「非常支持，但也十分謹慎。他們表示，這聽起來是個很不錯的主意，但公司必須真正認識到，這其中有許多沒有驗證的規則和從未有過的內容」。其他董事會成員則「有點疑慮，他們不明白為什麼有必要為企業是向善的這件事辯護，不理解這麼做有何必要」。最後，道格．貝克爾表示，董事會的整體回饋更偏向「做你認為必須做的事，但當我們要做出一個正式的決策時，請確保我們真正理解相關風險和不利因素」。

重中之重的問題在於，勞瑞德教育是否會因為B型企業的身分而拉低公司上市的市值，因為成為B型企業可能不會使股東價值最大化。勞瑞德教育的領導人花大量時間來對改革帶來的相關法律和對利潤衍生的影響進行盡職調查。道格．貝克爾回憶道：「我們和不同的銀行家溝通，也研究不同情境下的內部報酬率（internal rate of return），但沒有人能回答這對公司股票來說是好，還是壞。我們認為這件事應該還不錯，而且可能不好也不壞。儘管有人擔憂公司不再關注利益最大化，但公司的領導人十分清楚，他們必須盡最大努力向世界證明「自己並非敗家子」。道格・貝克爾表示：如果沒有法律框架和B型企業認證，「那麼這看起來像是裝飾品，但實際上，我們曾經請班傑利的執行長在我們的董事會上發言，因為我們希望董事們接受這個理念。我們想聽聽經歷過整個認證過程並仍在實踐其核心使命的人的意見。」

勞瑞德教育的領導人表示，KKR（Kohlberg Kravis Roberts，典型的「傳統企業掠奪者」和融資收購先驅）等投資人「在很大程度上對我們固有的社會使命是理解的。」這有助於說服其他機構投資人相信，共益公司是一種優質而穩固的投資。*

永續鞋類新創公司Allbirds在二〇一五年成立，並在二〇一六年獲得B型企業認證。公司在得到投資人支持的過程中曾遇到一些挫折，但最終還是成功了。Allbirds近期的市值高達十四億美元，公司的投資人包括主流投資機構普信、富達、老虎環球等。一開始尋求投資人支持時，公司聽到許多反對的聲音，因為公司的經營模式是要直接面對消費者，而且Allbirds的創辦人提姆・布朗（Tim Brown）和喬伊・茨維林格剛入行時沒有任何經驗，投資人稱他們為「天真派」。儘管如此，布朗和茨維林格還是看到他們所具備的隱藏優勢：他們從來不會將「因為事情總是這麼做的」當做一個合理的答案，這促使他們創新，採用許多傳統鞋類製造商不會採用的方法。最終，他們透過五輪募資，募集七千七百萬美元。

大型傳統資本投資機構開始出現翻天覆地的變化。茨維林格告訴我，他最近聽到普信的副總、新地平線（New Horizons）成長基金經理亨利．艾倫博根（Henry Ellenbogen）的看法。他說：「這就是事情的發展方向，不僅是一種正確的做法，也會對商業有所助益。身為在這個世界上分配大量資金的人，我們有責任持續關注這一點。我們和投資人之間沒有任何緊張的關係，這反而更像是讓我們揚帆起航的風。」茨維林格在接受吉柏特訪談時進一步表示，「投資人從來沒有質疑過我們為什麼要這麼做，也沒有質疑過共益公司的法律結構。身為一家上市B型企業，有些公司面臨著一些挑戰，但坦白說，我認為這就是世界的發展方向。」[18]

跨國公司愈來愈受關注

每當大型跨國公司或其子公司獲得B型企業認證，就會有規模更大，而且更為傳統的

＊ 編注：勞瑞德教育在二〇二四年已經不是B型企業。

投資公司注意到B型企業。快樂之家（Happy Family）就是這樣的例子。這家充滿熱情的公司在二〇〇三年成立，總部設在紐約，是全球發展最快、針對嬰幼兒的有機食品品牌之一。它的使命是向各個收入階層的父母提供有機且健康的嬰兒食品。這個使命引起RSF社會金融公司的注意，並在二〇〇九年提供快樂之家營運資金貸款。RSF後來又將快樂之家介紹給家樂氏基金會（Kellogg Foundation），後者在二〇一二年承諾提供快樂之家價值四百六十萬美元的貸款和投資。總之，這樣公司從早期投資人那裡募集到兩千三百萬美元，但創辦人兼執行長莎姬・維斯拉姆（Shazi Visram）認為，快樂之家需要更多資源才能真正擴大規模。與此同時，莎姬・維斯拉姆對接受創投資金也有所擔憂，因為她認為這可能會破壞公司的價值觀和使命。快樂之家在二〇一一年成為通過認證的B型企業，但她並不認為傳統的創投業者能和這種使命驅動型的B型企業攜手合作。因此在二〇一三年，她將公司賣給以健康和營養為核心的達能集團。這筆交易讓兩家公司都受惠，這為達能集團進入美國市場開闢出一條路，同時也支持快樂之家進一步研發和擴大規模。[19]

在二〇一七年十二月之前，莎姬・維斯拉姆一直是快樂之家的執行長，她說：「這些人是認真的，尤其是談到社會責任的時候。現在，很多大型食品品牌透過收購小品牌來樹立信譽，特別是在千禧世代中的信譽。這是因為我們都在改變，我們想知道我們吃的東西裡有什麼東西。」[20]

自此，達能集團成為B型企業運動的主要參與者。如前文所言，截至二〇二〇年年初，包括達能集團北美公司在內，達能集團已經擁有十七家通過認證的B型企業，而且目標是成為首個獲得全球B型企業認證的跨國食品公司。「在達能集團，我們相信每一次對飲食的選擇，都是在為我們想要生活的世界進行投票。」達能集團執行長范易謀如是說。[21] 自從達能集團北美公司獲得認證，其他跨國公司都來詢問認證的事。范易謀向《烘焙業》（*Baking Business*）表示，他希望這可以掀起一場運動。「為了獲得認證，」他說，「你必須簽署相互依存宣言，成為這場相互依存運動的一份子。也就是說，你不可以單獨成功。我真心希望有更多的品牌和公司（無論規模大小）都來參與。」[22]

在聯合利華收購班傑利之後，類似的故事漸漸發生。班傑利是一家前衛的冰淇淋公司，其深刻的社會使命體現在它的種種做法之中，包括與通過公平貿易認證的供應商合作，使用環境友好型包裝，支付給農場主人較高的報酬，將稅前盈餘的七．五%捐贈給慈善機構，以及為本地社群和弱勢團體創造就業機會等。一家位於佛蒙特州沃特伯里（Waterbury）的班傑利冰淇淋總店和工廠反映出公司歡樂、積極的企業文化。而在佛蒙特州南伯靈頓（South Burlington）的總部，散落在建築物各處的冰櫃裡有各種免費樣品，員工每週都可以帶一些冰淇淋回家。班傑利的員工和消費者滿意度總是非常高。

一開始，人們都擔心班傑利可能不會再成為顧客喜愛、以正義為中心的公司。儘管在合併的轉換期間被工廠關閉和裁員破壞，但聯合利華最終還是允許班傑利擁有比其他子公司更大的自主權，甚至還成立一個外部董事會來負責維護公司的社會使命。而這也被寫入有約束力的收購協議。這個董事會只對自己負責，甚至有權對聯合利華提告。同時，這使得班傑利的營收增加兩倍，創造更多職位和更大的影響力，並為員工領導的社區專案和公司慈善活動貢獻大量資金。[23]

聯合利華的歷史有助於解釋這樣的安排。這家公司成立於一九二九年，由一家肥皂製造商和一家人造奶油製造商合併而成。一九八〇年代，它已經成為世界第二十六大企業，業務涉及塑膠、航運、食品和個人護理產品等領域。之後，它做出一個震驚世人的舉動：決定重組。撤離一些人認為成功的產業，並開始關注環境永續。二〇〇九年，當保羅・波爾曼接任執行長時，他做出加倍的承諾。

波爾曼上任時，班傑利已經成為聯合利華的子公司將近十年了。此時，B型企業運動剛剛起步。班傑利在二〇一二年獲得B型企業認證，從那時起，它對母公司的影響遠比母公司對它的影響還大。聯合利華旗下現在有好幾家B型企業，包括普卡草本、山迪奧品牌，以護髮和護膚產品為人熟知的Shea Moisture，還有調味品公司肯辛頓爵士。此外，第一批B型企業淨七代也於二〇一六年被聯合利華收購，這是迄今為止規模最大的B型企業收購案，收購價在六至七億美元。淨七代從班傑利的收購案例中吸取經驗，因此保持半獨立的狀態，並且成立一個社會使命董事會。[24]「我們很自豪能夠加入聯合利華，以及它在全球開展以使命為導向的企業願景。」淨七代執行長約翰．里普洛格爾（John Replogle）說：「在共同努力下，我相信我們能夠對世界數十億人口的健康產生正面影響，真正實現我們的使命，在培養未來領導人的同時，改變全球商業面貌。」[25]

二〇一九年，聯合利華收購奧利（Olly），這是一家獲得B型企業認證的維生素與營養補充品公司，是由美則最初的一位合夥人創立。波爾曼常常公開談論成為B型企業的好處，並表示聯合利華也計畫獲得全球認證。儘管波爾曼已於二〇一八年年底退休，但他的繼任者艾倫．喬普（Alan Jope，聯合利華美妝和個人護理部門的前任主管）自一九八五年起一直在聯合利華工作，並打算繼續完成波爾曼的願景。聯合利華對B型企業運動的投入影響投資圈，甚至影響全球經濟。隨著愈來愈多跨國公司與聯合利華、達能集團一同加入這項運動，傳統資本主義及其主要參與者將別無選擇，只能去適應、改變，否則他們可能會被認為跟不上時代的步伐。[26]

另一家家喻戶曉的公司，也是第一批B型企業美則也採取相同的方式，該公司銷售由植物原料製成的清潔用品。二〇一二年，美則與比利時的使命型家居產品公司意可維（Ecover）合併，成為世界上規模最大的綠色清潔產品公司。[27]與此同時，大型家居用品製造商莊臣（SC Johnson）也開始專注於選擇更優質的產品成分，並改善公司在健康和環境方面的影響。二〇一七年，莊臣收購美則和意可維。[28]二〇一九年十一月，日本麒麟控股（Kirin Holdings）宣布將收購B型企業運動的堅定支持者：新比利時啤酒。這一系列的快速收購和合併清楚表明，大型傳統公司也開始看到永續發展的好處，具體而言，就是看到B型企業運動的好處。

一些重要的趨勢也表明，B型企業投資已經日趨成熟。群眾募資先驅公司Kickstarter幾乎就是一家B型企業，也是一家共益公司。最近，專注於「仿生胰臟」（bionic pancreas，該產品用於患有第一型糖尿病的兒童和成人）的Beta Bionics在第二輪募資中募集到一．二六億美元。這家公司最初的一小筆資金來自WeFunder，這是一家支持股權群眾募資的B型企業。二〇一六年，Beta Bionics透過股權群眾募資獲得合法地位。Beta Bionics的業務發展和企業戰略副總愛德華．拉斯金（Edward Raskin）解釋，大多數參與股權群眾募資的投資人都是「第一型糖尿病患者或家人，以及關心這種的病人，他們可能不會過度關注股票為他們帶來的報酬」。一些通過認證的B型企業也採用股權群眾募資的方式。藝術娛樂集團Meow Wolf二〇一七年七月在Wefunder發起募資計畫，並且很快募到一百零七萬美元。[29]

關於群眾募資的案例可以說明過去十年，民眾對共益資本主義的接受度愈來愈高，而共益資本主義也得到了自上而下的支持。例如，二〇一八年，美國勞工部（Department of Labor）發布公告，稱受「受雇者退休所得安全法案」（Employee Retirement Income Security Act）管轄的基金可以採取擴大受託責任的措施，如考慮ESG（環境、社會和治理）指標。過去，美國勞工部認為ESG因素可能與較高的風險和較低的報酬相關，因此很少考慮它。[30]這個變化可能會對投資共益公司的方式以及整個影響力投資活動造成極大影響，並重塑國家經濟。

短短十年，B型實驗室發生巨大變化。隨著愈來愈多跨國公司和機構投資人的加入，B型企業運動也愈來愈接近轉捩點。屆時，股東利益優先將被更以人為本、更永續的資本主義理念所取代。

第六章

員工是公司重心

犀牛食品（Rhino Foods）成立於一九八一年，最初是切西的卡仕達（Chessy's Frozen Custard）商店，這是由泰德・卡斯爾（Ted Castle）和安妮・卡斯爾（Anne Castle）在佛蒙特州伯靈頓（Burlington）經營的冰淇淋商店。泰德・卡斯爾在紐約羅切斯特（Rochester）長大，童年時到阿伯特的卡仕達冰淇淋店（Abbott's Frozen Custard）讓他有著美好的回憶。大學畢業並結婚後，他和妻子決定將卡仕達冰淇淋帶到佛蒙特州。最後，切西商店成為一家生產餅乾麵糰和烘烤碎片（用在冰淇淋上）的製造商，同時是美國和國外幾個品牌的冰淇淋代工廠。從開業第一天起，卡斯爾夫婦就希望從員工開始，可以讓公司以多種方式帶給世界正面的影響。[1]泰德・卡斯爾的員工稱他為「大人物」（the Big Cheese）。他是一個喜歡開玩笑的執行長，努力為員工做到最好，員工的車子壞掉的時候，甚至會把自己的車借給他們。[2]犀牛食品的員工因泰德・卡斯爾希望經營一家「讓員工有發展、對社區產生正面影響、能分享創新工作實務的企業」而感到自豪。[3]

例如，在犀牛食品開業初期，伯靈頓經歷一次難民潮。泰德聽取員工的意見後，改變公司的策略，對這些難民開放職缺。他承認，一九九〇年第一批波士尼亞難民抵達伯靈頓時，他並不願意雇用他們，因為他們的英語不夠好。犀牛食品有一項公開的管理制度，這個制度與企業績效掛鉤，本質是讓員工像老闆一樣行事。公司的財務狀況、長期計畫和目標都會公開分享給大家。泰德．卡斯爾想到，如果這些難民員工不會說英語，那麼他們該如何參與公司經營的核心業務呢？[4]

幸運的是，他的團隊讓他克服疑慮。他很快發現，許多難民員工有著令人難以置信的工作態度，他們是忠誠而穩定的員工。犀牛食品不僅為難民提供臨時工作，還會雇用他們為正式員工，同時開發一系列幫助他們融入美國生活的專案。一開始，公司聘用翻譯人員來協助員工溝通。後來，這種方式轉變成家用的語言軟體課程，最終發展成一個專為英文作為第二語言的員工開設的實體課程，以及整個公司的多樣性和包容性培訓。截至二〇二〇年，犀牛食品大約有一百八十名員工，其中三〇％的員工是來自越南、波士尼亞、尼泊爾、孟加拉、索馬利亞、剛果、迦納或肯亞的難民。

這明顯與當今世界更為典型的職場「創新」想法截然不同。例如，零工經濟就是一種將人力成本外部化的做法。B型企業的員工之所以想要積極工作，是因為他們相信自己的工作實際上是有價值的。[5] B型企業不僅能吸引有熱情、有社會責任感的員工，還能把他們留得更久。一家公司的社會使命感愈強，員工留任率就愈高。除了一些具體的例子，大量研究也表明，將員工視為相互依存的人，而不是外部負擔，可以為企業創造巨大的價值。

以員工為中心的文化優勢

B型企業提供給員工的福利，遠比傳統公司提供的醫療保險方案和人力資源福利高出很多，這些福利融入公司的文化，主要目標是增進員工表現。當員工感覺公司關心自己的幸福和快樂時，他們不僅會覺得受到重視，也會更努力工作。許多B型企業還提供影響員工生活方式的福利。例如，有機食品製造商自然之路（Nature's Path）為員工提供冥想室、為參與「保持健康」（Get Fit）計畫的員工提供五百美元的健身房會員補貼，並允許他們使用公司的有機食品菜園。[6]其他公司則專注於改善員工福利，例如有更好的產假、陪產假或社區服務假等條款。

這樣的關係是雙向的。線上床墊銷售商Casper有一項內部競爭機制，員工可以在公司內部發起新提案。正如B型實驗室企業開發團隊的安迪．費夫告訴我的那樣：「Casper收到的一項提議就是希望公司參加B型企業認證，雖然投票並沒有通過（它排名第二），但是包括員工和領導階層在內的每個人都支持這個提議。他們表示：『這實際上還是值得一試，來看看我們能不能達到這樣的標準。』公司創辦人對此也很感興趣，很多年輕員工也了解到公司成為B型企業的重要性。」二〇一七年，Casper通過B型企業認證。

犀牛食品的卡特琳・哥斯（Caitlin Goss）表示，公司的職場文化和成為B型企業的承諾影響決策的各個面向。在B型實驗室包容性經濟挑戰（B Lab's Inclusive Economy Challenge，一項年度號召行動，鼓勵通過認證的B型企業至少做出三種不同、可衡量的改進，進而提高在平等、多元和包容性議題上的影響力）鼓勵下，犀牛食品開始思考自己的徵才流程，不想拘泥於現行的流程。卡特琳・哥斯說：「我們稍微保守，然後說：『我們開始挑戰原有的偏見。我們這裡是否有人在就業上受到阻礙？我們是否能夠提供更多發展空間，為更多人創造機會？』」現在，犀牛食品常常舉辦內部徵才，鼓勵員工晉升，這種提高員工留任率的方式也帶來經濟上的好處。

煉金術師（Alchemist）是一家家族釀酒廠，這家公司讓每個職位更加專業化。無論是清潔工、管理者，還是酒吧收銀員，都可以獲得薪水和全套福利，包括享用煉金術師獲獎啤酒的機會。此外，公司每週還設有瑜伽課，公司廚房裡堆滿天然健康食品，還有一名廚師為員工準備午餐。潔淨能源公司綠山能源（Green Mountain Power）以及美則支付給基層員工的薪資遠遠超出美國最低生活薪資水準（前者高出二五%，後者高出四○%）。當我與這些公司的領導人溝通時，他們都強調這些做法為公司在勞動力市場帶來極大的競爭優勢，而且公司的員工流動率也相當低。

社會使命和員工留任率

除了明確的社會使命，有證據顯示，員工驅動的戰略具有多種經濟效益。例如，二〇一五年，《組織科學》（*Organization Science*）雜誌上的一篇文章強調公司的社會倡議與員工留任率之間的相關性很強。[7]

這種現象可以在犀牛食品看得很清楚。這家公司另一項創新是薪資預付計畫（income-advance program），這項計畫提供員工緊急援助金，這樣員工就不必等到發薪水那天或借高利貸才能籌到錢。過去十年來，這項計畫為三百七十九名員工提供三十八萬零四十美元的援助金，幫助他們恢復信用紀錄並與銀行重建關係。實施這項計畫之後，犀牛食品因為「員工曠職次數減少、士氣提升、專注度提高」，獲得財務上的好處。實際上，自從這個計畫進行以來，犀牛食品的員工留任率提高三六%。[8]

加拿大技術徵才公司伊恩馬丁集團（Ian Martin Group）致力讓B型企業的價值觀融入公司的基因。公司執行提姆．馬森（Tim Masson）在公司的印度辦事處看到這種價值觀的影響。許多徵才公司都在印度設有辦事處，這裡對有限的人才競爭十分激烈，這意味著員工會頻繁跳槽。印度的平均員工流動率高達七〇%至八〇%，但伊恩馬丁集團的員工流動率卻不到一〇%，這都要歸功於員工的敬業精神。這家公司的年度員工調查表裡有這樣一個問題：在伊恩馬丁集團工作有什麼好處？一位員工這樣回答：「我們是一家認證通過的B型企業，這種感覺就像我家屋頂上有太陽能板一樣，這裡的工作讓我很滿意。」

之前提到的墨西哥捲餅店波洛克預期商店員工的流動率比較高，這也是這個產業的特點。即便如此，這家公司在提高員工留任率上花的時間比大多數同行少，因此可以更關注員工的未來發展。波洛克的執行長約翰．佩爾（John Pepper）相信自己能盡可能幫助別人達成目標。如果員工的夢想是留在波洛克工作，那就太棒了；如果員工的夢想是做其他事情，他也會提供幫助，比如幫助他們發展餐飲業以外的全新技能。

波洛克一九九九年開業以來，就在公司開設英語課程。這些課程一開始是非正式的，由波洛克的一名員工上課，但現在已經發展到由外部的補習班來上課。約翰．佩爾經常提醒教導非英語母語學生的英語教師，應該針對全英語的情境制定課程，而不應該把情境局限在餐飲業。波洛克之所以花錢讓員工上英語課，是因為約翰．佩爾認為，如果員工必須再找一份工作才能負擔得起上課的費用，他們就不會用適當的心態去學習。此外，如果課程是免費的，但是會占用員工原本該工作的時間，那麼他們可能也不會去上課，因為很多人不願意犧牲每天幾小時的工作報酬。這項政策看起來不起眼，卻在整個公司內部產生連鎖效應。波洛克的很多主管在十多年前剛進公司時還不會說英語，但現在他們不僅加入管理團隊，很多人還參加領導力培訓班，為自己追求更多機會。波洛克也鼓勵員工取得更高的學歷或餐飲業之外的工作機會。

這種對員工和員工文化產生的正面影響不僅發生在基層員工上，也延伸到更高層的員工。在烘焙和零食產品製造商巴馬（BAMA），管理職的員工留任率相當高，而巴馬將其歸功於內部的徵才制度。公司執行長寶拉・馬歇爾（Paula Marshall）解釋，「我們會在內部培養團隊成員……除非我們一定要去外部找人，不然就會從內部晉升。」巴馬提供的其他福利包括一〇〇%的醫療費用補助、每週都有按摩師和醫生在公司內部提供服務，同時還搭配一位健康教練。在這些福利的配合之下，這家公司「每個人幫助每個人成功」的使命，造就一個真正有吸引力的職場。

當一名新員工進入一家B型企業工作時，如果他能夠立即被鼓勵參與實現公司的使命和維護公司的價值觀，那麼他會為了公司的持續成功而積極努力。如果公司也提供正向的職場環境，並培養強大的員工文化，員工留任率就會更高。

關注家庭的貝吉獾

一九九〇年代中期，木匠比爾・懷特（Bill Whyte）的手出現乾燥、龜裂的問題。當時市面上沒有任何產品可以治療他的手，因此，比爾・懷特開始在自家廚房裡製作產品。經過多次實驗之後，貝吉獾藥膏（Badger Balm）誕生了。他的木匠夥伴們很快就開始要求要買貝吉獾藥膏。一九九五年，貝吉獾公司（W. S. Badger Company）正式成立。最早貝吉獾藥膏成功的祕訣在於它採用簡單、天然的配方，這是公司至今嚴格遵守的傳統，公司領導人對產品原料及供應鏈建立極為嚴格的標準。[9]

對員工及員工家庭的重視也是公司成功的另一個關鍵因素，這在B型企業中很常見，在傳統企業中卻很少見。比爾・懷特的妻子凱蒂・施威林（Katie Schwerin）是貝吉獾的共同創辦人兼營運長，她在公司網頁上提到：「我們致力支持兒童與家庭生活，並傳播同樣的訊息，這樣其他公司就可以加入我們並一同努力。我們希望引領一種全新的商業運動，為家庭提供具體而重要的支持。」[10]

貝吉獾的總部位於新罕布夏州南部，看起來像一座大木屋，給人如家一般溫馨的感覺，就像是週末會去放鬆的地方。這家公司對家庭的關照從員工的孩子出生就開始了，公司的哺乳室叫做「薰衣草屋」（Lavender Room），讓貝吉獾贏得母乳餵養友好型公司的榮譽。貝吉獾獲得這項榮譽後，被要求提供允許上班哺乳的實體文件，但它發現並沒有這樣的文件，這個社群只是很自然就接受哺乳媽媽。在進行商業影響力評估時，貝吉獾制定一系列書面制度。貝吉獾的「帶孩子上班」（Babies at Work）計畫允許員工帶不到六個月或還不會爬行的孩子上班。這是公司提供給主要照顧者五週假期（還有聯邦法律規定的十二週休假）之外的福利，公司也提供假期給非主要照顧者。[11]

孩子滿六個月時，員工可以把孩子送往公司在總部附近街上開設的托兒所金盞花花園兒童中心（Calendula Garden Children's Center）。子女年紀稍大的員工可以透過公司的一個專案申請托兒費用報銷，同時，這項專案還為每個孩子提供一年高達八百美元的金額，彌補兒童放假時的育兒費用。[12]

貝吉獾認為父母的影響十分重要，因此它的員工不會錯過孩子的舞蹈表演或少年棒球聯賽。貝吉獾允許員工靈活安排工作時間，當孩子上學的時候，員工也可以在「上學的時段」工作。這項政策對員工留任率有很大的影響，員工平均任期超過五年。二〇一八年，這個以家庭為中心的公司延續一貫的傳統，貝吉獾的比爾和凱蒂將公司交給兩個女兒麗蓓嘉（Rebecca）和艾蜜莉（Emily），並任命兩人為公司的聯合執行長。

吸引最優秀的員工

B型企業認證提供潛在求職者一個訊號：公司會對員工做出承諾，而求職者對公司品牌和社會使命的熟悉程度，會直接影響他們的求職決定。研究表明，即使求職者對公司認識不多，強大的社會使命和積極的員工文化也會吸引潛在求職者，特別是吸引對企業社會責任和社會使命有所認識的人。這意味著雇主應該在徵才時宣傳自己的社會使命，而B型企業認證就是其中一種方法。[13] B型實驗室的安德魯・卡索伊可以證實這一點，他表示自己經常會收到一些人發來的電子郵件或信件，他們有的正在尋找B型企業中的工作，有的想要離開前公司去B型企業上班。

研究表明，當公司的品牌在市場和公眾意識中有良好表現時，潛在求職者對它們的興趣會增加。對一個品牌來說，在當地社區表現良好顯得尤為重要，而且這種正面效果並不會在求職者開始工作後消失。良好的聲譽還可以提高員工的敬業度。[14] 把雇主的聲譽視為員工和雇主關係的一個面向來看待是非常重要的，一份正面、受影響力驅動的聲譽會促進雙方溝通、建立關係，讓員工真正感覺自己是利害關係人。在某些情況下，他們會覺得自己是「公司的夥伴」，而不「只是員工」。他們和公司的連結比傳統企業緊密，從長遠來看，這對企業的成功至關重要。[15]

幾年前，伊恩馬丁集團關注一個問題：如何才能讓在工作中尋找意義的人更輕鬆找到合適的職位？這個問題使B型企業找工作平台共益職場（B Work）成立，這是B型實驗室的夥伴機構。在共益職場的官方網站上，可以搜尋全球通過認證的B型企業職缺資訊，找到符合個人價值觀和目標的就業機會。職缺搜尋功能是按照地區、職業類型、雇用類型與產業劃分。此外，還可以按公司類型劃分：通過認證的B型企業、共益公司、待認證的B型企業，以及商業影響力評估分數已檢核的企業等。提姆．馬森表示：「我們會根據求職者的簡歷和能力來進行評估，那麼求職者為什麼不能了解公司的詳細資訊，篩選與自己的目標和價值觀相符的公司呢？」提姆．馬森認為這個流程對雇員和雇主都有好處。

卡伯特奶油（Cabot Creamery）是一家擁有百年歷史的乳品公司，公司的永續發展部主任傑德．戴維斯（Jed Davis）還記得人力資源部經理打電話告訴他，他們收到一份求職申請，求職者對於「你為什麼想來卡伯特奶油工作」這個問題的回答是：「因為你們是一家B型企業。」這是他們第一次收到這樣的回覆，但傑德．戴維斯表示，現在這種情況在面試中十分常見。由於有這種趨勢，卡伯特奶油改變宣傳職缺的方式，它利用B型企業的身分向年輕求職者傳遞自己才是首選雇主。這家公司使用共益職場平台，並鼓勵其他B型企業也這麼做。

同樣地，馬斯科馬銀行（Mascoma Bank）資深副總兼行銷長薩曼莎．波斯（Samantha Pause）也表示，幾位員工曾經告訴她：「我加入這家公司是因為馬斯科馬銀行是B型企業。」新比利時啤酒的凱蒂．華萊士（Katie Wallace）指出，她開始注意到愈來愈多的人表示，他們對這家公司感興趣是因為這是一家B型企業，於是她請人資團隊提供有這種想法的人數，結果令她十分吃驚。幾年前，還沒有求職者提到過B型企業。而現在有二五％的求職者表示，想要在B型企業裡工作是他們應徵的主要原因之一。蘭雅．哈恩（Ranya Hahn）是參與學習（Participate Learning）的人資主管（這是一家透過與各組織和學區合作，讓學習者參與線上社群的公司），她表示，她在徵才博覽會上遇到很多詢問公司取得B型企業身分相關問題的學生。此外，參與學習還參加北卡羅萊納州立大學舉辦的年度社交之夜（annual networking night），在會場上與其他B型企業一起亮相。這往往會吸引到大量實習生，最終這些人會成為基層員工，而且通常會在公司待得比較久。

員工入股的重要性

B型企業對員工入股的關注與優步和跑腿兔（TaskRabbit）等零工經濟公司宣揚的理由恰恰相反。麥肯錫全球研究所（McKinsey Global Institute）的一份報告顯示，美國和歐洲的勞動人口有二〇％至三〇％屬於「零工」經濟一族。[16]從雇主的角度來看，以兼職員工或臨時工替代全職員工是避免提供福利的一種策略行動。因為有沃爾瑪（Walmart）和亞馬遜這種裁員機率高、薪資低的雇主，使美國許多勞工無法從雇主那裡得到財務保障。《今日美國》（*USA Today*）報導密西根州一個名叫邁克・阿爾法羅（Michael Alfaro）的男性的故事，他是一名全職客服人員，但在大多數工作日的晚上或週末，他都會在一家電子產品商店工作到很晚。最近，為了償還助學貸款和信用卡，他又找了第三份零工。[17]像他這樣的人在美國並不罕見。與過去相比，愈來愈多美國人開始從事多份工作，儘管很少有人能在其中找到快樂和滿足感。

愈來愈多企業不把員工視為外部性成本，而是開始將員工納入公司入股計畫中。亞瑟王麵粉一直把家庭價值觀當作核心理念，這是一個家族企業，已經傳承五代。一九九〇年代，公司老闆弗蘭克・桑茲（Frank Sands）和布琳娜・桑茲（Brinna Sands）打算退休，他們希望公司能由優秀的人來管理，因為其他家庭成員對接管公司並不感興趣，所以他們決定將公司轉交給另一個大家庭的人，那就是亞瑟王麵粉的員工。一九九六年，他們把公司賣給員工。二〇〇四年，公司一〇〇%由員工擁有。[18]

這種員工入股的轉變簡單而直接。弗蘭克・桑茲和布琳娜・桑茲一開始轉讓三〇%的股份，幾年後又轉讓四〇%的股份。這時，他們發現公司由員工一〇〇%擁有會有很大的減稅好處，這樣的企業無須繳納聯邦或州所得稅，因此他們把剩下的股份都轉讓出去。今天，在公司工作滿一年或每年工作超過八百小時的員工，無論是季節性員工、兼職員工，還是全職員工，都有資格參加亞瑟王麵粉的員工入股計畫。自從員工擁有公司之後，公司的營收和獲利都有明顯成長。亞瑟王麵粉是美國三大麵粉品牌之一，常常獲得「最佳職場獎」。[19]研究顯示，員工擁有公司的股份，會產生「心理擁有感」（psychological ownership），員工與公司的關係會變得更加緊密。[20]

許多認證通過的B型企業和共益公司都傾向選擇員工入股計畫，這可以強化職場文化，與公司透明和員工參與的價值觀一致。專注於倡議增進員工持股的組織「一半一半」（Fifty by Fifty）公布一份報告，提到為了打造更為永續的經濟，我們需要愈來愈多擁有員工入股計畫的公司。「一半一半」比較三十五家擁有員工入股計畫的B型企業和沒有員工入股計畫的B型企業，發現前者的商業影響力評估分數明顯更高。這項研究同時發現，由投資人持股的企業員工，很少像擁有員工入股計畫的企業員工那樣投入工作。[21]

員工入股也是平衡組織文化的關鍵。女裝品牌艾琳費雪的員工持股比例為四〇％，公司創辦人十多年前就決定選擇這條路，她不希望把公司賣給更大的公司，也不想上市，因為上市會任由股東擺布。相反地，她意識到能為公司做出最佳決策的人，是那些為公司投注「心血、汗水和眼淚」的人。此外，艾琳費雪還有一項非常慷慨的分紅計畫。[22]

環境顧問公司EA工程（EA Engineering）在納斯達克已經上市一段時間，這段期間，公司一直處於動盪中。在轉為一〇〇%由員工持股的公司之後，員工士氣和留任率都大幅提升。「現在我們關注我們是誰，以及我們正在做什麼事，」公司創辦人洛倫・詹森（Loren Jensen）表示，「我們立刻回頭去了解環境問題，並了解如何應對它們。沒有人會買股票，除非他們期望會得到很高的報酬率。這給EA工程帶來困擾之處在於目標會混淆，在那樣的環境下，我們很難經營。」[23]

支持員工入股的人認為，想要追求永續與負責任的企業，沒有比這更好的方法。傑佛瑞・霍蘭德表示：「我認為，不致力推行員工分紅的企業，不可能是一家負責任的企業。因為如果不這樣做，企業就會專注在賺取財富上。」他提到，美國已經出現財富集中問題。「負責任的企業必須正視這個問題，克服讓員工接觸公司財務報表的恐懼，而且了解到，如果它們不致力讓員工入股，它們就會成為財富集中的代理人。」艾米・科迪斯（Amy Cortese）在《B型企業變革》中指出，我們愈來愈需要改變自身的觀點，「美國超過三分之一的勞工屬於『零工經濟』中的約聘員工。與此同時，工會曾是工人最強力的支持者，現在也發現自己的地位和權力被削弱了。不斷擴大的財富和收入差距重新引起人們對某些所有制模式的興趣，這些模式有助於發展一種可更廣泛分配財富、更加包容的資本主義。」[24]

多樣性和包容性驅動價值創造

或許當今職場文化中最令人頭疼的問題，就是性別歧視和性騷擾，這些問題在二十一世紀依然十分猖獗。共乘汽車服務巨頭優步之所以引起密切關注，不只是因為女性司機和女性乘客在車裡遭遇危險，還因為公司有害的職場環境。優步的幾位女性工程師已經控告公司，表示她們的薪資待遇比男性同事低。一些不同膚色的工程師也提起訴訟，聲稱薪資比白人和亞裔美國人低。[25]優步前軟體工程師蘇珊・福勒（Susan Fowler）在二〇一七年發表文章，指控公司的性別歧視和性騷擾問題，包括第一天上班時，她的主管就對她性騷擾。一些優步的女性司機每天都會碰到騷擾和侵犯，這使得她們工作減少，收入也因此減少。二〇一四年，開始出現男性司機性侵女性乘客的報導，這些司機中許多人有犯罪前科，而優步對司機的背景調查卻沒有確認這些情況。[26]

對許多公司來說，多樣性和包容性是一直在宣揚卻從未遵守的口號。B型企業關注的是更廣泛意義上的包容性，它引導企業重新認識多樣性和經濟平等的問題。這些問題不僅要在社會層面解決，也要在企業內部解決。二〇一六年，B型實驗室發起B型實驗室包容性經濟挑戰，邀請通過認證的B型企業設定並達成三個可衡量的目標，利用它們的業務來建立長期適用每個人的包容性與平等的經濟。包容性和多樣性是相關但不同的概念。多樣性意味著考慮不同的人，包容性則意味著看重每一個人，用我們希望被對待的方式來對待所有人。進一步說，公平就是提供所有人都能獲得成功所需的資源。B型實驗室包容性經濟挑戰的目標就是創立一個公平、多元和包容的經濟結構，從徵才、採購到所有權都以這些價值觀為核心。

公平性、多樣性和包容性是很多B型企業的核心。格雷斯頓麵包店創辦人伯尼・格拉斯曼（Bernie Glassman）創辦企業並不是為了製作美味的布朗尼，他的初心是為遭遇就業困境的人提供工作和職業培訓機會。在格雷斯頓麵包店，任何想要工作的人都可以應徵工作，不論他們有什麼樣的背景。這些人包括曾入獄的人、無家可歸的人，以及正在戒毒的人。這家麵包店不僅僅是提供工作機會，還盡其所能為員工排除工作內外的一切困難，提供各種幫助，比如尋找安全的住處和托兒服務，以及制訂長期成功計畫等。藉由給員工種種機會，格雷斯頓麵包店成功抵抗薪資差距和長期貧困帶來的影響。

揚克斯市（Yonkers）是紐約州第四大城市，這裡三四%的人口生活在貧窮線以下。[27]格雷斯頓麵包店在社區中發揮重要作用，它提供勞動力發展課程、過渡性就業計畫，為無家可歸的愛滋病患者提供住房，以及所有人都可參加的早期學習中心。為了將這些做法拓展到其他公司，格雷斯頓麵包店在二〇一八年開設開放徵才中心（Center for Open Hiring），為打算實施開放徵才政策的公司提供教育、培訓和顧問服務，同時研究如何改善與增加開放式徵才。公司的一個長期目標是二〇二〇年前在阿姆斯特丹開設一家麵包店，藉此將開放徵才模式帶往全球。[28]

研究表明，職場的多樣性和包容性可以改善員工表現、增加員工歸屬感和投入工作程度，同時可以增進他們對自己的職業生涯和所在組織的看法。[29]有效的職場多樣性管理也與職場的文明水準、員工留任率、創新能力、組織話語權與銷售業績正相關。[30]吉柏特表示：「有超過兩百五十家公司參與B型實驗室包容性經濟挑戰，它們知道這是有挑戰性、敏感、進展緩慢且可能要持續數年的事情。這些公司設定一個共同目標來改善各自的做法，這樣它們就可以改變在商業目的上的文化預期，並改變經濟運作方式，進而提高所有人的安全感和富裕程度。」[31]

接受這項挑戰的企業在不同種族和性別群體間的薪資平等、兼職員工和正式員工的福利平等、公司股權共享、勞工和董事會的多樣性，以及可再生能源（氣候變遷對最弱勢的人與後代有著巨大影響）等方面有明顯的進步。儘管多樣性在這項挑戰中發揮重要作用，但包容性同樣重要，而且目標包括設立合理的產假制度，以及為低收入或代表性不足的人提供創造收入和財富的機會等。舉例來說，公司會被問到管理階層中女性或有色人種的比例，也會被問到公司的產假制度、來自低收入地區的供應商占比，以及非管理層員工的持股比例。

B型實驗室為參與的公司提供支持與架構。它開發出由大約二十個具有最高影響力的措施所組成的包容性經濟指標，可以幫助公司規畫經營方向和制定年度目標。B型實驗室每個月會以電子郵件提供資源、靈感和建議，公司可以連上網路論壇，這樣他們就可以互相幫忙去達成自己的目標。為了確保參與公司認真負責，這些公司每一季都要提供報告。此外，為了提供更多直接的支持與鼓勵，它們還建立同儕圈。現在，在董事會多樣性、治理和包容性，以及包容性問題的透明度等問題上，B型實驗室都制定相關的最佳實務指南。[32]

包容性經濟挑戰為一些公司提供改善現有政策的機會，有些公司則發現自己沒有平等制度或支持多樣性的文化。總部位於北卡羅萊納州的商業保險公司紅木集團（Redwoods Group）發現公司支付給每個員工的薪酬並不平等。公司律師約翰·費瑟（John Feasle）表示：「那些在五年或十年前所做的決定早已被遺忘，因此你不會意識到其中的差距。」為了解決這個問題，公司提高部分員工的薪資，並將這項差距縮減至最小。做出改變有時很簡單，有時卻很棘手。例如，紅木集團認為供應商應該具備多樣性。正如約翰・費瑟所言：「多樣性具有多個面向，有時並不清楚應該優先考慮哪個面向。你首先要考慮的到底是少數族裔供應商、本地女性供應商、B型企業，還是所在社區的供應商呢？」

很多B型企業在沒有參與挑戰的情況下展現對多樣性和包容性的承諾，對它們來說，這種事情只是由價值觀主導的三重底線業務的一部分而已。以崔利姆資產管理公司為例，這家公司的女性員工占比超過五〇%，而愛琳費雪的女性員工占比約為八四%。南美洲首家B型企業特里西克洛斯為街頭拾荒者和社區中無家可歸者提供經營回收站的機會，這使他們提高收入，為社區做出貢獻，也獲得尊嚴。[33]「大自然」擁有超過一百八十萬名顧問，在他們之中有很多人之前都是失業或未充分就業的女性，她們接受培訓，而且可以參加公司的分紅計畫。因此，她們常常是改變公司所在社區的主力。[34]

對傳統企業來說，在包容性問題上還有一個地方有很大的成長空間，那就是在資深管理階層。近年來，股東和機構投資人更加關注董事會成員和最高管理階層成員的任命。研究表明，多樣性可以帶來新的見解和觀點，有助於改善組織的表現。我們要做的事情有很多，應該歡迎女性、有色人種、來自多元文化和社會經濟背景的成員加入最高管理階層和董事會。

在最近的B型企業年度領軍者研討會（B Corps Annual Champions Retreat）上，一位參與者將今天人們對多樣性和包容性的認可比作一九八〇年代和一九九〇年代人們對技術部門的認可，這個觀點給我很大的啟發。一九九〇年代，我曾在美國一家大型銀行工作。當時，資訊部門的員工往往被單獨隔離出來（通常在地下室），並且沒有被視為幫助公司有能力提供產品和服務的部門。如今，在技術驅動的經濟下，這種做法自然不合時宜。最近，專注於多樣性和包容性的公司成員通常都在人力資源部。公司想要不斷滿足多元消費者的需求、樹立品牌優勢，就需要創立多樣性和包容性的職場文化，因為它能夠帶來更創新和更大影響力的解決方案。在這種情況下，公司也意識到多樣性和包容性對公司長期成功尤其重要。打造一個具有包容性的職場文化是一項挑戰，這需要的不僅是幾個重要領導人和人力資源部門的努力，還需要將這種精神擴散到整個公司。

在危急時刻對員工伸出援手

薪資預付計畫是犀牛食品提供給員工最創新的一項計畫。在犀牛食品工作滿一年後，員工一天最高可以申請一千美元的貸款，而且可以從每週領取的薪資中扣錢還款，這確保在緊急情況發生時，員工可以得到支持。這個計畫由北方國家聯邦信貸聯盟（North Country Federal Credit Union）負責。犀牛食品的人力與文化總監卡特琳．哥斯表示：「這真的幫助大家解決現實問題。現在，員工和銀行建立關係，他們的信用評分提高……對如何儲蓄也有更多認識。」

這個計畫開始時，被大家親切地稱為「冷凍怪人」的犀牛食品長期雇員保羅．菲力浦斯（Paul Philips）申請一千美元的貸款。因為報稅時出錯，使菲力浦斯的信用評分大幅下降，以至於他無法在其他地方申請貸款。而他的情況並非個案。二〇一七年，哈里斯民意調查（Harris Poll）的一項研究顯示，七八%的美國勞工生活拮据，無法負擔緊急開支。[35]菲力浦斯成功申請五次薪資預付貸款，使信用評分顯著提升。這讓他買下人生中的第一輛車，不久後，他又買下一間新房。[36]

這對犀牛食品有什麼意義？這意味著這家公司擁有勤奮而忠誠的員工，他們永遠都會記得，在別人拒絕他們的時候，犀牛食品給了他們一個機會。在這個計畫執行之前，當有緊急事件發生時，員工可以向公司直接申請貸款。犀牛食品通常都會核准，但泰德．卡斯爾發現這麼做並不能為員工提供長久的幫助。薪資預付計畫在犀牛食品運作得相當成功，以至於犀牛食品開始與B型實驗室合作編制相關指引，這樣其他公司就可以透過這項指引來了解這項計畫的影響和實施方式，而犀牛食品也可以直接培訓這些公司。[37]

犀牛食品的薪資預付計畫在B型企業社群中產生連鎖反應。這個項目的核心是將員工視為企業的重心，認可並珍視每個員工的價值。二〇一八年，佛蒙特州超過三十家企業和五家信貸機構推行這項計畫，其他州的公司也表現出興趣。B型企業希瑟．保爾森顧問公司（Heather Paulsen Consulting）得知這個計畫之後，開始與當地一家金融機構合作，創立「幫助員工獲得貸款」（Helping Employees Access Loan）計畫，希望為門多西諾郡（Mendocino County）的所有B型企業員工都能得到緊急貸款。[38]

泰德．卡斯爾告訴我，隨著新冠肺炎疫情延燒，對企業來說，「讓具有良好商業意識的員工擴大機會得到財務保障」已經變得愈來愈有必要性。例如，巴塔哥尼亞和Allbirds等大型知名B型企業向員工承諾，關店時依然支付薪資。

犀牛食品的做法是同時考慮「我們員工的生理健康、情緒健康和財務健康。當你把所有問題都合在一起時，很難弄清楚應該做什麼。我們試著盡最大努力從中求取平衡，因此我們成立一個特別小組，每天早晨開會，中午還會和整個領導階層開會，討論棘手的問題並做出決策」。

其中一個關鍵的問題，在於公共衛生和個人福利之間的潛在衝突，因為當人們經濟拮据時，哪怕身體微恙，也需要工作。為此，犀牛食品創立一個激勵機制，鼓勵員工在不舒服的時候待在家裡。「我們執行一個計畫，如果有人因為健康問題或不舒服而不想來上班，我們會付給他們四十美元，讓他們待在家裡休息。這個金額合理嗎？我們不知道，但至少是個開始，而且這總比什麼都不做要好。」

職場文化正在改變

這些趨勢表明，員工只能得到維持溫飽的最低薪資，但高階經理人卻能賺得荷包滿滿的日子即將結束。世界的勞動力市場正在改變，而且要求變得更多。與此同時，B型企業運動正在引領一種建立強大職場文化的新方式，這種文化關注的是個別員工的價值，以及他們身為利害關係人的重要性。無論一家B型企業是私人所有，還是員工擁有，都會明白這點：將員工置於公司的核心，會為公司帶來可觀的戰略和財務利益。

第七章

尋找志同道合的人：B型企業社群

二○一三年九月，科羅拉多州大部分的地區出現毀滅性的一幕。前所未有的降雨引發洪水，摧毀三百多間房屋，整個地區的居民都被迫撤離。這對每個人來說都是一次意外，沒有任何天氣預報系統預測到這場暴風雨。

納馬斯特太陽能（Namaste Solar）是由員工持股的合作社，主要經營太陽能設備的設計、安裝和維護，總部位於波德市，二○一一年通過B型企業認證。這場洪水導致公司辦公大樓淤積高達三公尺的泥漿。儘管他們十分沮喪，還是著手開展復原工作。

九月十七日，幾輛載滿其他B型企業員工的巴士來到災害現場，準備好提供幫助。而當年的B型企業領軍者研討會最後也在波德市召開。B型實驗室團隊原本打算取消此次會議，後來他們決定借助當地企業的力量來幫助科羅拉多州的居民，並將會議變成為期三天的志願服務。與美國聯邦應急管理署（FEMA）、美國紅十字會以及科羅拉多州當地組織的成員一樣，B型企業社群成員也紛紛挽起袖子幹活。[1]「那天我們就像是在手臂上打了復活針。」納馬斯特太陽能的創辦人布萊克·瓊斯（Blake Jones）回憶，「B型企業社群幫助我們在幾個小時內完成工作。如果我們自己做，就需要很多天才能完成。他們以一種無法言喻的方式提升我們的士氣，使我們感覺自己得到B型企業社群的支持和關愛。我們永遠都會感激B型企業社群在危難之際給予的幫助。」[2]我也聽說過很多B型企業團結應對新冠肺炎疫情造成經濟崩解的故事。

B型實驗室的發展伴隨著B型企業社群的發展。吉柏特認為：「工具、資源和個別故事都不是什麼了不起的事情。根據我們的經驗，B型企業社群才是我們創造最強大的服務之一，它可以推動個別企業提升業績，還可以為集體行動和系統性變革創造條件。」

相互依存關係網

B型實驗室的社群不只提供支持與大方分享。永續發展顧問公司沃蘭思（Volans）的共同創辦人約翰・艾爾金頓（John Elkington）表示，身為一名推動社會變革議程的執行長與企業領導人，他有時會感到孤立無援。作為幾十年來在社會責任企業方面的先驅，艾爾金頓早該知道自己實際上被人們譽為「三重底線」這個概念的創造者。在職業生涯的大部分時間裡，他一直致力於變革、創新和影響力方面的工作，常常與董事會上唱反調和懷疑的人交鋒。艾爾金頓的態度直接而聚焦，在直抒胸臆的同時不乏機智，被追問到他感興趣的話題時，他的熱情就會從語調中流露出來。

艾爾金頓表示，B型企業運動給他這樣的人帶來安心感，以及擁有一個社群的力量。他描述在沃蘭思尋找新執行長時，第一次與路易絲・凱勒魯普・羅佩爾（Louise Kjellerup

Roper）會面的情形。當得知她曾在兩家Ｂ型企業（美則和吉戴普〔gDiapers〕）工作過時，他知道自己找到志同道合的人。他們有同樣的價值觀和信念，而且致力為此奮鬥。如果大家都來自同個社群，就可以讓商業關係變得更加輕鬆。新資源銀行的文生・西西利亞諾對此解釋道：「當潛在的客戶聽說你來自一家Ｂ型企業，他們會省下三個小時的調查時間。」

新資源銀行的籌辦，也是因為有一群人和一些組織認為有必要創立一家為永續發展公司提供金融服務的銀行。文生・西西利亞諾告訴我他和聯合銀行（Amalgamated Bank）的執行長基斯・梅斯特里奇（Keith R. Mestrich）初次會面的情形，當時他們因為全球銀行價值觀聯盟（Global Alliance for Banking on Values）聚在一起，兩家銀行最終合併。文生・西西利亞諾認為：「他是一位新型的執行長，他擁抱社會使命，於是我鼓勵他為公司申請Ｂ型企業認證，如果一家銀行能適當運用這種身分，就會帶來真正的改變。」

將新資源銀行和Ｂ型企業社群連結起來的還包括銀行創辦時的投資人：ＲＳＦ社會金融公司。ＲＳＦ成立於一九三六年，全名是魯道夫・斯坦納基金會（Rudolf Steiner Foundation）。魯道夫・斯坦納（Rudolf Steiner，一八六一～一九二五）是奧地利學者、批評家、哲學家、社會改革家、慈善家和神祕主義者。ＲＳＦ成立的前五十年，為有相同使命的企業提供資助，這個使命是培養以社會、經濟和環境效益為重點的透明關係。[3]一九八四年，它開始提供貸款，後來直接投資。RSF對新資源銀行的投資完全合理。RSF的董事長兼執行長馬克．芬瑟（Mark Finser）在二〇〇六年的一次採訪中表示：「對RSF來說，這是我們使命的延伸。我們把投資人和慈善家與促進健康和永續世界的社會效益計畫連結起來。」[4] RSF的營利組織RSF資本管理（RSF Capital Management）在二〇〇九年獲得B型企業認證，從那以後，它就成為B型企業運動的強力支持者，這點和新資源銀行十分相似。[5]儘管RSF不要求投資組合中的公司通過B型企業認證，但它要求所有借款的公司都要接受商業影響力評估並支持認證過程。巴特．胡拉翰認為，「RSF從一開始就是B型實驗室的支持者，」因為它為B型實驗室提供資金和董事會的顧問服務。[6]

在這張關係網中，新資源銀行的投資人Triodos銀行也在其中，它是荷蘭的銀行，在二〇一五年通過B型企業認證。Triodos銀行成立於一九八〇年，推行以價值觀為基礎的銀行模式，而且很早就在阿姆斯特丹證券交易所推出首支「綠色基金」。Triodos銀行把自身的二氧化碳排放完全抵銷，而且投資太陽能、有機農業等領域的公司和文化組織。它在西班牙、比利時、英國和德國等地設有分支機構，在國際上的業務還包括透過小額融資機構投資開發中國家。[7]

相互依存關係網的力量在B型企業運動中不斷壯大，這意味著每天都有人加入這個網絡。透過多樣化的方式召集如此多的參與者是一項挑戰，而B型實驗室和B型企業正在有意識地應對這項挑戰。B型實驗室從基層開始，與各地的B型企業合作，創立專注於所在城市或地區的B型企業社群領導團隊。他們透過正式建立的B型企業地方委員會或非正式的社交活動聚集在一起，舉辦活動，推廣B型企業的概念，鼓勵新企業加入這個運動。他們可能還會在自己的產業和所在區域創立關係網絡，致力於更廣泛的變革。在這些群體內部，通過認證的B型企業和共益公司可以成為夥伴，相互支持。例如，很多B型企業鼓勵自己的供應商進行商業影響力評估。此外，很多B型企業還會優先選擇其他B型企業作為供應商，特別是要把業務拓展到新區域的時候。

儘管B型實驗室在鼓勵這種由下而上的變革扮演重要角色，但它也鼓勵B型企業社群透過由上而下的方式發展壯大。B型實驗室已經提供大量資源供B型企業、共益公司以及其他對這個運動感興趣的組織使用。例如，它推出社交網路平台B型社群（B Hive），每年在美國舉行的B型企業領軍者研討會也在南美洲、歐洲、英國、澳洲和東非等地催生類似的B型企業與盟友聚會。

培育強大的在地根基

B型實驗室團隊很早就發現，某些地區比其他地區吸引更多B型企業。他們認為這種地理上的群聚發展是拓展B型企業運動的一種方式。在這些B型企業社群自然發展的時候，B型實驗室團隊也在努力支持和鼓勵它們發展。第一個這樣的社群出現在科羅拉多州，在丹佛和波德市附近。二〇一四年，B型實驗室獲得一筆在當地設立辦公室的資金補助。科羅拉多州人安德魯．卡索伊當時解釋：「我們的想法是在科羅拉多州建立一個團隊，任務是打造並服務本地B型企業社群。接著就可以把它當作範本，以它為中心建立更大的企業社群，致力讓企業成為向善力量。這有點像一個實驗室，你可以在這裡了解企業如何以具體的方式相互合作並帶來改變。我們希望這些企業能夠真正集體合作。」在理想情況下，就算無法成為B型企業的公司，也會受到影響而去衡量自身的影響力、推動公司改革，以及與B型企業一起討論具體的倡議。

當B型實驗室在科羅拉多州的補助在二〇一七年到期時，科羅拉多州已經有超過一百家B型企業，也有超過一百家當地企業使用商業影響力評估，其中不少企業在科羅拉多州註冊成為共益公司（截至二〇一九年，已經有五百家）。當地的B型企業領導人創立B型科羅拉多在地社群（B Local Colorado），他們是一群充滿熱情，而且動力十足的人，每週舉辦活動，而且持續致力於擴大B型企業的影響力。B型科羅拉多在地社群的第一任主委金·庫帕納斯（Kim Coupounas）表示：「他們相互支持彼此的企業，努力讓其他企業加入這個群體，並且致力於在科羅拉多州和西部山區推動負責任企業的發展並共享繁榮。」在過去幾年裡，許多大型合夥與合作計畫不斷出現。例如，科羅拉多大學波德分校的道德和社會責任中心（Center for Ethics and Social Responsibility）與當地B型企業社群合作製作一本手冊，允許通過商業影響力評估的公司幫助其他公司完成認證。[8]大學MBA的課程中，永續商業專題有一次要求學生幫助一家公司完成「一個以永續發展為基礎的目標」。對許多人而言，這就是幫助當地企業完成商業影響力評估。[9]

培育之屋（GrowHaus）是丹佛當地的一座室內農場，它與B型科羅拉多在地社群一起安排活動，鼓勵人們參與「B型服務」（B of Service）。培育之屋和B型科羅拉多在地社群為有意回饋社會的公司和個人（以及對B型企業運動感興趣的人）提供志願服務機會。字之岸（Wordbank）是一家行銷公司，也是一家有抱負的B型企業，它參加培育之屋在二〇一八年安排的一場活動。字之岸團隊解釋說：「『讓企業成為向善的力量』的動力激勵我們加快行動，參與培育之屋安排的志願服務。與這樣的組織一同行動，我們能夠緩解影響我們所在社區的社會和環境問題。」[10]

科羅拉多州政府也提出支持B型企業運動的倡議。「最佳科羅拉多」（Best for Colorado）運動在鼓勵當地企業進行商業影響力評估上尤其成功。這個「最佳」運動的有趣之處在於，即使沒有通過認證的B型企業或共益公司也可以參與。它們只要完成一份修正版的商業影響力評估，就可以被認可為向善企業。

B型實驗室同時抓住在其他戰略地區建設類似社群的機會，例如在佛蒙特州和北卡羅萊納州，而蒙特婁和奧勒岡州波特蘭等地的本地社群已經自己發展起來了。以洛杉磯為例，當地通過認證的B型企業在二〇一六年創立當地B型企業社群，其使命是「分享知識，在推動變革的最佳實務上攜手共進，提高洛杉磯地區B型企業的活力、快樂與成長」。[11]在拉丁美洲和澳洲，集結的B型企業社群證明這個運動的全球影響力。「所謂變革理論，」卡索伊說：「就是隨著愈來愈多公司參與，產生擴散到整個地區經濟的連鎖效應。」

連結在地組織、增加B型企業數量的活動陸續出現，地區性BLD（讀作build，意思為B型企業領導力發展〔B Corp Leadership Development〕）便是其中一個重要的連鎖效應。這些活動由當地的B型企業安排與領導。正如犀牛食品的泰德・卡斯爾所說：「這就是任何事物成長的方式。我們必須成為使者，不能指望所有事情都由B型實驗室來做。」

首屆BLD活動於二〇一四年五月二十二日在舊金山舉行，由B型實驗室、共益州立銀行（B Corp Beneficial State Bank）和美國金門大學（Golden Gate University）聯合主辦，吸引來自當地B型企業一百五十多名員工參加。由里安・霍尼曼（Ryan Honeyman）創辦的霍尼曼永續顧問公司（Honeyman Sustainability Consulting）也是主辦人之一。[12] 里安・霍尼曼與其他人合著的《B型企業手冊：如何讓企業成為向善的力量》（*The B Corp Handbook: How to Use Business as a Force for Good*）已經出版第二版，他也曾幫助數十家公司通過B型企業認證。[13]

BLD活動的特點在於，這項活動的分組會議是由當地的B型企業主辦，讓參與者有機會遇見志同道合的人，並交換最佳實務與建議。BLD活動可以在舊金山灣區持續蓬勃發展，要感謝Allbirds、美則、阿仕利塔、新葉造紙、Change.org、RSF社會金融，以及其他B型企業的共同努力。最近的統計資料顯示，這樣的企業已經接近兩百家。獨立出版公司兼共益公司貝雷特－柯勒出版（Berrett-Koehler Publishers）致力改變出版產業，並造福所有利害關係人。近年來，這家公司對「創造為所有人服務的世界」的呼籲引起社會各界的關注。[14] 舊金山的另一家B型企業紐米有機茶（Numi Organic Tea），則是為了應對茶葉公司在品質和創新方面缺乏多樣性的問題而創立。今天，它已經成為有機茶產業的領先品牌，同時是公平勞動實務的典範。[15]在加州海岸，以及北美洲不少地區的許多城市和州都成立B型企業委員會，持續擴大B型企業的規模，這些地方包括阿什維爾（Asheville）、波士頓、科羅拉多州、伊利諾州、洛杉磯、蒙特婁、紐約、北卡羅萊納州、波特蘭（奧勒岡州）、安大略省西南地區、溫哥華、維吉尼亞州、威斯康辛州、西密西根和美國東海岸地區。

佛蒙特州的B型企業社群

長期以來，佛蒙特州一直是永續和負責任企業的中心，因此，B型企業運動在那裡蓬勃發展也不足為奇。事實上，一些規模最大、最具影響力的B型企業都在佛蒙特州。很多人甚至會說，班傑利的創辦人班・柯恩和傑利・格林菲爾德在伯靈頓創立第一家冰淇淋店，是具有社會使命的企業運動真正的起源，這家公司商業模式的核心正是社會責任。二〇一二年，班傑利正式成為通過認證的B型企業，這是大型跨國企業子公司中這麼做的第一家。佛蒙特州有很多我們現在十分熟悉的B型企業，包括犀牛食品、卡伯特奶油、亞瑟王麵粉、淨七代、綠山能源和煉金術師啤酒廠。綠山能源是全球首家通過B型企業認證的公用事業公司。柯恩和格林菲爾德向這家公司道賀，並表達「希望它們的承諾和商業成功能夠影響其他人」的期望。[16]

佛蒙特州的大多數B型企業領導人都加入佛蒙特社會責任企業協會（Vermont Business for Social Responsibility），這樣，他們就有更多時間接觸，為他們的社群鼓勵與培養更好的企業。「這裡就像一個大家庭。」煉金術師的共同創辦人珍妮佛·金米奇（Jennifer Kimmich）這麼說。卡伯特奶油已經和當地B型企業共同策畫活動並進行聯合行銷，巴塔哥尼亞、班傑利、淨七代等公司也在全美國採取同樣的做法。

犀牛食品的卡特琳·哥斯表示，B型企業之間的合作「為原本可能會相互競爭的企業創造一個生態系統……B型企業社群幫助我們了解所在產業之外的企業，這可能有幫助，並提供支持，而且我們可以分享創意和最佳實務。」犀牛食品經常與佛蒙特州的其他B型企業溝通，討論勞動力規畫、未來合作等。亞瑟王麵粉的凱里·安德伍德（Carey Underwood）補充，「佛蒙特州有個很強大的關係網，當我遇到問題時，那裡會有我第一個想到的公司。」

波洛克的約翰·佩爾發現，雖然他所在的新罕布夏州地區與佛蒙特州僅隔一條康乃狄克河，但新罕布夏州的人對B型企業運動並不熟悉。當他應邀主持商會活動時，他決定聯繫佛蒙特州的B型企業。他們舉辦一場「聯合招待會，煉金術師（啤酒廠）提供免費啤酒。我們在（波洛克的）一家餐廳舉辦……真是很棒的一場活動，真正呈現出B型企業的力量」。之後，約翰．佩爾設定目標，盡可能與很多B型企業合作。這樣，他的社群會變得和佛蒙特州的社群一樣，社群成員之間緊密相連，相互依存。

建立在共識上的夥伴關係

B型企業之間的相互理解早在企業通過認證和正式參與B型企業運動之前就開始了，之後也持續進行。當B型企業想要購買產品和服務時，它們會優先考慮社群中的其他企業，因為它們了解B型企業如何經營自己的業務。B型實驗室鼓勵社群成員交流潛在供應商和合作夥伴的相關資訊，以這種方式進一步擴大合作效應。

新資源銀行在被另一家B型企業聯合銀行收購之前，制訂一套銀行服務方案，包括針對通過認證的B型企業提供存款優惠。同時，還承諾將部分資產用來提供社會責任企業融資。聯合銀行做出承諾，在二〇二〇年之前將為社會責任企業提供的融資金額翻倍。同時，作為美國最大的社會責任銀行，它將繼續致力於為全球創造正面的經濟影響力。這是很有可能發生的事，因為隨著時間的推移，新資源銀行、聯合銀行，以及更廣泛的B型企業群體之間會形成合作關係。

對於許多B型企業來說，與其他B型企業合作的機會是吸引它們參與認證的主要因素之一。實際上，許多公司已經對自己的供應鏈和其他合作夥伴進行篩選，而加入B型企業運動讓它們有機會增加這樣的篩選能力。二〇一八年獲得B型企業認證的盧克龍蝦（Luke's Lobster）就是一個典型的例子。二〇〇九年，前華爾街人、二十五歲的盧克・霍爾登（Luke Holden）在自己的人生道路上來個急轉彎，他決定與父親傑夫（Jeff）以及在克雷格清單網站（Craiglist）上認識、同樣二十歲出頭的自由美食作家班・康尼夫（Ben Conniff）在紐約市中心開設一家龍蝦店。他們決定用幾個月的時間來啟動和經營這家公司。二〇〇八年的金融危機對當時的影響依然很大，因此，在曼哈頓開一家龍蝦店不只風險很高，還非常瘋狂。然而，盧克・霍爾登一直想吃到「樸實無華」的龍蝦卷，而他在整個紐約都找不到。[17]

盧克龍蝦的使命很簡單：為顧客提供可追溯源頭的永續海鮮產品。這家公司在美國已經有二十多家分店，二〇一七年的營收高達五千萬美元。從一開始，盧克龍蝦就認為應該要鼓勵供應鏈中志同道合的企業。這家公司直接從美國東海岸的合作社購買原料，那裡的產品品質、安全性和價格都有保證。盧克・霍爾登表示，利害關係人利益優先是盧克龍蝦創立以來的驅動力，但「剛開始我們並不知道如何表達這一點」。當公司創辦人準備在西岸開設第一家店時，他們聯繫B型實驗室舊金山辦公室，詢問是否有潛在的合作夥伴。這讓它與苦旅啤酒公司（Sufferfest Beer Company）合作。「同為B型企業的兩家公司都注重永續、供應鏈優化、員工福利和健康的生活方式，因此，這兩個品牌之間立刻相互吸引。」苦旅啤酒公司的創辦人兼執行長凱特琳·蘭德斯伯格（Caitlin Landesberg）表示。[18]

有趣的是，盧克龍蝦在通過B型企業認證之前，就已經在其他地方與一些B型企業合作，因為B型企業認證發揮「篩選作用，」盧克·霍爾登說，「這比試圖透過潛在的人際關係來了解它們是否言行一致更有效果，而且也更有可能從B型企業那裡獲得高品質、持久的後續服務。」他的合夥人康尼夫也同意這點，並強調擁有相同的原則不僅能保證更好的服務和合作關係，還提供學習的機會。他說：「看到合作夥伴有同樣的想法，而且做著了不起的事情，給我們一些示範，並設立目標來讓我們的企業進化。」[19]

盧克龍蝦與B型企業的合作意義深遠。公司打算盡量在各分店中使用B型企業夥伴因絲派爾（Inspire）開發的潔淨能源模式，垃圾則交由同屬B型企業的回收追蹤系統（Recycle Track Systems）處理，辦公室的咖啡則來自B型企業Wicked Joe Coffee。除了供應與巴塔哥尼亞食品（Patagonia Provisions）和苦旅啤酒公司合作的啤酒，盧克龍蝦還與有機服飾銷售商藍聯（United By Blue）合作舉辦季節性的龍蝦碗活動，藉此提高人們的海洋清潔意識。這項活動的主要內容是，盧克龍蝦每賣出一碗龍蝦，藍聯就在沿海水域清理一磅的垃圾。盧克龍蝦雖然是一家相對年輕的B型企業，但長期將「共益」視為「蝙蝠訊號」（bat signal）*，用來與其他企業建立有價值的關係與合作。

班傑利的合作方式

班傑利與其他B型企業建立長期的合作關係。自一九九一年起，早在B型企業運動出現之前，犀牛食品就開始為那些公司供應餅乾麵團。[20]三十多年前，班·柯恩在一次社會創新會議上遇到格雷斯頓麵包店的伯尼·格拉斯曼，兩人一見如故。自此，格雷斯頓麵包店開始為班傑利烘焙布朗尼。實際上，這家公司每天為此供應的布朗尼多達三萬四千磅。[21]

有了與班傑利合作的經驗，犀牛食品的泰德·卡斯爾和格雷斯頓麵包店的邁克·布萊迪也經常合作。例如，格雷斯頓麵包店對犀牛食品完善的薪資預付計畫很感興趣，雙方還討論到員工交換，讓雙方的員工都能學到新技能，同時更強化這兩家公司的社群意識。

為了支援當地一個關注氣候變遷的非政府組織保衛冬天（Protect Our Winters），班傑利和新比利時啤酒合作開發一款鹹焦糖布朗尼艾爾啤酒和搭配的冰淇淋。幾年後，它們又聯手開發巧克力餅乾麵團艾爾啤酒和搭配的冰淇淋。班傑利的社會影響力總監羅布・邁克拉克指出，兩家公司同為B型企業，這促使它們合作。他說：「對我們而言，這好比我們對新比利時啤酒說：『喔，夥伴，你好酷』，而對方也說：『嘿，班傑利，你也不賴嘛。』看來我們可以一起做些有意思的事情。」

建立B型企業網路

B型企業還建立合作夥伴關係網絡，以促使世界發生更大的變革。魯比康環球公司（Rubicon Global）是奠基雲端計算的可回收垃圾處理方案領導者，這家公司曾獲得演員李奧納多・狄卡皮歐（Leonardo DiCaprio）、高盛和都鐸投資公司（Tudor Investment Corporation）的資助。而世界之心（World Centric）是一家通過認證的可堆肥食品服務商，這兩家公司都致力於減少垃圾。二〇一六年，兩家公司宣布合作，魯比康環球公司鼓勵客戶使用世界之心的產品，以減少垃圾填埋，世界之心的執行長阿西姆・達斯（Aseem Das）則表示：「我們相信，我們的可堆肥產品和魯比康環球公司的有機事業部與回收模

* 編注：出自蝙蝠俠漫畫，指在需要幫助時，呼喚蝙蝠俠的訊號。

式，都是朝著那個目標邁出重要一步，而且我們會共同努力去創造更為永續的世界。」[22]

同樣在二〇一六年，巴塔哥尼亞帶頭成立一個由五家B型企業組成的集團，創立一檔總額高達三千五百萬美元的稅收優惠股票基金（tax equity fund），目標是讓更多家庭使用太陽能，這是由史以來第一次有這樣的合作。稅收優惠股票基金使屋主和金融機構產生雙贏，屋主得到太陽能，金融機構得到稅收減免和抵扣等優惠。透過這檔基金幫忙購買一千五百套太陽能設備，讓美國八個州的家庭可以使用。這五家B型企業與個別的職責分別是：巴塔哥尼亞是稅收優惠股票基金的投資人；吉納歐萊（Kina'ole）是基金經理；新資源銀行和共益州立銀行是放款人；桑捷維提（Sungevity）提供太陽能設備。巴塔哥尼亞的執行長蘿絲．馬卡利歐指出：「B型企業在了解如何賺錢的同時創造更多的利益，但任何公司都應該以明智的方式來合理利用自己的稅收優惠。」時任桑捷維提的執行長安德魯．伯奇（Andrew Birch）補充，「B型企業的合作清楚地表明，企業可以透過有創意的方式合作，讓個別公司的獲利、屋主個人的財務狀況和環境同時受益。」[23]二〇一四年，巴塔哥尼亞和吉納歐萊又創立一檔類似的基金，並透過那檔基金在夏威夷買下一千套太陽能設備。[24]

二〇一五年，卡伯特奶油與B型企業、兒童媒體出版商小小菜出版（Little Pickle

Press）合作舉辦一場活動。它們製作一本繪本，書名是《派翠克・奧沙納漢廚房裡的乳牛》（*The Cow in Patrick O'Shanahan's Kitchen*），藉此告訴讀者食物的來源。這本書一五％的淨利捐贈給ONE反貧運動（ONE Campaign），這是在全世界（尤其在非洲）對抗可預防疾病和極端貧窮的非營利組織。這兩家公司都投入在培養和擴大公眾對食物來源的認識，因此這次合作稱得上是「天作之合」。[25]二〇一六年，這兩家公司推出一款應用軟體「從農場到餐桌」（Farm2Table），其中的動畫和遊戲內容是這本繪本的互動版本。[26]卡伯特奶油還在獎勵志工專案（Reward Volunteers program）上與多家B型企業合作。參與者透過應用軟體或線上小工具來記錄他們的志願服務時間，這樣他們就有資格贏得其他B型企業提供的獎勵，這些企業包括亞瑟王麵粉、加德納園藝用品（Gardener's Supply）和神聖巧克力（Divine Chocolates）。根源服裝（Root Collective）是一家有道德感的服飾公司，它與直接競爭對手合作開發一款由尼泊爾人口販賣倖存者製作的T恤，這項產品的利潤被用於打擊人口販賣。[27]

吉柏特認為，和大多數企業領導人一樣，B型企業的成員「天生具有競爭意識」。當他們聽說其他公司為員工、環境和投資人做一些事情的時候，他們就有動力在自己的公司做得更多。但與此同時，他們又同屬一個社群。無論是在市場上相互競爭，還是為了促進慈善事業、積極推動社會變革、提高大眾對重要議題的意識而合作，B型企業之間的緊密聯繫是推動這場運動的真正力量。

培養「結締組織」

B型企業已經聯合起來，共同推動社會公益專案，B型實驗室也發起大規模的活動來鼓勵相互依存關係網的發展。這些活動包括為B型企業舉辦年會、為B型企業員工開設專門的社交平台，以及提供各種激勵措施和合作機會等。

領軍者研討會

在過去十年，B型企業社群的使命驅動型領導人每年都會在B型企業領軍者研討會上見面、建立關係網、加入工作坊，並擴大B型企業運動的規模。起初，B型企業領軍者研討會在加州南部的高地沙漠舉辦，屬於邀請制聚會，會議目的是向三十多位早期的領軍者表示感謝，因為他們為發展這個新生運動做出巨大貢獻。從那以後，這場為期三天的聚會每年秋天都會在不同城市舉辦。「B型企業領軍者研討會的重點在參與，幫助人們看到B型企業不僅是一種認證，還是一個共同發起一項運動的社群。」卡索伊解釋。領軍者研討會能夠讓人們體驗和創造吉柏特所說的「結締組織」，就像吉柏特說，這是B型企業所共有的。

B型社群網路

二〇一五年，B型實驗室推出B型社群網路。這是一個提供給B型企業員工和公司高層的專屬線上平台，用戶可以用公司和專業領域的相關資訊創建檔案，也可以在網路裡創立群組，比如B型企業女性群組（Women in B Corps），讓人們更親密、更直接的接觸。[28] B型社群網路可以讓使用者建立即時的合作關係，包括銷售產品和服務，在新專案上合作和排除故障等。我訪問過的很多B型企業都表示，當它們想要尋找產品或服務時，會先試著在B型社群網路上尋找B型企業夥伴。

B型社群網路還可以讓B型企業的員工進行非正式的互動。例如，當綠山能源的克莉絲汀．卡爾森（Kristin Carlson）在客戶關係方面需要協助時，她可以打電話聯繫巴塔哥尼亞的執行長蘿絲．馬卡利歐。克莉絲汀．卡爾森說，她可以這麼做，不只是因為有B型社群網路，也是因為他們透過各自認識的人或公司構成同一個關係網並互相聯繫。B型企業社群不僅能夠讓成員產生強烈的歸屬感，也帶來忠誠感和尊重。例如，B型企業大房子

（Big Room）的雅各·瑪律特豪斯（Jacob Malthouse）這樣描述社群的支持在B型企業運動中的重要性：「在防止潛在的使命偏移問題上，我認為這些同儕團體實際上發揮非常有意思的作用。一旦成為這個團體的一部分，身為其中一員的你就有了商業優勢……如果你想要成為這個團體的一部分，就必須忠於你的信仰。」[29]

內部激勵

通過認證的B型企業有資格與B型實驗室建立服務夥伴關係。例如，Salesforce的客戶關係管理（Client Relationship Manager）產品可以提供B型企業折扣價，財捷（Intuit）可以提供免費的財務軟體授權，網速（Netsuite）和因絲派爾也可以用按折扣價提供它們的軟體產品。[30]在B型企業運動早期，曾出版《地球母親新聞》（*Mother Earth News*）、《優涅讀者》（*Utne Reader*）和其他永續發展刊物的奧格登出版公司（Ogden Publications）提供總價約為五十萬美元的免費廣告，作為B型企業第一次集體品牌宣傳的一部分。

參加B型企業運動還有其他方面的好處。耶魯大學管理學院的畢業生如果畢業後在非營利組織工作，可以得到稅收減免優惠。二〇〇九年，這個專案拓展到畢業十年內、在B型企業工作的校友。這個專案的宣布讓B型實驗室創辦人大為驚訝。「（我們）認為，」

卡索伊表示，「這在很大程度上是因為學生們說：『嘿，除了在非營利組織工作，還有一種創造社會價值的完美方式，那就是加入B型企業。』。」現在，哥倫比亞大學和紐約大學也有類似的專案。

除了學校，伊利諾州庫克郡（Cook County）也頒布一項法令，提供影響力企業（包括B型企業在內）採購商品和服務的優先權，洛杉磯和舊金山也制定針對共益公司和B型企業的採購政策。同時，有利於B型企業運動的減稅激勵措施開始出現。例如，在華盛頓州斯波坎市（Spokane），B型企業可以享受註冊費減免和免徵人頭稅的優惠。而在費城，B型企業獲得的好處是稅收抵扣和減免優惠。我們相信這樣的做法一定會變得更加普遍。

影響向外擴散

這些發展都鼓勵企業建立相互依存關係，這正是B型企業運動的核心。在一家企業發生的事情會影響社群中的其他企業，從而使這項運動發展壯大起來。卡索伊說，B型企業「正在利用它們的關係來幫助我們與其他類型的企業組織、商會、企業加速器和孵化器，或是商學院建立合作關係。而對B型企業所接觸的其他類型企業，從零售到批發業來說……B型企業認證可以讓它們衡量什麼是重要的事情，現在你可以影響它們的員工和客戶。」從乘坐大巴士前來幫助在自然災害中受害的其他B型企業的員工，到小城鎮裡關係密切的在地社群，如果沒有這些充滿熱情的個人和公司參與，B型企業運動就不可能在過去十年取得發展並獲得成功。

第八章

走向世界

二〇〇七年秋季，哥倫比亞女性企業家瑪麗亞・艾蜜莉亞・科雷亞（Maria Emilia Correa）正幫忙女兒在奧勒岡州波特蘭的里德學院（Reed College）安頓下來。當她在超市尋找洗潔精時，她拿起一款美則產品。這個產品的透明包裝在一大堆不透明的瓶子裡脫穎而出，而真正吸引她注意力的是標籤上的標語：「使用這個產品不必戴手套。」科雷亞回憶：「這句話對每個人來說都通俗易懂。就算不是專家，也能明白這項產品不會危害自己的健康或環境。這是讓每個人都行動起來的絕妙方法。」她曾在某大企業的永續發展部門工作十五年，最讓她沮喪的事情莫過於「聽到行銷部門的人說：『這是不可能的。』」仔細研究美則公司之後，她發現這是一家通過認證的B型企業。萬事俱備，只欠時機成熟。瑪麗亞注定會成為B型企業運動的領袖人物，為拉丁美洲的商業界帶來顛覆性的變革。

B型企業運動已經擴展到南美洲、歐洲、英國、澳洲、東非和亞洲等地區。與美國的做法一樣，B型實驗室採取基層戰略，透過當地企業家來將B型企業的理念介紹給當地政府。這使得他們有了一套為不同地區量身訂做的變革理論。截至二〇一九年，總部設在美國以外地區的B型企業占比已經過半。儘管這項擴張的效果十分顯著，但挑戰依然存在，特別是把美國的商業影響力評估轉化成全球適用工具的工作上。

拓展到拉丁美洲

在了解美則和B型企業幾年後，科雷亞與智利的岡薩羅・穆尼奧斯（Gonzalo Munoz）共同提出一個全新的回收理念，並創辦一家名為特里西克洛斯的公司，它的使命是向民眾傳授如何透過回收來實現更加永續的生活。特里西克洛斯開發並安裝回收站，清晰地說明垃圾分類和回收的方式。它還在當地社區聘用「街頭拾荒者」，協助保持社區清潔，並為他們提供更多收入。

從一開始，特里西克洛斯就強調三重底線。穆尼奧斯解釋說：「特里西克洛斯的意思就是三個圈圈，不是嗎？我們的理念建立在平衡社會、環境和財務三方利益的基礎上。」他們按照自己一直想要的方式經營特里西克洛斯，而這與他們之前工作過的公司做法截然不同。科雷亞表示，她之所以成為一名企業家，是因為她對企業社會責任的概念感到非常沮喪：「這是一個從未兌現的美好承諾，」儘管擁有的資源和能力可以讓企業創造影響力，但科雷亞總覺得少了一些至關重要的東西，那就是股東和管理階層之間的利益一致性。拓展受託責任，也就是將公司的法律義務拓展到股東之外，包括大自然和社會，可以讓公司有意識地行動，以長遠的眼光創造正面影響力。她說：「在我看來，這才能改變商業的歷史。」

二〇一一年，穆尼奧斯協助策畫阿空加瓜高峰會（Aconcagua Summit），這主要是關注「使全球化人性化」的策馬特高峰會（Zermatt Summit）的一場分會。他和科雷亞打算邀請傑．吉柏特在會議上發言，但他們找不到任何能夠聯繫上他的人。他們向朋友求助，但是沒有效果。然而他們沒有放棄，因為他們知道B型實驗室正在做的事情與他們想做的事情完全一致。科雷亞心想：「再創造這樣一個概念是毫無意義的，既然已經有人創造這個概念，那我們加入其中就好了。」科雷亞最終找到一位阿根廷朋友佩德羅．塔拉克（Pedro Tarak）。在阿根廷第一個民主時期，他曾擔任副總統的法律顧問，推動環境治理和公民參與。科雷亞表示：塔拉克「擁有驚人的全球關係網，但他還不認識B型實驗室團隊。」隔天，塔拉克回電：「你可能不會相信，昨天晚上我遇到認識這些人的美國人。」

在塔拉克和一位智利朋友、社會企業家、智利企業家協會（Chilean Entrepreneur Association）主席胡安．巴勃羅．拉倫納斯（Juan Pablo Larenas）的幫助下，科雷亞和穆尼奧斯與B型實驗室團隊通了電話。穆尼奧斯清楚地記得那次對話，他們四個人已經做好計畫，十分清楚自己要說什麼。但輪到穆尼奧斯時，他卻擔心吉柏特和卡索伊會覺得他說的話很無聊。他說：「你知道嗎？在沒有面對面的情況下討論拯救世界和試著解決經濟問題的方法，我感到非常彆扭……我習慣看著對方的眼睛來溝通。因此我們需要以一種可以相互聯繫的方式來做這件事，需要有相互信任的感覺。」緊接著，穆尼奧斯開始述說自己的人生、家庭、他所在的房間以及他對未來的夢想。他說：「就在這時，傑說：『好的，現在算我們一份。』」

科雷亞、穆尼奧斯、拉倫納斯和塔拉克在二〇一一年的秋天飛到紐約兩天，科雷亞回憶說：「那真是一見鍾情。」穆尼奧斯記得當時正值「九一一事件」紀念日，這對吉柏特、卡索伊和胡拉翰來說是非常難過的時刻，而穆尼奧斯的伴侶不久前在飛機失事中去世。穆尼奧斯說：「這讓我們之間有了更多聯繫，現在我們成為兄弟。」這幾位拉丁美洲人迫切希望將B型企業運動打造成一場全球性運動，他們說：「我們需要系統性的變革和市場的改變。我們需要消費者、投資人、媒體和學者行動起來，創造一個更美好的世界，這種改變必須是系統性的。」

吉柏特還沒來得及告訴他們B型實驗室的計畫，塔拉克就說：「好的，非常感謝。傑，請讓我告訴你們為什麼我會在這裡。」這四位朋友開始開誠布公地談論他們的願景。「我可以說，兩小時後我們可以成為最好的朋友。」科雷亞這樣回憶。穆尼奧斯對這段談話的印象也是如此，他說：「這主要是在不同層面上建立連結與聯繫。除了理性、道德和價值層面，我們也在情感上建立更緊密的聯繫。接著，我們便看到自己想要在實際層面上做的事情。」

這四個拉丁美洲人提出兩件重要的事情。第一，他們希望B型企業認證成為一個全球現象，並打算將商業影響力評估和B型實驗室的其他資源翻譯成西班牙語和葡萄牙語。第二，在南美洲，變革不會像B型實驗室在北美洲預期的那樣簡潔俐落或系統性地發生，他們需要準備好面對混亂。在那次電話會議之後，他們同意「在正式合作前先熟悉一段時間」。之後的一年裡，B型實驗室與這個名為共益系統（Sistema B）的全新機構達成授權和合作協定，共益系統會獲得南美洲B型企業絕大多數的認證費用。隨著這個運動在全球擴張，這種合作關係將成為其他全球合作關係的基礎。

在紐約會面之後，四個人回到聖地牙哥，他們看著彼此問道：「我們該從哪裡開始？」他們當時只是剛認識的朋友，想要一起做出改變。他們要做的第一件事就是募集資金，讓這個組織得以運作。共益系統團隊依靠志願者的力量和自己的專業網絡來募集資金，為引進B型企業概念提供支持。智利經濟發展局（Chilean Economic Development Agency）是一個政府組織，為這項運動在智利的發展提供支援。多邊投資基金（Multilateral Investment Fund）為共益系統提供員工薪資，而拉丁美洲開發銀行

（Development Bank of Latin America）則為制定公共政策和開發教育專案提供支持。卡索伊還將共益系統的創辦人介紹給洛克菲勒基金會，洛克菲勒基金會想要資助在聖地牙哥舉辦的會議，重點是在拉丁美洲開啟B型企業的對話。

聖地牙哥的活動在二〇一二年一月舉行，結果活動規模超出所有人的想像，效果也出人意料。在活動召開前幾天，智利經濟部部長辦公室聯繫他們，表示部長打算參加這場活動。科雷亞本來以為他會發表開幕致辭或進行一場演講後就離開。然而，對方告訴她：「部長不想只是宣布會議開幕，他希望和你們一起參加會議。」他們不敢相信自己的好運。此次活動原訂只有二十五人至三十五人參加，但是開會當天，會場很快就坐滿來自十多個拉丁美洲國家、美國和西班牙的八十名代表。

二〇一二年二月，特里西克洛斯通過認證，成為拉丁美洲首家B型企業。同年，B型實驗室在克林頓全球倡議（Clinton Global Initiative）會議上正式宣布一項合作案，卡索伊表示：「將B型企業運動拓展到南美洲的新興市場……B型企業運動將對更具包容性和永續性的經濟發展產生巨大影響。」[1]

另一種變革理論

B型實驗室的變革理論建立在一個臨界點模型的基礎上。正如科雷亞所言：「有人說：『當通過認證的B型企業數量達到一個相當高的數目時，系統性變化就會出現，而這將改變整個經濟。』」共益系統團隊對這個觀點做了補充：「我們需要所有人都參與進來。共益系統帶來互補的變革理論：變革之所以會發生，不僅僅是因為臨界值，還因為新進入市場的先驅者與不斷發展的生態系統之間產生重要的聯繫。一個全新的系統需要其他參與者的參與，包括購買新產品和服務的消費者，支持新經濟的投資人和公共政策制定者，傳授全新經營方式的學者，以及將全新的未來引進我們日常對話的意見領袖。」

正因如此，共益系統四人組的戰略重點不僅在於公司，還在於讓更多利害關係人參與進來，特別是那些「實踐群體」（community of practice），包括學者、大型市場參與者、意見領袖、投資人、公共政策制定者等。這或許不是B型實驗室最初設定要改變世界的方式，但這個方式實際上已經融入團隊自己的實務。正如科雷亞所言：「系統性的變革是多個變數朝著變革發揮作用的結果。社會變革是不可預測的，它會自然而然發生。你可以將所有要素都放在那裡，但你無法預測會發生什麼事，或是這些變化什麼時候會發生。」

共益系統的發展

共益系統二〇一二年在智利、阿根廷和哥倫比亞同時誕生，並很快拓展至烏拉圭和巴西。這個團隊要做的第一件事就是定義「社會企業」這個概念，使其適用於南美洲的十二個國家。從那時起，團隊的創辦人必須創造一個「生態系統」，因為當時還沒有現成的社會企業體制，甚至南美洲的地理條件也極具挑戰，這對如何建立法律框架、如何支持員工等問題都帶來影響。

這個團隊提出在二〇一四年實施的五項計畫。其中一項計畫是B型參加者（B Multipliers），這是一項低成本的工作坊，每次可以按照共益系統培訓員工的方式培訓二十個人。之後他們會鼓勵參與者以自己的方式來發展這項運動。到目前為止，這個專案已經培訓包括教師、學生、顧問到企業高階經理人在內的兩千多人。科雷亞說：「每週我可能會收到來自陌生人的電子郵件或電話……對方會說：「嗨，我是B型參加者，我想要問你什麼什麼。」」現在，共益系統已經在十個國家設立辦事處，在另外五個國家也發展得不錯，而這在很大程度上都得歸功於B型參加者。在能從當地獲得資金並發起募資活動之前，每個國家的團隊都會在成長過程中得到共益系統智利總部的資金支援。

最初幾年，共益系統的重點工作是B型企業認證。如果沒有這些企業，這項運動也不會存在。然而根據科雷亞回憶：「這是一件非常耗費時間和資源的事情。」他們計算後，發現讓一家公司開始進入認證過程平均要花五天的全職工作時間。科雷亞記得他們當時的想法，如果他們的目標是發展一千家B型企業，那麼這對當時的職員來說幾乎是不可能完成的任務。「我們沒辦法擴大組織規模，於是我們開始尋找其他方式，在不擴大組織規模的情況下擴大影響力。」她回憶道。他們最終確定一系列全新的延伸戰略，比如與哥倫比亞銀行（Bancolombia）合作。對B型實驗室來說，當時最急迫的挑戰莫過於組織的監督和B型實驗室標準的全球化。

哥倫比亞銀行和商業影響力評估

二〇一六年五月，哥倫比亞銀行與B型實驗室和共益系統合作，向供應商推廣使用商業影響力評估。總部位於麥德林（Medellin）的哥倫比亞銀行是南美洲第三大銀行、哥倫比亞第一大銀行，資產總額超過五百五十億美元。它的使命是向客戶提供「更加以人為本的銀行服務」，並且一直在尋找能夠體現這個使命的平台。[2] 科雷亞向銀行的領導人介紹B型企業運動，並鼓勵他們參與商業影響力評估。儘管他們明白成為通過認證的B型企業是非常有挑戰的事，但他們最終還是接受了。他們的目標包括加強銀行與供應商之間的聯繫，改善供應鏈的永續性，了解以使命為導向的供應商以及它們的做法。[3]

在這項合作開始的第一年，哥倫比亞銀行要求合作的近一百五十家供應商接受完整的商業影響力評估並報告結果，同時找出兩三個需要改進的地方。其中有超過一百家供應商完成評估，這幫助哥倫比亞銀行更加了解自己的供應鏈規模與構成。哥倫比亞銀行的領導人也意識到，與其他企業相比，這些供應商在治理水準、勞動力情況、環境治理、社群實務上都更勝一籌。實際上，其中有超過三十家供應商已經有資格進行B型企業認證。這個結果非常驚人，同時說明全球經濟結構發生更大的變化：在這一百多家公司中，有三六%的公司高層主管是女性，有六八%的公司制定環保政策，這些公司每年創造的工作多達一萬七千五百個。[4]

哥倫比亞銀行打算以商業影響力評估為契機，在借款人中展開類似的測試計畫，並從這裡開始擴大計畫規模。銀行的領導人把這個過程視作一種建議，而非一項要求，這個計畫早期的成功可能是因為哥倫比亞銀行首先進行商業影響力評估，因此可以證明它很有效。這個試驗計畫的好處顯而易見：它強化銀行的使命和品牌，使供應商和銀行建立更好、更長久的關係，這有助於降低借款人的風險，因為放款人可以獲得比以往更多與哥倫比亞銀行有關的資料。[5]

英國B型實驗室

英國B型實驗室（B Lab UK）成立於二○一三年，創辦人詹姆斯·佩里是天然食品銷售商庫克的董事兼共同創辦人，夏米安·洛夫（Charmian Love）則是倫敦顧問公司沃蘭思的共同創辦人兼執行長。洛夫有藝術史背景，並獲得哈佛大學MBA學位，他與潘蜜拉·哈蒂根（Pamela Hartigan）以及永續發展先驅約翰·艾爾金頓共同創立沃蘭思。二○一三年三月，沃蘭思成為英國首家通過認證的B型企業。隨後不久，同樣由艾爾金頓創辦的永續力（SustainAbility）也在同年四月很快通過認證。二○一三年六月，庫克也通過認證。[6]

艾爾金頓出版十七本書和四十多份企業責任報告。二○一三年，他被國際永續發展專業協會（International Society of Sustainability Professionals）列為永續發展名人堂（Sustainability Hall of Fame）。他十一歲就開始社會企業家的生涯，那時就開始為新成立的世界野生動物基金會（World Wildlife Fund）募集資金。[7]第一次與B型實驗室三人組會面時，他就知道他們進入同一個世界。他說：「我們都是更廣泛運動的一部分，而B型實驗室試圖為一些事情搭建框架，並以特定的方式給它貼上標籤。」

二〇〇〇年初，約翰・艾爾金頓曾與潘蜜拉・哈蒂根在世界經濟論壇（World Economic Forum）和施瓦布社會企業家基金會（Schwab Foundation for Social Entrepreneurship）合作，致力讓社會企業家進入國際會議主要討論的環節。他說：「社會企業家與傳統的非政府組織非常不同，因為他們是支持企業的。」二〇〇二年，世界經濟論壇在紐約舉行年會，並在華爾道夫飯店（Waldorf Astoria Hotel）的一間宴會廳召開社會企業家會議。世界經濟論壇創辦人克勞斯・施瓦布（Klaus Schwab）和社會企業家穆罕默德・尤努斯（Mohammed Yunus）等重要人物都在那裡，除此之外，「就沒有什麼人到場了」。艾爾金頓回憶，「人們看不到其中的相關性。」直到最近，艾爾金頓還能感覺到非政府組織不願意和企業打交道，而企業也不願意讓非政府組織進入董事會。艾爾金頓指出，一九八〇年代，綠色和平（Greenpeace）等非營利組織表示：「推動企業進步的唯一方式就是透過管制來約束，我們無法相信它們。」他不同意這種觀點，他認為在建立企業時必須具備涵蓋社會和環境變化的議程，這就是他在一九九四年提出「三重底線」概念的原因。

就在沃蘭思與B型實驗室取得聯繫的同時，英國已經有不少以價值觀或使命為導向的企業，但很少有企業認為自己需要認證。夏米安・洛夫和詹姆斯・佩里為這項運動帶來了活力。沃蘭思的理查・詹森（Richard Johnson）回憶道：「洛夫常常說：『就是這樣，三重底線的時代即將到來，大軍已經到了。』」洛夫回憶說：「前來參與的人很多，英國B型實驗室的創立是一項真正的社區合作。今天的成功是因為一個充滿企業家精神和活力的社區採取行動，使他們深信企業可以成為一股向善的力量。」

英國已經在很多方面為B型企業這個理念做好準備。二〇〇五年，英國政府為以營利為目的的社會使命組織引進一種全新的公司組織形式，稱為社區利益公司（community interest company）。和共益公司一樣，社區利益公司需要公布年度報告，總結它們對社區帶來的好處。然而，社區利益公司有一個重要的不同之處，那就是它們受到「資產鎖定」的約束，目的是確保它們的資產只能用在社區利益，因此投資人的報酬有上限。正如庫克的詹姆斯・佩里向我解釋的那樣，共益公司並不存在「神聖—世俗」的鴻溝，因此，資本市場可以參與到社會企業領域。社區利益公司「發現自己被排除在資本市場之外，」他繼續說道，「因此它們不得不創造自己的資本市場，而這個市場又在一定程度上依賴政府補貼。」二〇一九年三月，英國的社區利益公司總數超過一萬五千家，並以每年兩千五百家的速度成長。[8]

二〇一〇年，詹姆斯・佩里見到吉柏特。佩里說：「他正在推廣B型企業，我心想，那正是我要的！說真的，他光打招呼就吸引了我。」當時，佩里是羅納德·柯恩爵士領導的八大工業國組織社會影響力投資工作小組使命協調團隊的一員。你可能還記得羅納德·柯恩，這位當年已經七十二歲高齡、卻仍充滿熱情，被譽為「英國創投之父」的老人。佩里解釋，當B型實驗室在英國登記成立英國B型實驗室時，他和洛夫「把它當作一個非營利組織來建設……我們得到二十萬英鎊的種子基金，這差不多就夠了。」從那時起，他們「連哄帶騙」地找來同在社會創新領域工作的朋友。佩里深情地回憶道：「我們創業艱難，沒有錢，會這麼做只是出於信念。」他們希望能有五十家公司參與發起活動，最後的結果超出這個目標。

英國B型企業社群不斷發展壯大，部分原因在於專注永續發展的消費品領域有挑戰者品牌崛起。這些競爭者參與同樣的活動，花時間在一起，相互幫助，就像美則和淨七代在B型企業運動早期的做法一樣。在這些大公司推動社會企業和影響力投資向前發展的情況下，B型企業運動在英國以超乎想像的速度發展起來，並且始終保持著這樣的速度，為世界其他地區樹立起榜樣。

歐洲B型實驗室

歐洲B型實驗室也是非營利組織，發起的時間與英國B型實驗室相近。起初，少數幾家歐洲公司開始將這個概念帶進它們所在的市場，包括荷蘭投資公司「把錢放在你認為有意義的社區」（Put Your Money Where Your Meaning Is Community），以及法國和義大利的永續發展顧問公司優陀皮斯（Utopies）和納維塔。從那以後，這個概念一直穩步發展。二〇一九年，歐洲B型實驗室正式在比利時、荷蘭、盧森堡、瑞士、西班牙成立分支機構，並在義大利和法國擁有龐大的影響力。[9]

歐洲B型實驗室的共同創辦人馬塞洛・帕拉齊（Marcello Palazzi）多年來一直參與企業社會責任運動，他的工作集中在瑞典和丹麥。在他看來，它們是最初發起企業社會責任運動的國家。早在一九八九年，帕拉齊就創辦進步基金會（Progressio Foundation），開啟數百個創投計畫，在三十多個國家成立企業。我在鹿特丹的一家咖啡店與他會面，這裡距離歐洲B型實驗室在阿姆斯特丹的總部只有一小段車程。帕拉齊是個有動力、有野心的人，而且氣質超群，這在一定程度上要歸功於他有力的手勢和吸引聽眾的方式。

帕拉齊發現B型實驗室時，他立即意識到與他遇到的其他機構相比，B型實驗室將在企業進化的方向上走得更遠。B型實驗室和歐洲B型實驗室在二〇一三年二月簽署合作協定。二〇一四年一月，帕拉齊和他的合夥人利恩・薩溫博根（Leen Zevenbergen）開始全職從事歐洲B型實驗室的工作。二〇一五年四月，歐洲B型實驗室正式啟動，同時有六十五家企業獲得B型企業認證。[10]二〇一九年，歐洲境內的B型企業總數已經超過五百家。[11]

從一開始，歐洲B型實驗室的戰略就是尋找當地的合作夥伴，因為它們能夠用自己的語言以及對自身文化的理解來傳播相關理念，幫助公司通過認證。歐洲B型實驗室還建立一支標準分析師團隊，不只對歐洲的企業進行商業影響力評估，還會評估非洲、亞洲和南美洲的企業。帕拉齊將歐洲B型實驗室形容為一個「傳教士，我們談論它、推廣它，分享資訊，安排活動，在會議上討論，更重要的是，我們會走出去接觸執行長和潛在團體」。

法國食品公司達能集團一直是歐洲B型實驗室想要開發的主要參與者。公司執行長范易謀表示：「我們的B型企業認證之旅是從幾十年前開始。」這比B型實驗室的誕生還要早。早在一九七二年，達能集團就宣布將「致力於『經濟和社會的雙重議題』。這是近二十年前『達能集團之路』（Danone Way）的延伸：我們的審核、以記分卡為主導的綜合報告和監督流程，對世界各地的分公司都適用」。[12]

歐洲B型實驗室面臨的最大挑戰，在於它要應對的法律框架相當多。在不少國家，比如丹麥和瑞典，當地先進的法律意味著B型企業所做的工作已經達到預期的基本水準。因此它們必須做得更多，同時在商業影響力評估上獲得更高的分數，這樣才能向它們的消費者和潛在員工證明，它們並非這個國家常見的普通先進企業，而是一種全新的企業。

歐洲社會企業的先進也有利於共益公司立法。二〇一五年，義大利成為世界上第二個通過共益公司法律的國家，這在很大程度上要歸功於納維塔和歐洲B型實驗室。在歐洲某些國家，公司可以像美國部分州的公司那樣，在無須改變法律的情況下專注於員工福利、社區和環境。和美國某些選區的法規相比，歐洲國家法規的真正不同之處在於，從技術上來說，企業只要能夠繼續提供股東利益，就可以考慮其他利害關係人的利益。

總體而言，B型企業認證和B型企業運動幫助一些歐洲企業保護自己免於被收購。帕拉齊提到阿克蘇諾貝爾（AkzoNobel）的例子，這是一家總部位於荷蘭的跨國企業，這家公司在美國PPG工業（PPG Industries）的收購提案中存活下來：「荷蘭法院實際上做出拒絕PPG工業收購阿克蘇諾貝爾的判決，因為這家公司的整體利益遠遠大於合併的財務利益。」另一個例子和聯合利華有關，卡夫亨氏和3G資本一度想收購聯合利華。而在聯合利華發源地之一的荷蘭，這個問題被高度關注，人們會考慮在荷蘭工作的員工怎麼辦？

這對國家利益有什麼影響？歐洲愈來愈關注這方面的事情，而B型企業在此發揮一定的作用。

進一步在全球擴張

澳洲和紐西蘭B型實驗室

澳洲和紐西蘭B型實驗室成立於二〇一三年，並於二〇一四年八月正式啟動。影響力投資公司小巨人（Small Giants）的執行長丹尼・阿爾馬戈（Danny Almagor）在斯科爾世界論壇（Skoll World Forum）上見到安德魯・卡索伊，即決定讓自己的公司成為澳洲首家B型企業。[13]之後，澳洲B型企業社群很快就出現爆發式成長。二〇一二年，在一些企業通過B型企業認證後，一群B型企業領導人就遊說B型實驗室批准成立澳洲和紐西蘭B型實驗室。這些公司包括小巨人、淨平（Net Balance）、投影室（Projection Room）、全童（Wholekids）和澳洲倫理投資公司（Australian Ethical）。詹姆斯・梅爾德倫（James Meldrum）和他的妻子莫妮卡（Monica）共同創辦健康的零食製造商全童，他回憶道：「回想十年前，當我們第一次跟人談論我們打算如何經營企業時，我們得到兩種回答：『這太過感性了吧』或『你到底想做什麼？』」[14]

二〇一三年，一方面，B型實驗室團隊正在為共益系統和英國B型實驗室提供支持，因此他們對開闢其他市場持謹慎的態度；另一方面，B型實驗室鼓勵澳洲團隊率先行動起來，他們知道對方希望盡快達成更正式的合作關係。澳洲團隊第一年的工作是由志工主導。創始成員包括四十七家B型企業，這是十分強大的社群。此外，創始成員參照共益系統的做法與B型實驗室簽訂協議。最初的資金來自創始成員，目標是在三年內依靠認證費用生存下去。[15]同時，他們也得到澳洲保險公司太陽集團（Sun Corp）的支持。[16]

小巨人旗下的所有企業都通過B型企業認證，丹尼·阿爾馬戈認為巨變即將到來。他說：「我們談論自覺資本主義，比如占領運動。我認為，很多擁有資本和權力的人都應該同意對利潤和使命同等看待，而且這樣的運動正在不斷發展壯大。」[17]

在引進共益公司立法方面，澳洲和紐西蘭B型實驗室面臨一個重要的挑戰，因為澳洲的公司法是建立在聯邦層面上。澳洲的共益公司法案在二〇一六年十二月提出，但截至二〇一九年仍然處於考慮階段。一開始，持續的資金支援也是一個大問題，但澳洲和紐西蘭的B型企業社群顯然很有熱情，來自六十一家B型企業的一百二十位成員在二〇一七年舉辦當地首屆B型企業領軍者研討會。[18]

亞洲B型實驗室

亞洲B型實驗室實際上是一個由各種組織組成的聯盟，截至二〇一九年，該聯盟包括台灣的B型企業協會、韓國的一家大使館組織、日本B型實驗室、中國B型實驗室，以及其他十七個國家的八十七家B型企業。

台灣的B型企業協會在二〇一四年成立，當時理事長張大為指出，亞洲是世界上人口最多的洲，它面臨著貧困、衝突和環境惡化的嚴重問題。這項運動引起台灣政府關注，時任總統馬英九將B型企業視為「台灣在農業、教育、服務業和IT業的新機會」。[19]

在香港，B型企業也開始被關注，並得到知名社會企業家謝家駒的推廣。他是社會創業論壇的創會主席、B型企業仁人學社的執行長。仁人學社致力於提供永續發展和社會創新的教育培訓計畫，並與B型實驗室有正式聯繫。仁人學社承諾在未來五年「創建一定規模的B型企業，推動商界朝著向善的力量轉變」。目前，這家公司正致力於在亞洲推廣B型企業運動。[20]

與此同時，其他組織也在研究B型企業是否適用於中國。非政府組織北京樂平公益基金會要求在香港設立地區性B型實驗室辦事處。它原本預估B型企業需要用五到六年的時間才能在中國完成一種法律形式上的制度變革。北京樂平公益基金會由知名社會企業家沈東曙創立，他致力透過創新和創業來解決中國的社會公平和發展問題。沈東曙樂於激勵他人，當他提出一個具有挑戰性的問題或尖銳的觀點時，你可以看到他眼裡的火花。他的組織為社會企業家提供培訓，向低收入公司和團體提供小額貸款，同時為具有社會意識的企業提供管理方面的培訓。[21]

與此同時，中國不少企業也在為了獲得B型企業認證而努力。它們當中有家族企業（這些企業的負責人很年輕，大多擁有西方教育背景，渴望有所作為），有希望參與國際市場競爭的企業，也有傳統的社會企業。

中國第一家B型企業「第一反應」在二〇一六年六月通過認證。第一反應的經歷點出其他中國企業可能會面臨的問題。時任第一反應國際事務部主任高敏帶領這個組織完成認證過程，她對於第一次自我評估中獲得的分數感到十分興奮。她說：「我幾乎可以確定，我們通過認證完全沒問題。」但她和B型實驗室發現，商業影響力評估列出的很多要求在中國並不適用。例如，B型實驗室會評估申請人是否在具有能源與環境設計領導認證（Leadership in Energy and Environmental Design）等綠建築標準的建築物中經營。雖然這類標準在美國被廣泛接受，但在認證機制相對薄弱的中國，這樣的綠建築卻很罕見。儘管B型實驗室的標準是一致的，但國家並不相同。在北歐公司占盡先機之時，中國企業必須急起直追。

此外，在評估問題中使用的一些術語也很難轉換到中文的語境之中。例如，高敏表示，她對「向獨立承包商支付最低生活保障薪資（若有最低生活保障薪資資料，應該換算成時薪）」的要求感到不解。中國與美國和歐洲不同，並沒有官方的最低生活保障薪資資料，政府只給出最低薪資指導意見。B型實驗室回應，中國申請者只要薪資水準高於最低薪資就可以獲得認證，但問題是應該高出多少？高出一美元和高出一百美元是一樣的嗎？此外，在第一反應所在的上海，滿足基本生活所需的薪資水準與其他開發程度較低的城市完全不同。上海的最低薪資是大多數城市的一．七倍。如果無法參考現有的市場機制並將其整合進商業影響力評估，就像B型實驗室借助麻省理工學院的美國最低生活保障薪資計算機所做的那樣，中國企業就很難回答這個問題，因而也更不容易在評估中得到及格的八十分。此外，商業影響力評估大約包括兩百個問題，其中不少都要求提供證明文件。對母語並非英語的公司來說，意味著要進行大量的翻譯工作。

儘管第一反應的B型企業認證之路充滿挑戰，但自從通過這項認證之後，它幾乎立刻從中獲益。和其他B型企業的經驗一樣，這項認證幫助公司在與潛在客戶的溝通中確認自己的使命。此外，高敏說：「這對我們內部所有員工而言也是一個很有啟發性的過程，因為現在他們明白公司的方向，以及公司想要打造怎樣的實質社會影響力。」高敏在很多方面都體現B型企業運動的草根精神。在帶領第一反應通過認證之後，她轉職到北京的樂平共益基金會工作，現在負責中國的B型企業推廣。

應對全球化挑戰

回到二〇一四年，卡索伊曾對B型實驗室在全球的合作規模、範圍和時機表示擔憂。「我們在國際上的合作太多了，」他說，「我們在許多地方都有很棒的合作夥伴，但它們並沒有擴大規模，因為（它們的市場）還沒有準備好。因此它們在財務上無法生存，而且我們也沒有能力支持他們。」

當然，監督一場全球性的運動並不容易。帶領沃蘭思做出重大突破的重要人物理查・詹森打趣說：「英國有很多企業可以成為B型企業，只是都沒有通過認證。」他解釋，當他最初將B型企業的概念介紹給英國企業時，那些自封社會企業或使命導向的企業有點反彈。它們覺得這個美國組織來這裡，似乎在說它們「可以做得更好」。然而，B型實驗室建立的國際合作關係卻各不相同。B型實驗室從一開始就明白，它不能只是在一個國家出現，告訴這個國家如何經營它們的企業。「世界不是這樣運作的，」卡索伊說，「特別是在美國人出現的時候。世界上不少地方的人都認為，儘管美國的經濟具有創新性和創造性，但它在負責任的經濟方面卻遠遠落後於大趨勢。」

為了應對美國發起的全球運動可能出現不健康的權力動態（power dynamics）問題，二〇一四年三月，B型實驗室正式將部分責任授權給新成立的全球治理委員會（Global Governance Council）。在這個委員會中，B型實驗室和其他全球合作夥伴的地位是平等的。共益系統的岡薩羅·穆尼奧斯記得B型實驗室團隊曾這樣說：「我們只想成為這個委員會的一名合作夥伴，」這個委員會負責監督這項全球運動的三個方面：批准新的全球合作關係和現有合作關係的續約、負責認證外的獲利計畫，以及在各國推動共益公司立法之外的任何政策工作。有些全球治理委員會的成員同時是B型實驗室的董事會成員。

穆尼奧斯回憶：「在最初的幾次全球治理委員會會議上，『每件事情都和美國有關，你閱讀這些報告，一切都很複雜，而且與世界其他地區脫節。我的工作有一部分就是告訴他們如何從全球的角度來理解這些內容，從而建立起B型實驗室和全球合作夥伴之間的橋梁和連結。』情況很快就變得很明顯，這是個問題。霍拉漢解釋：「對全球的B型實驗室與全球的B型企業運動最大的批評是：這不過是美國觀點的輸出，就是這樣。」[22]為了幫助緩解這種趨勢，B型實驗室全球的每個合作夥伴都可以提名一個人加入B型實驗室的標準顧問委員會（Standards Advisory Council）。此外，每個地區都有自己的委員會，並接受更大地區的委員會管理。這確保B型實驗室的標準可以適用於不同地區。目前，商業影響力評估有三個版本：美國版、國際版以及新興市場版。

此外，商業影響力評估的問題也有調整，更能適應各個地區的情況。「我們試圖維持一種平衡，」B型實驗室標準審查總監克莉絲蒂娜．福伍德解釋說，「也就是確保這項評估對所有企業都適用，並有洞察力，同時維持一種可廣泛比較的能力，而且是一條通往我們尋求的國際標準的軌跡，界定何為向善企業。我們可以提供很多通用指標。」為此，B型實驗室還設立區域顧問小組，提供回饋與建議給標準顧問委員會。

正如我們在斯堪的納維亞半島看到的那樣，如果美國公司採用一些政府本來就規定或提供的福利，這就會被認為是創造正面的影響力，但其他地方的公司卻不會因此得到讚譽。「我們希望確保人們依然會認為這些企業提供更好或優質的工作環境，」福伍德解釋，「它們在那些地區納稅，因此我們可以說，你知道嗎，德國的公司……坦白說提供的工作環境比美國好……我們不想只是擺脫目前的情況。」這在某些方面和第一反應在中國面臨的問題恰恰相反。

馬塞洛．帕拉齊表示，義大利的共益公司立法是道分水嶺。「為了討論公司的使命是什麼，以及它們的老闆該對誰負責，我們已經召開兩百多場相關會議。」他說：「從外部性來講，我們如何確保公司真正為這些負成本買單？它引發一場民營企業與社會之間有關治理、是否合憲與問責制等問題的真正辯論。非政府組織加入，學者也進來參與。你如果看看南美洲，就會發現已經有超過兩百位學者正在教授這些內容……這創造一種完全不同的企業典範。」

每一天都有愈來愈多的企業家、永續的商業領袖與政界人士在了解B型企業運動後致力於在自己的國家發起運動。B型實驗室在非洲的先遣部隊東非B型實驗室（B Lab East Africa）成立於二〇一六年。[23]這項運動如果能夠在短短十年內擴大到超過三十個國家，在不久的將來，可能就會完全全球化。

第九章

拓寬通道

二〇〇五年，一位工匠和兩名程式設計師共同開發一個獨特的線上平台，它就是現在眾所周知的Etsy。這位工匠名叫羅布・卡林（Rob Kalin），他希望給諸多工匠一個在網路上銷售自己作品的機會。二〇〇八年，程式設計師克里斯・馬奎爾（Chris Maguire）和海姆・史匹克（Haim Schoppick）離開Etsy，羅布・卡林聘請新的技術長查德・迪克森，接替他成為執行長。[1]

在Etsy的早期階段，這家公司廣受推崇的文化常被人們認為是成功的主要原因。二〇一二年Etsy通過B型企業認證，公司的辦公大樓獲得生態建築挑戰（Living Building Challenge，一項專注於打造可再生建築環境的行動）的認證。公司提供的職場福利包括瑜伽和冥想課程、有機午餐、學術課程以及無性別廁所（這種設計在當時十分先進）等，員工福利則包括更長的產假和可觀的薪資。

二〇一五年三月，Etsy宣布計畫上市。許多媒體十分關注公司的B型企業身分，以及它能否在自己對社會和環境的承諾與上市後的財務壓力之間保持平衡。因為當時還沒有針對B型企業的上市交易規定。此外，B型實驗室規定，如果一家B型企業是在美國通過共益公司立法的州成立的，那公司就必須在四年內註冊成為共益公司。Etsy在德拉瓦州成立，二〇一三年共益公司法案在該州生效，因此Etsy必須在二〇一七年之前註冊為共益公司，否則就會有失去B型企業身分的風險。吉柏特解釋，「這四年的過渡期是為了給Etsy這樣的公司提供一段專注而合理的時間，與董事會、投資人，以及公開市場中的其他利害關係人討論法律問題。」[2]

Etsy上市後，迪克森在公司的部落格上向Etsy社群發布一則資訊，內容提到，Etsy明白成功的關鍵在於自己是「一個以價值為導向，而且眼光長遠的企業」。迪克森認為Etsy可以為其他永續企業的上市鋪路。[3]然而不幸的是，事情並非如此。

Etsy上市的第一天，市值大幅飆升，超過三十億美元，這是輝煌的開端。但在那之後，事態急轉直下。在兩年時間內，公司股價持續下跌，到了二〇一七年第一季，公司首次虧損。[4]行動派投資人掌控局面，要求公司改變。賽斯．旺德（Seth Wunder）和他的避險基金黑白資本（black-and-white Capital）進場買下Etsy約二％的股票。數量雖然不大，但已經引起轟動。[5]賽斯．旺德認為，以Etsy的員工人數和豐厚的職場待遇與福利來看，這些營運成本大約是市場正常水準的兩倍。Etsy的一般費用和管理費用占總營收二四％，而同樣的費用在競爭對手的占比僅為一〇％。此外，公司花了三年時間聘用大量的員工，增加人數超過原本一半。[6]

賽斯．旺德在給Etsy董事會的兩封信中闡明自己的擔憂，要求召開會議，討論「公司似乎缺乏成本紀律」的問題。接著，在Etsy公布財報前幾小時，旺德公開這些信件，並在新聞稿中列出他提到的二個關鍵問題，即商品銷售放緩，營運和公司治理需要改進，以及實現股東價值最大化的必要性。[7]沒過多久，迪克森就被解雇了，還有八%的員工跟著被解雇，其中大多數人都是致力於協調公司價值觀和提升職場福利團隊的成員。幾個月後，Etsy宣布進行新一輪裁員，人數約占員工總數的一五%。[8]接替迪克森的是董事會成員喬許・西爾弗曼（Josh Silverman），他曾對公司的財務狀況提出尖銳的質疑。

二〇一七年，西爾弗曼宣布Etsy不會重組為共益公司，也不會為B型企業認證續期。鑒於Etsy領導階層的變動，B型實驗室向這家公司提出延期一年的邀約，但西爾弗曼拒絕了。[9]

吉柏特回應Etsy的決定，他提到已經上市的B型企業「大自然」和勞瑞德教育。勞瑞德教育也是一家共益公司，它和Etsy一樣都是納斯達克上市公司。而達能集團和聯合利華等大型上市公司的許多了公司也都是B型企業。「雖然上市公司在採用共益公司法律結構方面面臨著獨特的挑戰，」他說，「但是全球機構投資人已經接受上市公司採用共益公司治理結構。」[10]失去Etsy確實是一次打擊，但這並不是這場運動所遭受的唯一打擊。

失去B型企業的頭銜

其他知名的B型企業在面對或感受到來自投資人的阻力時，很難滿足B型企業認證在治理方面的要求。美國誠實公司（Honest Company）就是這樣一個典型的例子，這家公司成立的宗旨是打造一個無毒害的環境，特別是在嬰兒和家庭用品為主的產業。它的產品由乾淨的成分製成，沒有添加合成化學物質和香料。[11] 這個主張來自創辦人：女演員潔西卡・艾芭（Jessica Alba），她曾在懷第一胎時對傳統產品產生過敏反應。[12]

美國誠實公司的理念與B型實驗室的使命似乎十分吻合，因此它在二〇一二年通過B型企業認證也就不足為奇。二〇一七年以前，這家公司一直保持著B型企業的身分。後來一名員工在被問及公司為何放棄B型企業認證時表示，美國誠實公司「無法在法律結構上朝共益公司轉型」，因為這項變革「會為公司帶來一系列法律和法遵問題，而這可能產生風險和不確定性」。

此外，這家公司面臨的其他挑戰也可能導致認證失效。聯合利華曾有興趣收購美國誠實公司，但在二〇一七年年初，這筆收購失敗了，因為聯合利華決定收購另一家B型企業：淨七代。此後不久，美國誠實公司徹底改變公司結構，撤換共同創辦人兼執行長布萊恩・李（Brian Lee），他一直是B型企業的忠實擁護者。[13]大約在同個時間，美國誠實公司還面臨幾起針對產品成分的訴訟，許多消費者都認為自己被騙了。報告顯示，這家公司並非所有產品都如其行銷暗示的那樣由一〇〇%乾淨的成分製成。《紐約郵報》（*New York Post*）的一名記者尖銳指出：「潔西卡・艾芭開了一家公司，向緊張不安又有錢的人銷售高價產品……她告訴全世界自己才是唯一值得信賴的人，暗示其他公司的存在就是為了傷害、殘害、毒害和殺害人們。美國誠實公司透過危言聳聽和更安全、更健康的虛假承諾來提供高價產品，藉此成長茁壯。」[14]二〇一八年，美國誠實公司宣布獲得兩億美元來重振品牌。[15]時間會證明它是否能夠與自己的核心價值觀以及客戶重新建立聯繫，或者是否會持續被一些人認為使用漂綠的作為而衰弱。

另一家失去B型企業身分的大公司是眼鏡製造商沃比派克，這家公司以一個令人振奮的理念衝擊市場，這個理念是以合理的價格供應顧客可以在家中試戴的眼鏡。公司成立後不久，沃比派克就通過B型企業認證。這家公司還有其他的行動，比如產品生產和配送過程是碳中和的，而且每銷售一副眼鏡，公司就會向開發中國家有需要的人捐贈一副眼鏡。此外，沃比派克的公司文化注重透過系列演講和「午餐學習」計畫來實現員工的職業和個人發展。它的社會使命和以員工為中心的職場氛圍給員工帶來很大的吸引力，員工留任率很高。然而當這家公司沒有選擇成為共益公司時，它的B型企業認證也就失效了。[16]

這件事讓我感到很意外。二〇一二年，我在沃比派克的總部待了一整天，採訪公司的執行長尼爾・布盧門撒爾。B型企業的標誌醒目地展示在公司的入口處，顯然這家公司曾對這項運動充滿熱情。當時，尼爾・布盧門撒爾暗示，沃比派克的投資人已經同意組建共益公司。公司和Allbirds等其他B型企業（與共益公司）有著共同的投資人，比如老虎基金（Tiger Management）。此外，尼爾・布盧門撒爾也是前往威明頓（Wilmington）遊說德拉瓦州立法機關通過共益公司立法的執行長之一。考慮到這些事實，「投資人的阻力」可能並不是沃比派克決定放棄採用共益公司治理結構的唯一或主要原因。遺憾的是，我無法直接與尼爾・布盧門撒爾討論這個決定。

當我與沃比派克的資深公關經理卡其・里德（Kaki Read）溝通時，她告訴我：「考慮到沃比派克的規模和發展階段，事實證明在當時改變公司的法律結構是很困難的，未來我們可能會重新考慮這件事。在我們看來，這並不是一個不可違背的決定，只不過當時不太可能罷了。我們如果現在要組建企業，那麼很可能會成立一家上市共益公司。但在二〇一〇年沃比派克成立的時候，這種形式還不存在。」

因此，部分原因可能在於時機尚未成熟。在沃比派克做出決定之後，B型企業運動已經發生變化：擁有知名化妝品品牌美體小舖和雅芳的「大自然」是一家上市公司，一直保持成功；而B型企業與共益公司勞瑞德教育則成功在納斯達克交易所上市；許多大型跨國企業也在積極收購B型企業。也許隨著股票市場接受度的不斷提高，沃比派克的管理階層和投資人會相信，重新通過B型企業認證並採納共益公司治理結構，將有助於公司抵禦令全食超市深受其害的短視主義壓力，以及給Etsy造成傷害的股東利益最大化壓力。

這些公司失敗的具體原因可能各不相同，但Etsy、美國誠實公司和沃比派克的經歷已經說明，B型企業運動並非坦途，它包括許多實現影響力所要經歷的選擇和替代方式。即使公司的使命和價值觀與B型實驗室創辦人的初衷明顯一致，但這也不能說明它們能夠一致地對共益品牌做出承諾。不過這並不意味著它們不能從B型企業運動中獲得正面的成果，也不能說明它們不支持B型企業運動。里德很快跟我提到：「我們真的非常支持他們正在做的事，因此我們只是想確保他們能繼續保持知名度，我們可能會在某個時刻重新考慮我們的決定。」

當責制與法律結構應該脫鉤

儘管失去Etsy、美國誠實公司和沃比派克令人痛心，但這也凸顯一個事實，即B型實驗室模式下的兩個要素（當責制和法律結構）應當脫鉤，而且分別需要改進，這樣才能讓更多公司加入這個運動。世界上大約有一億兩千五百萬家企業，它們都可以產生影響。只要其中有一家企業選擇像B型企業一樣，讓自己的商業利益和社會利益達成一致，像對待利潤一樣嚴格管理自己的影響力，那麼無論它最終是否打算獲得B型企業認證或進行重組，它都是在參與變革。正如安德魯・卡索伊強調的那樣，B型企業運動並不是什麼「投資俱樂部」，「這是一種變革理論，」他說，針對的是「經濟中日益壯大的部分」。正如吉柏特所言：「如果我們希望擴大規模，而且如果我們的目標是重新定義企業的成功，那麼我們不會僅僅藉由認證更多企業來實現這樣的目標。」

波士頓的舞鹿烘焙公司（Dancing Deer Baking Company）讓人看到希望。二〇一〇年，我發表有關B型實驗室的案例研究，當第一次在哈佛商學院的課堂上教授這方面的內容時，我邀請B型實驗室的負責人、幾家B型企業和準B型企業來到課堂。這些企業其中一個代表就是特里西・卡特爾（Trish Karter），她是舞鹿烘焙的共同創辦人、董事長、前任執行長。當時她試圖說服董事會參與B型企業認證，但沒有成功。這家公司最終克服自己的擔憂，舞鹿烘焙公司不僅成為通過認證的B型企業，而且在二〇一二年共益公司立法通過後，成為麻薩諸塞州首批註冊共益公司的公司。

就像安德魯・卡索伊強調的，B型實驗室「拓寬通道」和讓更多企業參與運動的關鍵方式，就是廣泛分享促進影響力管理的工具。哪怕是B型企業社群周邊的公司，也能從推翻股東利益優先的努力中獲益良多。目前有許多倡議是要擴大B型實驗室在當責方面的內容，並鼓勵所有企業成為行善的力量，朝著創造「共益經濟」（B Economy）的方向努力。這些倡議包括推廣針對社會和環境要素的評估方式，以及與聯合國建立重要的合作關係，從而使聯合國永續發展目標在企業層面變得更具可衡量性和可追溯性。構成共益經濟的不同組成部分，包括B型企業、共益公司、B型企業影響力管理工具、共益分析平台（B Analytics），以及與B型實驗室的各種合作關係，都在共同努力顛覆股東利益優先的地位，為企業和社會帶來更大的影響力。

將影響力散播到B型企業之外

巴特・胡拉翰指出：「世界上每一家公司都可以參與這項運動，以一定的方式成為『共益經濟』的一部分。」當不以通過B型企業認證為目標的公司使用商業影響力評估時，商業影響力評估便成為一種學習工具。這些企業可以看到自己可以做些什麼，而且在沒有獲得認證的壓力下，它們也更容易採納某些措施。

這樣的公司最後可能會成為B型企業。索爾伯格製造公司（Solberg Manufacturing）就是這樣一個例子，它是一家總部位於芝加哥的過濾、分離和消音產品製造商。巴特．胡拉翰告訴我，起初這個家族企業的領導人並不確定自己的公司是否能夠成為一家B型企業。它的一家競爭對手那時已經通過認證。索爾伯格製造公司的領導人雖然相信這項運動，但還是擔心沒辦法達到認證標準。公司的領導人索性開始用商業影響力評估來提升管理水準，他們認為：「我們正在創造一個更好的企業，而且我們使用這些工具可以系統性地幫助我們實現目標。」二〇一一年，這家公司通過B型企業認證，即使結果不是這樣，他們也是按照B型實驗室團隊的期望去使用這些評估工具。

衡量重要因素

B型實驗室在二〇一四年發起「衡量重要因素」（Measure What Matters）的活動，希望各產業不同規模的公司都能接受商業影響力評估。這個活動的參與者是投資人、供應商的經理人以及城市和地方機構等合作夥伴，這個運動的使命是利用共益分析平台強大的資料分析能力來讓影響力管理成為常態。[17]「衡量重要因素」活動的一位團隊成員告訴我，讓公司有機會了解自己相較同業其他公司的表現情況以及改進方案，是共益分析平台最實用的功能之一。這對公司和投資人來說都是如此。投資人可能會要求企業進行商業影響力評估，以便了解企業在哪方面表現突出，如果投資組合中的所有公司都超越某個特定水準，這對行銷將有所助益。例如，一家投資公司可能會說：「我們公司所有的職位數量每年以五%的速度成長，高於業內平均水準。」

共益分析平台的另一個有用之處在於它能夠衡量和追蹤影響力趨勢。有人告訴我：「我們在這裡收集大量投入和產出資訊，那是人們想要實現的結果。」換句話說，共益分析平台將公司的注意力吸引到它們可能從未想過的事情上。投資組合經理認為他們可能會因為一家公司而失去機會，但反過來看，他們也可以善用投資組合中其他公司成功的實務。B型實驗室認為這是一個既可以用來監督、也可以用來學習和改進的工具。

共益分析平台的團隊一直在考慮能有不同方式讓人們與平台編制的資訊進行互動。最初，他們建立一個人人都可以使用的通用面板。以此面板為基礎，公司和投資人可以鎖定重點關注的影響力領域，同時用篩選程式進行篩選。舉例來說，如果你是投資人，而且有權查看某家通過認證的B型企業資料，你會先看到它的商業影響力評估分數與各方面的表現。其次，你會看到它所在領域同業的總和資料，以及這家公司與同業的商業影響力評估結果的比較。入門版是每個人都能看到的標準版本，客製化版本是為每個用戶專門設計，具體形式取決於使用者想要查看的內容。截至二〇一八年，商業影響力評估已經有超過七萬名使用者。B型實驗室還與五十多家公司、供應鏈的經理人與政府合作，向他們介紹影響力評估工具。[18]

在二〇一五年的達沃斯論壇上，「大自然」的共同創辦人兼B型實驗室團隊的領導人吉赫姆．利爾（Guilherme Leal）宣布，維珍集團創辦人理查．布蘭森爵士將與B型實驗室合作，為世界開發更具永續性的經濟模式。在會議上介紹兩個用來擴大B型實驗室工具應用範圍的重要計畫：透過供應鏈提升影響力，以及對所有公司發起的「最佳B型企業」（The Best）挑戰。[19]

透過供應鏈提升影響力

許多沒有參與B型企業運動的公司也開始重新檢視它們的供應鏈。以Nike為例，公司制定使用童工、強迫勞動和賠償方面的行為準則，並且要求供應商也必須遵守這些準則。這家公司致力於不斷評估並改進供應鏈管理系統，透過稽核來確保合乎法律規定。透過這種方式，Nike正在向外推廣社會責任，毫不誇張地說，這讓它創造全球性的影響力。[20]

這就是B型實驗室期望所有公司（無論它是否是B型企業）都可以創造的那種影響

力。B型實驗室希望更多公司鼓勵或要求供應商完成商業影響力評估，或要求至少完成精簡版的商業影響力評估。淨七代是這方面的領先企業，它設定一個目標：從二〇二〇年起，只向通過認證的B型企業採購。亞瑟王麵粉和庫克等B型企業也致力於實現類似的目標。這些B型企業正在共同努力、分享最佳實務，而且嘗試重塑典型的供應鏈法遵機制，使之成為一個報酬更高的計畫，藉此解決問題，這會鼓勵它們的供應商也加入，讓他們的公司成為向善的力量。[21]

同樣地，巴馬公司要求供應商進行永續發展調查，而且這家公司還努力讓前二十五大供應商完成精簡版的商業影響力評估。這家公司與B型實驗室團隊舉辦多場研討會，向供應商介紹相關流程。正如巴馬公司的社群關係總監金·歐文斯（Kim Owens）解釋的那樣：「我們非常希望將這個做法納入我們的供應基地。」卡伯特奶油則有個與合作社的農民密切合作的員工團隊（因為卡伯特奶油是供應商擁有的合作制企業，所以這些農民既是供應商，也是老闆），並為農民開發一款永續發展工具。[22]

成為B型企業之後，義大利橄欖油公司弗拉泰利卡利（Fratelli Carli）為供應商制定一套準則，確保公司的產品是永續的。此外，公司還定期對供應商進行品質保證檢查。除了在保護環境、生態系統、農夫、公司員工的表現更好，還使生產鏈縮短、更有效率。公司將共益理念引進供應鏈，讓許多供應商提高自身標準並擴大影響力，後來一些企業也成為通過認證的B型企業。[23]

「大自然」以B型企業的價值觀為基礎，為供應商建立一套電子競標系統。這套系統根據供應商的能力、業績以及最近的信譽進行篩選。「大自然」要求供應商提供有關非財務表現及社會和生態足跡方面的資訊，以確保它們的價值觀與「大自然」是一致的。此外，「大自然」每兩年就對供應商的忠誠度進行評比與評分，以此衡量它們的滿意度，以及向別人推薦「大自然」的意願。[24]

關注供應鏈可以更為擴大大企業在社會和環境方面的影響力。莫伊咖啡（Moyee Coffee）自二〇一四年起成為通過認證的B型企業，就是個很好的例子。它的咖啡豆大多來自被稱為「咖啡帶」的南美洲和非洲國家，這些國家都尚未開發，非常仰賴美國等國家的援助。它們卻生產並出口這樣一種已開發國家的民眾儲存在櫥櫃裡的商品。大型咖啡公司會從這些國家進口咖啡豆，然後在已開發國家進行烘焙，最終會導致哥倫比亞、衣索比亞以及其他主要咖啡生產國的就業機會和利潤減少。

荷蘭企業家兼投資人吉多·范斯塔弗倫·范戴克（Guido van Staveren van Dijk）創立莫伊咖啡的目的很明確，那就是在衣索比亞採購和烘焙咖啡豆。這種新型供應鏈流程名為公平鏈（Fair-Chain），這是莫伊咖啡的座右銘。公平鏈可以確保企業將更多的工作機會和利潤留在咖啡原產國。這種在「咖啡帶」進行咖啡烘焙處理的做法讓莫伊咖啡改善員工的工作條件，增加薪資，同時也給當地社群帶來正面的影響。[25]

為最佳B型企業喝采

為社群成員的善舉慶賀一直是B型實驗室的一項重要工作。二〇一三年，團隊推出首個「對世界最好的企業」（Best for the World）名單。它根據B型企業在多個類別（整體、社群、環境、員工、治理和客戶等）上的商業影響力評估分數，列出排名前一〇%的企業。二〇一八年，總計兩百零三家B型企業獲得這項榮譽。

二〇一四年，B型實驗室與紐約市經濟發展公司（New York City Economic Development Corporation）合作，鼓勵並提供支援給兩萬家小型企業，讓他們競爭成為該城市勞工和市民心目中最好的企業。在這個多年計畫的頭三個月裡，大約有兩萬家企業參與，並透過一份改編自商業影響力評估的二十分鐘問卷，來進行評估這些企業的影響力。紐約市經濟發展公司的董事長凱爾·金博爾（Kyle Kimball）表示：「『對紐約最好的企業』活動給當地企業帶來挑戰，促使它們為這個城市做出回報，創造機會，做一些對城市最好的事情。」[26]二〇一七年，這個計畫拓展到科羅拉多州，那裡是第一個認證B型企業的熱門地區。非營利組織聯盟中心（Alliance Center）是「對科羅拉多最好的企業」挑戰賽的主辦單位，它安排網路交流活動和研討會，提供一對一的指導機會，目的是鼓勵當地企業改進它們的實務。[27]

「對紐約最好的企業」活動舉辦以來，全球有三十多個城市都表示有興趣舉行類似的活動。這些活動為B型實驗室提供擴張的機會。卡索伊說：「走出去，試著一個一個地說服上百家企業使用商業影響力評估工具並不是一個好方法。」相反地，他們可以借助某個城市或某個州現有的B型企業或合作夥伴來「創造網路效應」。

在蘇格蘭，「對城市最好的企業」活動推動英國B型實驗室和CAN DO的合作，CAN DO是專注在蘇格蘭培養創新和創業精神的組織。蘇格蘭共益組織（Scotland CAN B）為企業提供許多援助，包括線上與實體課程、工作坊、與影響力管理有關的論壇、團隊指導和一對一指導等，所有活動的目標都是讓企業使用商業影響力評估來增加影響力。[28]「Rio+B」是共益組織在里約熱內盧市進行的一個專案。這個專案的合作對象包括里約熱內盧市政府、艾倫．麥克阿瑟基金會（Ellen MacArthur Foundation）等。在評估並理解自己的影響力之後，企業可以與「Rio+B」合作，藉此改善它們在社會和環境議題上的參與程度。[29]

融入聯合國永續發展目標

就在B型企業運動加速發展之際，聯合國公布永續發展目標。首批永續發展目標在二〇一六年開始實施，並計畫在二〇三〇年前達成目標，主要包括：

目標一：消除貧窮；
目標二：消除飢餓；
目標三：良好健康和福祉；
目標四：優質教育；
目標五：性別平等；
目標六：乾淨水與衛生；
目標七：可負擔的潔淨能源；
目標八：尊嚴就業與經濟發展；
目標九：產業創新與基礎建設；
目標十：減少不平等；

目標十一：永續城市與社區；
目標十二：負責任的消費與生產；
目標十三：氣候行動；
目標十四：保育海洋生態；
目標十五：保育陸域生態；
目標十六：和平正義與有力的制度；
目標十七：夥伴關係。30

B型實驗室團隊發現，永續發展目標的架構可以讓B型企業運動快速擴大規模。因此他們開始將聯合國的這些目標融入商業影響力評估，鼓勵通過認證的B型企業和共益公司接受它們。為了在商業影響力評估中反映永續發展目標，團隊將現有的商業影響力評估指標與每個相關的永續發展目標聯繫在一起，然後增加額外的指標來填補現有的差距，這樣的合作可謂真正的雙贏。與永續發展目標保持一致，使得B型實驗室在推翻股東利益優先運動中獲得更大的影響力。同時，可量化的指標（B型實驗室創造的評估工具）可以讓永續發展目標擴大規模，以及更重要的是，許多相互依存的公司、非營利組織、政府機構、個人組成的龐大群體可以創造真正、永續的變革。正如財富管理公司共同利益（Common Interests）的投資長馬克斯．明茨（Max Mintz）所說：「這個平台使得我們和其他人能夠邁出新的一步，它給我們一個可以將自己的使命和永續發展目標結合起來，並向利害關係人報告的工具。我們無需自己開發這類工具，它可以由B型實驗室提供。」[31]

二〇一九年，B型實驗室和聯合國全球盟約（United Nations Global Compact，二〇〇〇年發起，旨在指導企業的商業決策，使企業的決策符合人權、勞工、環境和反腐敗等全球契約的十項原則）聯合開發一個線上平台，讓公司評估在永續發展目標方面的影響力。這個平台叫做永續發展目標行動經理（SDG Action Manager），這款免費的網路影響力管理工具在二〇二〇年初上線。[32]

達能集團的全球代言人洛娜．戴維斯（Lorna Davis）認為，「這個世界最終會意識到大家必須共同努力，」而這也是聯合國永續發展目標獲得這麼多支持的原因。特別是企業，它們似乎已經意識到「政府不會為它們解決問題，而它們需要幫助」。然而，她也指出永續發展目標的執行而並不強，這也是B型企業運動和B型實驗室介入的原因。將廣泛的永續發展目標結合B型實驗室對企業當責的關注，就可以有效擴大這場運動的規模，同時也幫助全球實現永續發展目標。[33]

許多通過認證的B型企業一直致力於實現永續發展目標。橋梁基金管理公司已經做出明確承諾，表示將把永續發展目標當作投資指南。橋梁基金管理公司對這些目標的認知得到其他B型企業的迴響。這不是某個公司實現某個目標的事情，這是所有公司在永續發展目標的大旗下聯合起來實現所有目標的運動。[34]總部位於芝加哥的數位行銷機構強力位元組（Mightybytes）透過提供最低生活保障薪資和員工最佳福利的方式來實現永續發展目標中的目標一、目標二和目標八。作為一家少數性別族群擁有的公司，它還設置一個由女性和多元文化背景人士組成的顧問委員會，藉此來達到永續發展目標中的目標五和目標十。[35]同樣，約翰的瘋狂襪子（John's Crazy Socks）透過為未充分就業人口提供就業機會的方式來達到永續發展目標中的目標八和目標十。[36]

二〇一七年十一月，B型企業第一屆「駭客馬拉松」（Hackathon）在倫敦舉辦，活動重點放在開發利用永續發展目標中目標十二的創新方式，從而確保永續的消費和生產模式。有機衛生棉條配送服務公司DAME致力於減少由一次性生理用品每年製造九百萬條塑膠導管的浪費，這家公司在這次「駭客馬拉松」活動中得到支持。艾維斯與克雷瑟（Elvis and Kresse）是一家利用回收材料製造時尚配件的公司，克雷瑟·懷司琳（Kresse Wresling）表示，在創辦企業時，她並沒有想到永續發展目標中的目標十二，但人類廢棄物的減少是有待解決的問題[37]。最近，她的企業與Burberry合作，開始面對皮革產業每年產生的八十萬噸廢棄物[38]。

二〇一八年秋季，達能集團的范易謀和安德魯．卡索伊在阿姆斯特丹主持一場有關B型企業運動如何實現永續發展目標的對話。在場的許多聽眾都提出一個問題：一個人如何幫助社會創造如此廣泛的變革。范易謀回答道：「我們不知道事情進展會有多快，但我們如果不去嘗試，就無法成功。」他強調，儘管要做的事情令人生畏，但最重要的是接受恐懼，並向前推進。[39]

此外，我們的目標不僅是要招募更多的B型企業，還要改變整個經濟，使其擺脫傳統股東利益優先的資本主義陷阱，朝著創造長久影響力的方向發展。B型實驗室的工具和資源可以幫助每家企業聚集向善的力量。現在，藉著與聯合國的合作，這項運動已經具備加速發展的潛力。

第十章

大公司不一定是壞公司

二〇一八年四月十二日，達能集團北美公司在曼哈頓舉辦一場活動，慶祝近期取得的諸多成績。這場活動由公司執行長馬里亞諾·洛薩諾（Mariano Lozano）主持，全球的達能集團人都可以透過即時連線或錄影觀看，現場的氣氛十分熱鬧。這是這家公司第一個生日，這家公司一年前由達能集團在北美的乳製品業務與白浪食品（White Wave Foods）合併而成，白浪食品是地平線有機公司（Horizon Organic）、西爾克（Silk）和大地農場（Earthbound Farm）等強調健康知名品牌的製造商。這一天也是這家公司成為共益公司的一週年紀念日。此外，洛薩諾宣布，公司已經通過B型企業認證，這比原訂計畫提早兩年。這使得營收高達六十億美元的達能集團北美公司成為全世界規模最大的B型企業，是原有最大B型企業規模的兩倍。參與這家公司B型企業認證工作的一百五十名工作人員中，約有二十位工作人員前往紐約參加這次活動。[1]

認證小組成員深入介紹大型企業進行B型企業認證的過程。達能集團母公司執行長范易謀強調團隊在完成這項認證過程中的重要性，並詳細說明他和公司其他人為何要將這麼多的時間和資源花在成為B型企業上。「金融業應該為經濟服務，經濟應該為社會服務。」范易謀說道。他堅持公司應該做出自己的選擇：它們可以維持原樣並利用自己的力量、規模和市占率來支持傳統模式；它們也可以接受變革，為已經發生的革命做出貢獻。范易謀隨後宣布，達能集團設定公司的全球組織要在二〇三〇年以前完成B型企業認證的目標。

對於這樣一家營收超過三百億美元、擁有數十個不同業務部門的財星五百大企業來說，這是前所未有的挑戰。達能集團北美公司也曾經歷艱難的階段。雖然標準版的商業影響力評估只包括大約兩百五十個問題，但因為達能集團北美公司有五個獨立的業務部門，而這五個部門是達能集團北美公司法律架構下相互獨立的分支，因此它必須回答超過一千五百個問題。可想而知，達能集團的全球組織認證之路非常漫長。

達能集團的努力為B型實驗室帶來一個嚴峻的問題：如何改進和完善B型實驗室原本為大多數中小型企業設置的認證系統，讓規模更大的企業加入B型企業運動？如何才能更好的運用達能集團北美公司從認證過程中吸取到的教訓？評估一家大公司的複雜流程是阻礙B型企業運動廣泛發展的最大阻礙之一。正如達能集團的經驗顯示，一個結構複雜的跨國公司想要獲得認證，就需要花費大量的時間和精力。不過，當大公司都像達能集團那樣有動力時，可能就不用花那麼多時間了。我們可能處在這個運動的轉捩點上，讓跨國公司和股票投資人參與也十分重要。為了實現這個目標，商業影響力評估流程必須有所調整，才能適應不同公司的規模，同時確保評估標準沒有被降低。

大公司和B型實驗室必須克服一個相關的阻礙，那就是此舉對B型實驗室體系中的中小型公司產生的影響，那些大公司正在全盤吞併它們。當B型實驗室對一家為社區服務的書店進行認證時，B型企業的名號有助於它生存下來……直到B型實驗室也對亞馬遜進行認證。很多B型實驗室的支持者擔心這會對B型實驗室堅守的信念產生更大的影響。例如，B型實驗室會成功改變沃爾瑪，還是沃爾瑪會改變B型企業運動？

消費者對大公司的警惕是有道理的。它們的意圖經常受到質疑，它們的錯誤判斷也會迅速傳播。它們在社會或環境方面的倡議經常受到質疑，而這是理所當然的。但是，如果B型實驗室想要改革全球經濟，想要屏棄股東利益優先，想要實現它的總體使命：「有一天，世界上的所有公司都會為了成為對世界最好的企業而競爭」，它就必須招募大型、上市的跨國公司。B型企業運動不能只局限於小型社會企業。

接下來的問題是，B型實驗室團隊如何才能設計出一個適用於大公司的系統。它要能承受公眾審查、維持團隊的標準，並在達成公司規模和B型企業運動有效性之間求取平衡。B型實驗室的跨國公司和公開市場顧問委員會（Multinationals and Public Markets Advisory Committee）正在與達能集團、聯合利華和「大自然」等多家跨國公司合作解決這個問題。大公司不一定都是壞公司：世界上規模最大的一些公司還是有可能通過B型企業認證。

達能集團成先鋒

范易謀和達能集團對替代性公司治理模式的興趣由來已久。二〇〇六年，這家公司與小額信貸先驅孟加拉鄉村銀行（Grameen Bank）合作創立鄉村達能集團食品（Grameen Danone Foods）。這是一家專注於為孟加拉貧窮人口提供日常所需營養的企業，於二〇一八年通過B型企業認證，緊跟著英國社區利益公司和美國低利潤有限責任公司的發展。歐洲B型實驗室共同創辦人馬塞洛・帕拉齊想起他在二〇一五年收到范易謀的電子郵件：「他說：『嘿，什麼是B型企業？我對最近看到和讀到的概念很感興趣，這很棒。我們見一面吧。』幾天後，我去了巴黎，我們共度一個下午。」帕拉齊記得范易謀告訴他：「我們一直在尋找自己的陣營。」達能集團始終相信「大公司可以推動大變革……以我們的規模，我們有能力與其他B型企業聯合起來，激勵其他非B型企業以及我們龐大的供應商和合作夥伴加入這個社群，讓企業成為一股向善的力量」。[2]

二〇一五年十二月，達能集團與B型實驗室簽署一項協議，提出兩個主要要求。首先，達能集團會讓包括北美分公司在內的部分分公司進行商業影響力評估。其次，達能集團會幫助B型實驗室調整適用於大公司的商業影響力評估標準，有了評估標準後，會自己進行測試，並幫忙介紹其他公司。這種合作關係促成達能集團北美公司進行B型企業認證，並讓達能集團設定目標，讓公司的全球組織在二〇三〇年之前通過B型企業認證，這對歐洲B型實驗室的發展至關重要，現在這也是整個B型企業運動的重要跳板。

達能集團北美公司在那次B型企業認證過程中面臨的最大挑戰在於，參與認證的工作人員人數眾多，為一百五十個人制定一個清晰明確的流程並非易事。甚至像登錄帳號這樣的小事也必須重新考慮：用於評估的帳戶數量有限，但負責這項工作的人數實際上更多。這限制達能集團北美公司去追蹤是誰輸入哪些資訊的能力。胡拉翰指出，B型實驗室當時是一個非常去中心化的組織，而且「如果沒有一個固定的窗口，我們就很難跟它們合作。我們的組織結構讓我們沒有能力去應對大規模組織的要求，」他坦承，「但我們已經做了改變。」現在，B型實驗室任命一名客戶經理，他不僅要負責增加新的公司，還要管理參與的流程。

B型企業認證包括一個對評分沒有影響的資訊揭露問卷，但它會考量一些可能比商業影響力評估的正面影響還要重要的負面影響，包括敏感的商業實務、公司及合作夥伴受到的罰款與裁罰等。B型實驗室通常會在認證流程的最後，也就是在商業影響力評估分數達到八十分之後進行資訊揭露問卷調查。但正如胡拉翰所言：「對（達能集團）這樣的大公司來說，這份問卷實在太長了，留到最後去做會讓每個人都十分焦慮。為此我們決定把它放到整個流程的前面。」B型實驗室的成員還發現，他們需要與大型跨國公司確定評估的範圍，包括需要完成多少項評估，以及什麼時候完成法律部分的內容等。正如胡拉翰解釋：這些要素集合在一起，對B型實驗室是一大考驗。「這意味著我們要提出一個預先界定好範圍的流程。我們提供資訊揭露問卷和背景調查，這樣我們至少可以緩解和掌控那些不確定因素。」

對達能集團北美公司來說，枝微末節的工作令人疲憊，九個月的時間又十分緊張。B型實驗室團隊首先確定哪些單位包含在達能集團的認證範圍之內，以及適用於每個單位的最佳方式是什麼。對部分公司來說，不同的單位和分支機構可以合併在一起報告。B型實驗室的克莉絲蒂娜．福伍德解釋說，這分為以下幾類問題：「它們是否有同樣的董事會，或者這些分支機構是否有自己的董事會？我們會查看它們的管理、政策，觀察這是由同個管理團隊制定，還是由不同管理團隊制定，因此有不同的政策。它們的地理位置也要考慮。而且最後我們會查看它們所在的產業，因為影響力評估中有幾個產業需要單獨評估。」由於分支機構的法律結構變化往往比它們的營運結構變化更頻繁，因此這類評估通常只會在同一個評估專案下整合各個營運單位。

總的來說，達能集團北美公司必須完成核心的達能集團乳製品業務、大地農場、阿波羅（Alpro，歐洲業務）和兩個小型單位的商業影響力評估。為了盡可能提供支援，B型實驗室團隊設定定期接觸的規則，以及詳細的專案管理結構。這都會隨著它與各家大型跨國公司的合作而持續改進。

為大公司開發認證

在大公司對B型企業認證表現出興趣的情況下，B型實驗室開始著手根據企業的規模和複雜性開發新的認證流程。二〇一九年四月，B型實驗室的跨國公司和公開市場顧問委員會公布，針對營收超過五十億美元的公司進行全新的評估和認證流程。公司的地理位置和複雜程度沒有任何影響，B型實驗室的跨國公司和公開市場顧問委員會只會根據公司的規模制定額外的要求和評估內容。[3]

B型實驗室的跨國公司和公開市場顧問委員會對用於大型跨國公司標準的嚴格程度和範圍提出了質疑，因為他們要考慮過去對B型企業在法律上的要求是否應該包括在評估內容裡。團隊成員很快就一致認為，標準需要更加嚴格，才能搭配上大公司對社會和環境產生的影響。此外，考慮到上市公司在短期盈餘上的壓力最大，他們還特別強調，上市公司必須像其他B型企業一樣滿足法律上的要求。

對大公司來說，B型企業認證還有一個重要的步驟，那就是進行額外的篩選，藉此驗證公司是否已經滿足一些基本要求。舉例來說，公司必須提供重要性評估，開發一個利害關係人參與的流程，這項流程必須是透明的，而且至少每兩年進行一次；其次，公司必須提供包括具體業績目標在內的管理戰略，這些目標需得到董事會評估，並向所有利害關係人公開；董事會必須準備一份有關公司處理政府事務和針對稅收理念的資訊揭露聲明，以及一項有關公司遵守特定人權協議或辨識某些與業務相關問題的人權政策；最後，公司還必須準備一份使用第三方標準的年度影響力報告，並向大眾公開。

在界定範圍的流程中，B型實驗室還要求要概述公司的結構和管理，這有助於確定完成全部認證所需的商業影響力評估數量。B型實驗室的業務開發總監卡拉．佩克（Kara Peck）告訴我，這點有時候說起來容易，做起來難。「在很多情況下，和只是說『嗯，這裡有一大塊業務，我們圍著它畫一個圈，這樣我們就清楚知道它在做什麼』相比，事情本身要複雜得多。例如，某家公司可能在美國有一個品牌在經營，但它們的國際業務卻被整合進母公司。因此，同一個品牌可能有不同的員工、不同的製造商、不同的經營方式。現實情況就是，大型企業的運作方式讓它們難以被清晰地劃分。」為了保證公司各面向都能遵循B型企業社群的精神，同時確保公司的商業影響力評估分數能夠反映各個業務部門的情況，界定範圍的重要性不言而喻。

接下來的步驟是評估和驗證，這是最累人的事。這時公司已經完成多項商業影響力評估，努力達到八十分的水準。在完成各個子公司的商業影響力評估之前，總公司必須完成「全球公司」(Global Headquarters)版本的商業影響力評估，這個版本側重治理的最佳實務。最後，這些評分會匯總起來，由工作人員計算出最終的商業影響力評估分數。

對大公司來說，認證過程要困難得多，也嚴格得多，但這樣能夠保證它們得到詳細的評估。大公司要想獲得認證，就至少要有九五%的業務通過商業影響力評估。如果公司整體評分達到八十分，但因為某些原因使子公司沒有達到標準，那麼公司可以獲得認證，但子公司在使用B型企業標誌進行品牌宣傳和行銷時會受到限制。這些子公司必須提高它們的分數，否則整個公司的認證資格就有可能被取消。在達到八十分之後，公司可以有兩年時間來修訂公司的治理方式，從法律上考慮所有利害關係人，否則它將失去認證資格。

迄今為止，對子公司進行認證是大公司參與B型企業運動的主要方式。B型實驗室網站列舉許多擁有多家獲得B型企業認證子公司的大型公司，它們涵蓋多個產業。其中有不少公司的名字耳熟能詳，像是聯合利華(班傑利、淨七代)、達能集團(快樂之家、達能集團北美子公司）以及寶僑（新章〔New Chatper〕）等。B型實驗室的跨國公司和公開市場顧問委員會建議B型實驗室應該「為商業影響力評估創立可以分開和合併使用的『全球公司』和『子公司』的版本，以便整個組織得到全面有效的評估」。[4]

達能集團是第一個獲得B型實驗室認證的「品牌之家」。儘管公司希望在所有產品上使用B型企業的標誌，但B型實驗室團隊認為有必要限定使用場合和使用方式。為此，B型實驗室為達能集團的每個品牌設定最低要求：每個品牌必須在商業影響力評估中達到八十分以上才能使用B型企業標誌。正如胡拉翰解釋：「想像一下，達能集團有一項很棒的優酪乳事業，同時也做煤炭生意。它有很龐大的煤炭業務，並且想在每塊煤上都印上B型企業標誌。如果是這樣，那麼我們會擔心此舉傳遞出的資訊。」例如，達能集團的咖啡奶精品牌國際樂（International Delight）在二〇一八年年底已經獲得非基因改造食品認證，但它只有在商業影響力評估分數超過八十分之後，才可以使用B型企業標誌。

勞瑞德教育：首家上市的共益公司

勞瑞德教育在一九九九年成立，目標是為被忽視的人群提供容易取得且負擔得起的高等教育。截至二〇一八年，公司在全球二十八個國家的八十八個教育機構總共有一百多萬名學員註冊。大多數教育機構都位於新興市場，這些地區的業務收入占公司總營收的八○%。最近，勞瑞德教育宣布未來會把事業重心放在智利、秘魯和巴西等地，但會繼續在澳洲和紐西蘭經營。[5]一些規模更小的機構可能會脫離這個網絡，但勞瑞德教育希望這可以讓公司的業務聚焦在最需要幫助的地區。勞瑞德教育的資深財務副總兼全球財務主管亞當・莫爾斯（Adam Morse）解釋，這麼做更符合「勞瑞德教育的核心使命：在教育品質的供給與需求不均衡的重要新興市場，提供高品質的高等教育」。

勞瑞德教育一直致力於消除營利性教育產業的壞名聲。二○一五年，這家公司通過B型企業認證，並在德拉瓦州註冊成為共益公司。二○一七年，公司完成首次公開發行，成為第一家上市的共益公司。在部分國家，勞瑞德教育實際上擁有教育機構。但在一些國家，由於立法和政府方面的規定，勞瑞德教育只能與當地機構合作辦學。這家公司如果想要通過認證，只需要使子公司的商業影響力評估加權分數超過八十分，但它卻讓所有分支機構都達到這個標準。

勞瑞德教育二○一七年獲得的最新認證，凸顯公司業務的一些關鍵層面。勞瑞德教育近半數的學生來自被忽視的族群，公司所有的分支機構都有企業公民專案（Corporate Citizenship program），專注於志願服務、社區發展、公益工作等。此外，勞瑞德教育近七〇%的分支機構有環境管理系統。在新任執行長的領導下，勞瑞德教育進行一些變革，但這些變革並沒有影響到公司創造持久影響力的決心。

解決認證過程複雜的難題

勞瑞德教育最初認證時，八十多個分支機構隸屬於五十多個子公司，這使得認證過程變得複雜與繁重。在創辦人道格．貝克爾（Doug Becker）的領導下，時任戰略主管和辦公室主任的艾瑪爾．達斯特（Emal Dusst）解釋，儘管很多人認為認證工作可以與公司的日常營運同步進行，但勞瑞德教育基本上「放下一切事情來完成認證」。整個認證過程是從上而下展開的：達斯特先向每個地區的執行長做了簡要介紹，然後讓每個地區的執行長與每個機構的執行長合作。相關資料、資源以及指導方針等會透過這條管理鏈傳達。達斯特說：「接下來我們只是要求他們每兩周和總部通一次電話，確保認證正常進行。」每個分支機構負責收集評估所需的相關資料和檔案。時任全球公共事務資深經理兼B型企業專案經理的陶德．韋格納參與評估工作，並幫忙協調各個分支機構的評估，而B型實驗室選擇五家分支機構進行實地考察。正如韋格納所說：「過程十分嚴格。」

在某些情況下，分支機構會遇到一些困難，因為它們沒有記錄商業影響力評估要求的指標。艾瑪爾．達斯特說：「後來，我們有了一個追蹤系統。」有時，一些必須處理的情況是違反直覺的。例如，達斯特認為，理論上當在一棟全新的建築物裡設置一個全新的機構時，它會因為「環保」加分，可是這個機構反而失分，因為商業影響力評估傾向使用現有建築物。正如這個例子表明的那樣，商業影響力評估在一定程度上要求企業理解標準是如何建立的。

莫爾斯指出：「我們的優勢在於，在認證過程中被問到的很多事情都是我們正在做的事，B型企業的思維方式已經在我們的組織中根深蒂固。也許我們必須改變我們的管理和記錄方式，但這並不意味著要從零開始。」韋格納回顧他在整個認證過程中所學到的東西：「我們確實花很多時間去剖析所有資料，以一種實際、而且對我們企業有意義的方式，來了解我們還可以在哪些方面改進，同時為利害關係人帶來正面的影響。」

通過認證之後，勞瑞德教育做出的一項改變是修改公司的全球道德準則，它借用商業影響力評估的文字來強化和鞏固這些準則。對於勞瑞德教育來說，評估的重點可能會因為分支機構所在國家的不同而不同，但始終不變的是公司關注自己提供給學生的教育品質。因此，對特定機構進行重要的改進，比單純全盤修改政策要有效得多。正如韋格納所言：「對於一家全球性的公司來說，制定足夠靈活、適用於所有國家的政策很重要，但同時這些政策必須夠具體，以滿足商業影響力評估中的一些標準。」

在進行商業影響力評估之前，勞瑞德教育從未有過這樣一個集中式的資料庫，讓領導人以視覺化的方式理解全球的分支機構。這個資料庫從多個方面改變他們的業務，現在他們更能理解自己的客戶，而且能堅定地表示：「我們正在這樣做，這就是我們想要接觸的群體。」勞瑞德教育也很關注環境議題，比如它很清楚在建設過程中需要考慮哪些因素。通過認證和加入B型企業運動的影響很龐大，這家公司在行動、外部性和影響力方面變得更加一致。這項認證也影響數百萬人的生活，包括學生、員工、教師等，它們都是勞瑞德教育社群的成員。

邀請投資人加入

首次公開上市之前，勞瑞德教育成功獲得董事會和KKR等主流私募股權投資人的支持。但公司領導人擔心，其他主流投資人在參與股票發行時會變得猶豫不決。莫爾斯回憶公司領導人問過的問題：「當投資人對營利性教育機構抱持著一種固有的偏見時，你怎麼才能向他們解釋清楚，並告訴他們營利性教育機構也是好的、有需求的，而且真的對世界有好處？」B型企業運動給出這個答案。勞瑞德教育可以告訴他們，許多非常成功且賺錢的公司都已經加入這個運動。

貝克爾回憶，當公司高階主管舉行說明會，向投資人介紹自己的公司時，投資人會問：「什麼是上市共益公司？那是什麼意思？大多數人對這個概念的第一反應往往是：『哇，這一定是某種稅收規畫策略。』」但接下來，勞瑞德教育會用五分鐘的簡報時間來解釋B型企業運動，提醒投資人，勞瑞德教育的口號是『為善而來』（Here for Good）。這有雙重含義，一個是勞瑞德教育是家要貢獻社會的公司，也是一家打算持續經營的公司。」

做簡報的人沒有強調透過股東利益優先來得到傳統的短期報酬，而是強調長期規畫和長期報酬的重要性。莫爾斯反思，「我們『為善而來』的哲學既是使命，也是不變的堅持。我們發現，我們不能只看著下一季的短期目標就做出決策，特別是在這種決策可能不利於兩年後發生的事情時。」公司前任共益長兼國際公共關係資深副總艾絲特·班傑明（Esther Benjamin）強調勞瑞德教育為吸引投資人所做的努力，她告訴傑·吉柏特，為了提高投資人對共益公司和B型企業認證的認知，他們花了將近兩年的時間。[6]

在勞瑞德教育向美國證券交易委員會（SEC）提交的文件（也就是知名的S-1文件）中，有一封寫給潛在投資人的信，貝克爾寫道：「平衡客戶的需求是我們成功和長久發展的關鍵，這可以讓我們在經濟困難時期保持成長。在很長一段時間裡，我們都沒有找到一種簡單的方式來解釋一家營利公司致力於造福社會的理念。」這就是為什麼B型企業運動會引起他的注意，他解釋說：「當這個概念席捲全國時，我們審慎地做了考察……這是一種新公司形態，它專注於高標準的公司使命、責任和透明度。」[7]在上市之前，勞瑞德教育決定在德拉瓦州重新註冊，那裡有最先進的共益公司立法。

二〇一五年十月，勞瑞德教育成為第一家向美國證券交易委員會提交上市公開說明書的共益公司。莫爾斯回憶他碰到最常見的問題是：「這是否意味著如果某件事情只對股東有利，你們就不會做？」對此，他這樣解釋：「這意味著我們在做決定時只需要考慮我們聲稱的公共利益。」資本投資計畫就是這方面的一個典型例證。莫爾斯解釋，「作為提案的一部分，如果有人說：『我希望把錢用在新校區上，』或『我希望在這類計畫上做這樣的投資，』那麼被審核的投資提案就必須包含一份報告，衡量這個計畫如何與我們制定的B型企業要求列表保持一致。」他告訴投資人，公司在做出決策時不能只盯著一個面向，而是要考慮不同的組成部分，進而做出更複雜、更有益的決策。最終，勞瑞德教育並沒有遭遇太多來自投資人的阻礙，因為他們已經意識到公司對社會使命的投入與核心價值觀。

與「大自然」、達能集團一起追求持續改進

二〇一四年十二月，巴西頂級化妝品與個人衛生用品製造商「大自然」宣布，承諾在二〇二〇年以前採用新的永續發展指導方案。此舉促使這家公司開始尋求通過B型企業認證。「大自然」在一年後實現這個目標，成為首家在全國性股票交易所上市（聖保羅）的公司，而且在當時是規模最大的B型企業。[8]「大自然」擁有近七千名員工，業務遍及歐洲和拉丁美洲（包括併購的英國化妝品先驅品牌美體小舖）。二〇一九年，「大自然」的年銷售額超過三十億美元，公司也獲得二〇一五、二〇一六和二〇一七年B型企業對環境最好獎（B lab's Best for Environment Award）。二〇一九年五月，「大自然」宣布同意以二十億美元的價格收購雅芳，此舉使其成為世界上排名第四的化妝品公司。這件事的意義重大，因為第一次有一家美國的上市公司，董事會投票通過決定採用關注所有利害關係人的公司結構。[9]

和雅芳一樣，「大自然」也採取直銷模式。它擁有一個一百六十萬人的網絡，其中大多數是女性，在幾個國家銷售公司的產品。「大自然」還支持三千一百家家族企業，讓它們成為供應商。公司的銷售人員會接受培訓，而且大約四分之三的員工加入公司的分紅計

畫。[10]「大自然」的核心使命是透過「對透明度、永續性和福祉的承諾」，建立一個更加美好的世界。「大自然」的永續發展行動遵循「好好生活」（Well Being Well）的口號，包括透過建立對原料的最新需求來保護亞馬遜雨林，像是公司在這裡發現可以加入產品生產流程的油類和水果。[11]

二〇一三年，「大自然」成為全球最早發表綜合性年度報告的公司之一。報告中不僅解釋公司財務的業績和戰略，同時還考察公司在社會和環境方面的表現，內容涵蓋金融資本、製造資本、人力資本、社會資本、自然資本和智力資本等。這使得公司可以更好地定義自身的價值觀，同時也顯示需要改進之處。[12]

達能集團北美公司也是如此。在設定商業影響力評估標準之後，公司領導人做出從內部和外部持續改進，為下一次評估做好準備的承諾。德布．艾施邁爾（Deb Eschmeyer）曾在蜜雪兒．歐巴馬（Michelle Obama）的「動起來」（Let's Move）行動中擔任執行總監，並在美國白宮擔任營養政策資深顧問。後來她加入達能集團北美公司，擔任傳播與社區事務部副總。她回憶公司獲得認證那天：「我們花了差不多兩個小時來慶祝。然後我們想：『好吧，我們剛得到一個不錯的分數，八十五分，但我們知道可以做得更好，那會是怎樣？』」

達能集團北美公司公共利益和永續發展部門的資深主管迪安娜・布拉特爾（Deanna Bratter）指出，公司的第一步是透過一個彩色編碼系統列出商業影響力評估的相應過程。「綠色是我們認為自己做得很好的地方，而且有相應的資訊來支持這個判斷；黃色是我們認為我們有資訊，而且做得還不錯的地方；紅色是我們缺少資訊，或我們認為自己可能很薄弱的地方；黑色則是我們明白自己沒有相關資訊，而且無法回答的地方。」迪安娜的下一步是檢視黃色這類領域，「我們知道自己在這個領域已經有所作為，但可能沒有系統或資料來跟蹤或證明它。」這是這個公司改變策略的主要焦點，也是發展路線推進的方向。然而，她強調公司始終把重點放在「實踐B型企業的理念」，而非商業影響力評估的分數。

達能集團的目標是在二〇三〇年之前讓公司的全球組織完成B型企業認證。達能集團共益社群總監布蘭丁・斯蒂芬妮（Blandine Stefani）解釋，達能集團實際上已經「收到來自各個分公司的大量請求，它們都希望通過B型企業認證」。達能集團的領導階層目前正在與B型實驗室合作，以確定達能集團的各個分公司是否都具備認證資格。一旦確定，達能集團就必須建立一個全球性的系統來處理包括全球性品牌、全球化採購和國際化營運等「全球化」方面的問題。達能集團還計畫參加專為跨國企業設置的全新商業影響力評估版本測試。隨著時間的推移，當商業影響力評估被整合到達能集團內部報告系統後，評估工作將變得更便利。

開創一項歡迎大型上市公司的運動

B型實驗室正處在快速且有效提高大型企業意識的早期階段。自從達能集團北美公司於二〇一八年獲得認證以來，至少有七家大型跨國公司向達能集團了解認證過程。布拉特爾表示：「公司規模愈大，B型企業認證的臨界點到來的機會也就愈大。大型企業和大型跨國公司在營運方面會先考量社會、環境和人權因素，那時就是我們真正改變整個系統、創造長期價值，而且開始消除部分短期風險的時候。」

B型實驗室團隊還提出一些更深層的問題：僅僅採用一些企業社會責任的實務、在嘴上說說企業使命是不行的，要讓企業真正圍繞這些理念來經營，這對大型跨國公司來說意味著什麼呢？對此感興趣的公司告訴他們：「我們的願景說的是我們要成為那種為利害關係人、員工和我們所在的社群創造價值的公司。我們明白這是我們應該要前進的方向，但在如何實現這個目標上我們需要幫助。」卡拉．佩克告訴我，B型實驗室過去對此的反應是：「這不是我們的責任，我們的責任是在你們達到那個目標的時候提供認證。商業影響力評估是你們了解如何採取最佳實務的工具。」

B型實驗室現在認識到，大公司的認證之路有三大障礙。第一大障礙是它們需要路線圖。它們應該從哪裡開始？它們如何才能朝著B型企業的方向發展？僅僅使用商業影響力評估或B型實驗室跨國公司和公開市場顧問委員會的流程是沒有用的，公司需要的是一個框架。第二大障礙與第一大障礙有關，那就是它們需要與同儕聯繫。跨國公司總是會問：「還有誰這樣做？可以讓我們認識一下嗎？」第三大障礙無疑是最具挑戰性的，也可能是最為重要的，那就是如何讓股東參與，從而實現公司在法律結構上轉變為共益公司的想法。

為了解決這些問題，B型實驗室必須重新審視核心原則，並自問：「B型企業運動到底是什麼？」這項運動當然一直包含著B型企業認證，但在更深入地思考推翻股東利益優先的目標之後，B型實驗室的領導人發現，他們應該創立一個更廣大的社群。因此，他們提出「B型企業運動推廣單位」（B Movement Builders）計畫，這項計畫清楚表達六項原則。如果一家大公司承諾遵循這些原則，並採取實際的措施來證明它嚴格地做到這些原則，而且符合B型企業社群的精神，那麼它就是在為B型企業運動提供幫助。

B型實驗室打算在第一年招募十家公司參與這項計畫。這項計畫的六項原則看起來並不陌生。第一個原則不用說，就是這些公司必須簽署「相互依存宣言」，對這個運動做出有力的承諾。第二個原則圍繞著評估和驗證工作。B型企業運動的推廣單位必須立即著手評估公司的部分業務，確認必須改善的關鍵領域，然後根據這些資訊採取行動。這些計畫可能會隨著時間的推移而展開：先評估一個業務單位，然後逐年擴大評估範圍。改進是成為B型企業社群成員的一個關鍵步驟，對「B型企業運動推廣單位」計畫來說也是如此。第三個原則是致力於實現聯合國永續發展目標。

接下來的兩個原則指出影響力和透明度的重要性。「B型企業運動推廣單位」計畫致力與同儕和規模更大的B型企業社群合作，創造更廣泛的影響力。透明度則是B型實驗室和B型企業運動的基礎，因此所有B型企業運動的推廣單位都必須公開分享他們的年度影響力報告。

最後一個原則對一些企業來說很重要，那就是利害關係人治理原則。B型企業運動的推廣單位要簽署並發表一封公開信，要求對企業領導階層、資本市場以及政策進行必要的改革，從而創造一種治理結構，使公司關注所有利害關係人，而不僅僅關注股東。

為什麼有的公司還沒有做好成為B型企業、加入「B型企業運動推廣單位」計畫的準備呢？我已經強調和概括各種要點，本書在很多方面也已經給出全部理由。一家公司可能有興趣提高員工的敬業度和留任率，吸引媒體關注，當然還包括在大眾中建立信任和品牌價值。B型企業得到這些好處，B型企業運動的推廣單位也不例外。許多公司都希望投資人能認同公司的長期價值，克服資本市場的短視行為。「B型企業運動推廣單位」計畫可以幫助它們做到這一點。

達能集團執行長的資深顧問洛娜・戴維斯是B型實驗室的全球大使。她和我分享她的理念，她認為二十年後，人們會對非B型企業說：「你們居然沒有參加認證，這真的有點荒謬，你們就是這麼做生意的嗎？」廣義上來說，這就是為什麼企業應該加入「B型企業運動推廣單位」計畫，而且會加入的原因。戴維斯身為全球大使，正在引領這項運動擴大規模。她向我描述她如何努力對外聯繫：「我一開始說的是，我們之所以選擇這項認證是因為三個關鍵因素。它有法律框架，而法律體系的轉變相當重要，而且大型企業需要在此發揮一定作用。其次，認證並不簡單，競爭十分激烈，但從戰略和成就的角度來看，它的確有一定好處。而第三是因為這是一項運動，它十分年輕，也很時髦。」不過，她很快補充，「我認為會有一小波勇敢的菁英先行者出現。隨著時間推移，其他企業也會加入。」這樣的先行者已經不少，達能集團和聯合利華就是最好的例子。而現在，有了「B型企業運動推廣單位」計畫，更多的企業也會陸續加入。

第十一章

讓消費者關注

隨著B型企業運動蓬勃發展，巨大的挑戰還是持續存在（尤其是對消費品公司來說），那就是消費者並不了解B型實驗室或B型企業。二〇一七年，B型實驗室的一項內部研究顯示，美國只有七%的消費者知道B型企業。有些人可能會說，考慮到B型實驗室從來沒有對消費者直接行銷B型企業的品牌，也不要求B型企業使用這個標誌，因此有七%的的人知道實際上已經是個令人驚訝的數字了。儘管如此，一般消費者還是不了解B型企業，不知道它代表什麼，也不了解B型企業運動完成什麼工作。很多人雖然都在購買各個B型企業的產品，但是並不知道將它們聯繫在一起的這個認證。推動這項運動需要消費者的理解，他們的選擇可以為永續資本主義新模式的發展提供支援，這種模式能夠創造高品質的就業機會，改善人們的生活品質，同時保護我們的自然環境。在大眾缺乏共益品牌認知的前提下，我採訪過的許多B型企業領導人都表示，他們擔心這項運動最終會停滯。

事實上，這個問題一直備受關注。二〇一〇年，吉柏特告訴我，當他試圖說服一些公司加入這個運動時，大多數公司都問到品牌資產的問題。在運動早期，B型實驗室無法保證B型企業或共益公司的稱號能讓產品的銷量提升。但B型實驗室的創辦人有理由對此寄予厚望。在最初的市場調查中，他們發現超過「九五%的人對B型企業的概念持正面態度，三分之二的人表示他們在下次購物時會尋找B型企業的產品」。

說服消費者去關心B型企業運動是一項重要的挑戰，但這對於實現B型企業運動的目標來說至關重要，B型實驗室目前正在努力解決這個問題。千禧世代和他們的下一代是高度關注公平和永續的消費者。當他們開始承擔更大的責任，而且提升購買力時，他們還會帶來很大的影響。但在所有消費者都了解B型企業運動之前，這項運動不會有所突破。

B型企業的品牌知名度不高，部分原因在於一些參與者的不作為，另一部分原因則在於很難陳述B型企業品牌的複雜性。

挑戰消費者意識

我採訪過的許多公司告訴我，它們在提高人們對B型企業的品牌認知方面面臨一些固有的挑戰。儘管企業可以透過辨識出消費者關心的特定問題來提高它的市場價值，但B型企業認證涵蓋廣泛的社會和環境指標，因此很難讓消費者看到其相關性。例如，戶外用品公司巴塔哥尼亞關注的重點是環境，因此它在品牌宣傳和行銷等各方面都向客戶表明這點。走進巴塔哥尼亞的商店，你會看到美麗的山景圖片。有很長一段時間，巴塔哥尼亞產品目錄裡的戶外照片比它的產品還要多。B型企業運動則更加全面，但B型企業標誌並不能告訴消費者一家公司是否在環境、員工治理或其他具體計畫上做得更好。巴馬的執行長寶拉・馬歇爾認為，有必要解釋清楚這項運動適用的範圍，「問題在於，我應該在哪裡提出這個概念？我應該稱之為永續性，還是B型企業永續性？我應該把正在做的企業永續發展工作改成其他名稱？」

我採訪過的一些公司也認為，要讓客戶區分共益公司和B型企業也是很困難。兩者對當責和透明度的要求相似，名稱也很接近，而這正是最容易讓人困惑的地方。其實共益公司和B型企業在相關表現的呈現方式上有很大的不同。前者需要企業主動報告進展，後者則要求企業必須獲得一個能夠通過認證的最低商業影響力評估分數，而且相關進展必須記錄下來。此外，兩者在可行性（目前美國的三十五個州以及義大利、哥倫比亞、厄瓜多、加拿大不列顛哥倫比亞省等地有共益公司，B型企業則遍布世界各地）和成本（參加B型企業認證的費用遠遠高於成為共益公司的費用）方面也有所不同。針對這些疑惑，我採訪過的一名B型實驗室員工將這種情況和有機產品做了對比：「有機產品的模式有很多，而我們想告訴市場，B型企業是最好的版本。」要想弄清楚這種困惑給消費者帶來多大的影響並不容易。然而，隨著消費者認知的提高，這種困惑可能會變得更加普遍。

更具挑戰之處在於，具有社會使命的營利公司是一個相對較新的概念。《消費者研究雜誌》（*Journal of Consumer Research*）在二〇一七年的一項調查發現，只有四分之一的消費者知道營利性社會企業（for-profit social ventures）[1]的存在。調查還發現，企業的營利導向會讓消費者的支持減小，這意味著營利性社會企業必須明確闡明自己的營利導向，否則就會面臨消費者強烈反對的風險。B型企業和其他使命驅動型企業誕生於一個充斥著空洞的企業社會責任倡議和「漂綠」式永續發展目標的環境之中，因此消費者對「假裝負責任」的企業心存警惕是可以理解的。但在另一方面，新冠肺炎疫情所暴露出的系統性問題、日益加劇的收入不平等以及環境問題都表明，現在是開展類似事業的時候了。

所有這些挑戰都指向一個巨大的機會。「漂綠式」和空洞式的企業承諾已經成為消費者在意的主要問題，幾乎每天都有大公司的謊言被戳破。消費者對企業的永續發展和公平聲明保持著謹慎的態度。B型企業運動，特別是其認證過程，直接回答這個問題。商業影響力評估是一項嚴格而全面的工作，消費者一旦認識到商業影響力評估在評估公司影響力方面的實力，就會開始信任這家公司。在這個方面，最近的一些研究顯示出一些有希望的結果。實驗人員給參與者看班傑利冰淇淋盒子上的圖片，這些圖片有的印有B型企業標誌，有的沒有。重要的是，有標誌的圖片上還有含義說明。在這些條件下，B型企業認證對消費者的購買意願、溢價支付意願以及品牌信任度都產生正面的影響。[2]

我們知道，消費者希望以負責任和有意識的方式購買產品，並且願意為此支付更多的錢。B型企業標誌正是這些消費者正在尋找的目標，這些消費者要做的只是了解這個標誌的含義。

為什麼消費者應該關心？

《公司》（*Inc.*）雜誌刊出一篇題為〈像巴塔哥尼亞、沃比派克和湯姆鞋一樣行銷，你的社會價值觀可以為你的品牌和營收帶來福音〉（Market Like Patagonia, Warby Parker and Tom's Shoes——Your Social Values Can Be a Boon to Your Brand——and Your Revenue）的文章中，鼓勵公司優先考慮它們的使命和價值觀。它強調巴塔哥尼亞對生態問題的重視：二〇一〇年，這家公司將這個問題寫進自己的供應商標準。截至二〇一一年，它的營收成長三〇%，還不得不新開幾十家店來滿足市場需求。[3]

這說明B型實驗室有很多故事可以增加消費者意識。二〇一六年，為了了解他們能如何提高消費者對共益品牌的認知，包括卡伯特奶油、A to Z紅酒（A to Z Wines）、普拉姆有機公司（Plum Organics）等多個B型企業的行銷負責人成立一個委員會。他們得出的一項結論是，重要的是要讓消費者認識到「共益」不僅僅代表永續性和環境，還包括許多對美國一般消費者來說非常重要的事情，例如公平薪資、就業機會與多元化等。它意味著福利、社區和個人發展、安全的工作環境，更包括良好的工作條件和生活品質。卡伯特奶油的艾米．萊文（Amy Levine）表示，「要想讓更多大眾與B型企業建立聯繫，我們還需要一個更大、更廣泛、更長期的策略。」她還表示，卡伯特奶油希望消費者問問自己：「你會把票投給那些遵循這些價值觀的企業嗎？無論是用金錢投票，還是選擇與這些企業合作，或是成為其中一員？」推動消費者意識的提升，必須要從人們關心的事物出發。

許多趨勢表明，消費者正朝著正確的方向前進，有意識的消費主義（conscious consumerism）有上升的趨勢。二〇一七年Good.Must.Grow.公布的一項調查發現，消費者認為在有社會責任感的企業那裡購買產品非常重要。然而，四〇％的受訪者表示，他們不知道在哪裡可以找到這樣的產品，也不知道如何判斷一家公司是否具有社會責任感。[4]

說服消費者關心B型企業運動與聯合國永續發展的十二個目標緊密相關，這個目標著眼於確保永續的消費和生產模式。[5]正如這個目標所強調的那樣，我們必須重新規畫我們的消費和生產模式，因為就當前情況來看，到二〇五〇年，我們的星球將無法維持我們的生活。如果地球上的人口按預期成長，而我們又堅持同樣的消費和生產模式，那麼我們需要四個地球的資源才能維持人類的生存。[6]除了是非對錯，我們的改變還事關存亡。

千禧世代更渴望改革企業

在暗示未來人們消費意識不斷增強的趨勢中，人口統計資料發揮重要作用。例如，全球有七三%的千禧世代願意為他們認可的永續產品和來自做好事企業的產品支付額外費用。他們希望影響世界，在這種意願的驅使下，他們正在積極尋找能夠讓他們這麼做的產品。千禧世代是最大的零售消費群體，他們的購買力每年高達兩千億美元。年齡在二十歲以下的受訪者對永續發展同樣感興趣。[7] 二〇一〇年，一項針對千禧世代購買決策的研究調查他們與X世代做出的道德決定，發現千禧世代更看重和關注企業的行為與使命。[8] 千禧世代是推動B型企業運動的重要力量，他們也推動企業朝負責任的方向發展。

二〇一五年的一項研究顯示，千禧世代有強烈的意願去購買生態友好且具有正面健康效應的產品。尼爾森（Nielsen）負責公共發展和永續發展的資深副總葛瑞絲．法拉吉（Grace Farraj）預測：「在今天的年輕消費者群體中贏得社會責任和環境友好名聲的品牌，不僅有機會擴大市占率，還能在未來消費能力強的千禧世代中建立忠誠度。」[9]

千禧世代還鼓勵企業以不同方式朝著提高意識和改進內部管理的方向前進。年輕人支持B型企業社群的競爭，這可以促使每家企業都變得更主動。很多年輕的員工正在認識這場運動，並鼓勵自己的公司尋求認證。

從二〇一〇年起，我每年都會向學生介紹B型企業，並在校園舉辦活動，邀請B型實驗室創辦人前來與學生討論自己的工作。當我在二〇一〇年的首場活動上邀請B型實驗室三人組時，只有一小部分學生參加，但自二〇一六年起，這類活動場場座無虛席。

我的經驗並非特例。近期，波洛克的創辦人約翰．佩爾在與千禧世代互動時也注意到他們在意識上的轉變。在波士頓愛默生學院（Emerson College）的一場演講中，他提到B型企業，以為沒有人知道它是什麼。一個學生卻突然插話說：「等等，波洛克是B型企業嗎？」這位學生和教室裡的其他幾位學生開始向在場的同儕描述B型企業運動。佩爾表示：「突然之間，這裡就迸發出火花。」那一天，在那間教室，學生們都成為波洛克的忠實顧客。

位於波德市的Foundry Group專案經理米卡．馬多爾（Micha Mador）表示，在Foundry Group認證的過程中，科羅拉多大學一位MBA專業的學生在聽說這項運動之後找到這家公司，了解有關商業影響力評估的內容，接著幫助這家公司完成認證。每年，波德市都會舉辦「創業週」（Start Up Week）活動。馬多爾記得二〇一六年，B型企業活動吸引大約五十人參加，兩年後參加活動的人數增加至兩百五十人。人們對這項運動的興趣和認知在如此短的時間內大幅提升，實在令人震驚，顯然這也說明這個世界對變革和改善企業的渴望。

改變標誌的爭論

這是一個進退兩難的問題：如果產品包裝上沒有B型企業標誌，人們就不會增加對這項運動的認識。然而，很多B型企業並不願意在產品包裝上為B型企業標誌預留空間，因為它們認為消費者不知道這代表什麼。產品包裝上的空間可謂寸土寸金，很多公司都覺得沒有地方放置B型企業標誌及其含義。大多數B型企業生產的產品都得到其他認證，比如公平貿易認證、有機或節能認證等，而且每個認證都有自己的標誌。正如圖爾西茶（Tulsi tea）和有機草本供應商有機印度公司（Organic India）執行長凱爾．迦納（Kyle Garner）所說：「我們獲得有機認證和非基因改造食品認證，每個人都知道它們是什麼意思。」艾琳費雪的麗蓓嘉．馬吉（Rebecca Magee）解釋說，她的公司正嘗試在店裡向消費者傳遞其他幾種認證資訊，如果再傳遞B型企業的資訊，這會產生「感官超過負荷的情況」。

在這項運動的早期，很多公司把B型企業標誌印在產品包裝上，以此作為這個領域的先鋒。亞瑟王麵粉在二〇〇六年獲得認證後，立即把標誌印在產品包裝上。當我向公司聯合執行長拉爾夫・卡爾頓詢問為什麼B型企業標誌和B型實驗室的介紹占據公司麵粉袋的整個版面時，他告訴我：「會印在那裡是因為這是應該做的。」卡伯特奶油也將B型企業標誌印在自己的包裝上，「作為誠意的象徵」。無獨有偶，馬斯科馬銀行也在大部分行銷宣傳上印上B型企業標誌。就像公司執行長克萊頓・亞當斯（Clayton Adams）告訴我的那樣：「人們對B型企業的認識不多，因此我們必須增加人們對它的認識，所有B型企業都有義務這麼做。」

為了讓目標客戶了解B型企業認證，蓋璞旗下的運動服裝品牌阿仕利塔、達能集團北美公司等最近獲得B型企業認證且規模較大的公司，已經採取一系列重要措施。阿仕利塔的領導團隊討論如何向員工或顧客宣傳自己是通過認證的B型企業。「我們決定雙管齊下，」阿仕利塔的戰略倡議經理艾蜜莉・奧爾布里頓（Emily Allbritten）說，「而這麼做的回報也的確超出我們的預期。」阿仕利塔在店面醒目地展示B型企業標誌，並貼上解釋B型企業運動的海報。阿仕利塔團隊甚至將這個標誌印在產品吊牌上。

達能集團也在提高消費者認知方面發揮重要作用。在通過認證後，它也將B型企業標誌印在產品包裝上。正如迪安娜・布拉特爾指出的那樣，達能集團接觸的消費者很廣大，它的產品有九億消費者，這是規模相當大的一個群體。截至二〇一八年年底，B型企業標誌已經出現在維嘉（Vega）、西爾克和好美味（So Delicious）等品牌的產品上。達能集團北美公司希望在二〇一九年將這個標誌印在其他產品上，德布・艾施邁爾表示：「你希望確保消費者不僅認識B型企業標誌，而且能徹底理解它的含義，在達能集團北美公司我們把它視為一個絕佳機會的地方。我們在這方面做了許多事情，提高大家對B型企業的認識。」[10]

近年來通過B型企業認證的大型企業所做出的公開承諾必定會扭轉這個局面。在B型實驗室負責企業拓展的安迪・費夫（Andrew Fyfe）表示：「無論是獲得業務發展機會，還是搭上品牌知名度的便車，規模愈大的公司對此投入得愈多，給小公司帶來的好處也愈大。」有機印度公司的凱爾・迦納表示，他的公司已經改變不使用B型企業標誌的決定。當我在二〇一八年夏天見到他時，他說：「目前全球大約有兩千五百家B型企業，而且這項運動還在吸引更多企業。我有信心它會朝著這個方向發展下去。」二〇一八年九月，有機印度公司將B型企業標誌印在所有產品的背面，並且在三種產品的正面也印上這個標誌。淨七代的使命宣傳和對外連絡主管艾希莉・奧根（Ashley Orgain）也看到這個轉變，她說：「我認為消費者對公司的要求愈來愈多，無論是透明度、真正的成分，還是包裝的材料。」為此，淨七代認為「感覺我們需要以全新的方式打破局面……我們的方法正在成為主流」。

新比利時啤酒最近也在產品包裝上加上B型企業標誌。你可以在單車啤酒（Fat Tire）的瓶身和其他產品的外包裝上找到這個標誌。新比利時的團隊也開始在店內安排其他與B型企業相關的促銷活動。例如，如果你購買多種B型企業的產品，就可以獲得折扣。

但還是有一些重要的公司沒有加入。早期知名的B型企業班傑利與巴塔哥尼亞還是不願意在產品印上B型企業標誌。班傑利的羅布．邁克拉克表示，公司正在尋找其他方式來向消費者介紹B型企業，比如網站、社群媒體和廣告等。巴塔哥尼亞常常在行銷中強調它獲得的各種環保認證，但B型企業標誌還沒有進入公司傳遞的資訊之中。不過有個令人鼓舞的跡象是，班傑利最近在新上市的一款名為脆皮（Slices）的產品上印上B型企業標誌。邁克拉克解釋，「我們已經開始嘗試使用B型企業標誌，也許我們可以在這方面多做一點，因為人們就是這樣認識B型企業運動。」

儘管我們可能還沒有在這個問題上到達轉捩點，但我們正接近將這場運動推向下個階段的邊緣。與上面提到的研究結果一致的是，當我們將B型企業標誌呈現給大家並加以解釋時，人們的購買意願會增強，我們正處在消費者開始願意理解這個標誌重要性的階段。

但若想讓這個運動繼續發展下去，巴塔哥尼亞、班傑利等領先的B型企業必須趕上阿仕利塔和達能集團這類新B型企業的步伐，開始利用自己廣泛的影響力來幫助消費者建立消費意識。作為先行者，它們可能會落入某種思維，認為在包裝上印上B型企業標誌不過是一種領導的行為，而並沒有意識到B型企業標誌已經開始帶來回報。

當責和真實的力量

可信度是B型企業認證給企業帶來的一個重要好處。這種認證表明公司在認真做事，而不是在「漂綠」。這顯然是阿仕利塔和達能集團北美公司從B型企業標誌中看到的一種價值，這種認證可以將它們與其他競爭對手區分開來。吉柏特分享他經常在B型企業領導人和B型實驗室團隊成員那裡聽到的觀點：「人們希望獲得可以讓他們更容易做出正確決策的工具，他們比任何人都相信自己，如果你可以給他們一個工具，讓他們深入了解透明度標準，然後他們就會說：『好的，現在我知道為什麼這家公司更好了，』而這是一項規模宏大的公共服務。」B型企業標誌能夠幫助消費者識別真正優良的產品。

其他類型的認證也持續發展，它們強調消費者有意願和需求對當責設定標準。有關公平貿易認證的研究顯示，七五％的千禧世代在購物時會考慮該認證，他們也願意為擁有該認證的產品多花二〇％的錢。千禧世代還表示，當一家公司宣稱自己肩負環境或社會使命時，他們會尋找證據，而不會輕易相信官方說法。[11]

對客戶的影響：聲譽和忠誠度

客戶忠誠度是另一個重要的考量因素。當班傑利為了更加了解消費者的共鳴和忠誠度而對此進行研究時，它發現，它的消費者對公司品牌的忠誠度是其他品牌冰淇淋消費者的二．五倍。這項研究說明，消費者忠誠度之所以這麼高，是因為消費者相信這家公司真的代表某些東西，而且在認真做事。

在Preserve，艾瑞克．哈德森指出，B型企業標誌會讓客戶這麼想：「這是Preserve與眾不同的另一個原因，因為它屬於挑戰極限的公司。」Preserve認為，讓現有客戶認識B型企業標誌，並最終讓大眾市場消費者都認識B型企業，這是一種「服務B型企業運動」的方式。綠山能源也有同樣的感覺，正如艾曼達．伯拉爾迪（Amanda Beraldi）解釋的那樣：「我們的客戶希望我們做好B型實驗室想要我們做好的各個方面。例如，佛蒙特州設定在二〇五〇年以前達到九〇%可再生能源供應的目標，而綠山能源的目標則是超越這個數字。我們已經宣布，公司將在二〇二五年之前達成一〇〇%無碳能源（carbon-free energy）供給，並在二〇三〇年之前達成一〇〇%可再生能源供給。」當B型企業強調身為B型企業的使命和更廣泛的承諾時，消費者，特別是年輕消費者，對這些品牌會更加忠誠。

正如班傑利了解到的那樣，一家公司的社會使命和負責任的商業實務會引起消費者的共鳴，從而提高他們的忠誠度。尼爾森在二〇一五年進行一項研究，調查公司的永續發展承諾對消費者的影響，影響最大的因素是品牌信任度。全球近三分之二的消費者表示，他們對品牌名稱和聲譽的信任會影響他們的購買選擇。信任和忠誠度密不可分，而它們只有處在B型企業標誌下，才真正有意義。[12]

社會使命可以改善公司的形象和聲譽，而這意味著客戶會向朋友推薦這家公司。尼爾森的研究顯示，六六%的受訪者表示他們會為永續商品支付更多錢。十年前，通常只有有錢人才會選擇永續和負責任的企業；今天，各種收入水準的人對永續發展的支持是一致的。事實上，收入較低的人更願意為注重社會和環境影響的公司產品支付更多的錢。[13]

社會使命、消費者意識和企業價值之間有很強的相關性。最近的一篇期刊文章指出，隨著社會和社區的貢獻融入企業的基因時，消費者購買產品的意願也會有所增強。[14]這表明，當消費者認識到B型企業標誌所代表的含義時，他們最終會有意識地購買更多這些公司的產品。

尋找和激勵社區份子

公平貿易認證、美國農業部有機食品認證（USDA Organic）、美國製造認證（Made in USA）以及雨林聯盟認證（Rainforest Alliance）等認證都會影響消費者的看法和購物偏好。B型企業認證影響誰呢？哪些消費者最關心B型企業的產品，並能推廣它們？很顯然，千禧世代對此十分關心。B型實驗室針對消費者的研究表明，被貼上「社區份子」〔Community Jo（e）s〕標籤的消費者可能也會被B型企業所傳遞的資訊吸引。

社區份子是指自然而然參與社會事業的人。他們尋找通過認證的產品，研究並談論它們，在這個由社群媒體驅動的世界，他們草根式口耳相傳的推薦可能比你認為的更有價值。了解消費者關心的事，並由B型企業行銷策略反映出來的做法可能會非常有效。[15] 通常這群人會支持在地企業、自己的社區與街坊。社區份子通常透過當地企業的「週六小生意」（Small Business Saturday）這樣的促銷活動聚集在一起。他們強烈認同以下的聲明：

一、我盡量購買本地獨立企業的產品。

二、我會在堅持公平雇用實務或支付最低生活保障薪資的商店購物。

三、我願意為致力永續發展的品牌付更多的錢。
四、只要有可能，我會購買對環境友好的產品。
五、我願意為對世界做好事的品牌付更多的錢。

研究表明，這樣的人占美國主要食品購物者的三分之一。他們的教育程度高，收入高於平均水準，而且大多數人（約三分之二）是女性。他們家裡有孩子的可能性更高，而且他們更可能是千禧世代。社區份子為種族平等、受教育機會和公平薪資而投資，全球暖化和潔淨水源等議題對他們而言也十分重要。他們是政治活躍份子，會捐款給慈善事業，參加募捐活動。當社區份子信賴某種產品時，他們會強烈支持它。他們之中有四一%的人會花時間購買通過認證的產品，四四%的人會推薦那些產品。[16]

尋找和接觸社區份子可以幫助企業創造一個市場。馬塞洛・帕拉齊解釋，「公司可以創造自己的市場，市場並不是靜止不變的。基本上，這是一種人際關係：你和客戶、潛在客戶溝通的方式，以及他們對你的回應。因此，公司有強大的力量來宣稱自己代表某些價值觀和原則，而且保證言行一致。這會吸引不同類型的消費者。」帕拉齊稱之為一種自我選擇系統，並認為這是讓消費者認識B型企業運動的最佳方式。

媒體推廣

最近，B型實驗室在推行一項策略：利用社群媒體的力量接觸社區份子，增進他們對這項運動的認識。吉柏特解釋，這必須有個「持續的節奏」。只有持之以恆地在社群媒體上行銷，才能成功打造品牌。

B型實驗室身為許多重要趨勢的交匯點，也獲得傳統媒體的關注。團隊成員經常會接到電話，詢問他們對某些事件的看法，比如環保導向的員工入股計畫（green ESOPs）、由女性經營減少貧窮的公司，或對其他能夠在B型企業社群得到完美反映的事情的看法。商業作家與B型實驗室團隊建立聯繫，撰寫有關B型企業運動的文章。正如胡拉翰所言：「一個跨越不同地域、產業和影響力區域的社群的形成，」加上共益公司的興起，以及B型企業「願意為這種新的經營方式擔負責任」的事實，讓B型企業得到媒體的廣泛報導。

透過你的事業，你可以每天投票

二〇一八年十一月十二日，美國期中選舉後的第二天，B型實驗室發起一場為期兩年的重要行銷活動，名為「每天投票」（Vote Every Day）。[17]目標是要增加人們與B型企業品牌的接觸，鼓勵參與者從B型企業那裡購買產品，與B型企業做生意，以及為B型企業工作。從本質上來說，這是在鼓勵人們投票支持B型企業運動。B型實驗室的行銷長安西斯・凱爾西克（Anthes Kelsick）表示：「我們的運動與美國許多人的價值觀一致。話雖如此，人們對此的認知並不強。」[18]

近年來，「用錢投票」的概念漸漸受到有意識的消費者歡迎。「每天投票」活動教育消費者，企業如何影響他們在這個世界上想要改變的各個方面，而且還鼓勵他們參與，購買致力於創造這種改變的企業的產品。

B型實驗室建立一個全面性的網站來配合這項活動，邀請參與者進行一個一分鐘的小測試，這項測試調查他們的日常習慣，接著B型實驗室會發給他們一封電子郵件，告訴他們如何為了創造改變而投票。例如，如果有人表示他每天都要用喝茶或喝咖啡的方式開啟新的一天，那麼系統生成的回覆會建議這個人購買通過認證的B型企業的咖啡或茶類產品。[19]這麼做可以讓消費者更容易看到自己的價值觀和購買行為之間的關係。正如凱爾西克解釋：「從哪裡購買、在哪裡工作、和誰做生意，這些都是你在日常生活中為自己的價值觀投票的機會。」[20]消費者往往沒有意識到他們的購買力到底有多強大。但從一年或一生的角度來看，就連換掉自己常喝的咖啡品牌這樣的小事都會產生重大影響。

這項活動當然也有助於鼓勵與增進消費者意識。正如凱爾西克所說：「許多人都認同我們的信念和價值觀。如果他們知道B型企業，同時明白參與這項運動就是表達這些價值觀的方式，那麼這可以讓我們的運動以爆發性的速度成長。」她補充道：「旅程才剛剛開始，我們需要更多尚未聽說過B型企業的人加入我們的行列。我們打算繼續為B型企業發聲，為我們的全球運動打造基礎。」[21]

與消費者相互依存

B型實驗室近期的研究表明，這個趨勢終於出現轉變，對班傑利等企業來說，將B型企業標誌印在冰淇淋盒子上的這類做法會帶來很大的改變。除了有更多領先的B型企業開始將B型企業標誌印在產品上，B型實驗室也應該加倍努力去打造品牌、行銷和增進整體的消費者意識。要想加深人們對共益理念的理解，唯一的方式就是提高人們對B型企業的認知，以及提高B型企業的可見度。

今後幾年，年輕一代將成為勞動和消費的主力，他們對世界和企業有更多期望。當他們開始理解外部性的概念及其原因時，如果我們想要建立一個更永續、更有彈性的經濟體，那麼我們必須將年輕一代視為相互依存的一部分。他們會改變自己的購買習慣，支持與自己有相同看法的企業，比如B型企業。

結語

未來不必悲觀

一九九五年，艾瑞克・霍布斯邦（Eric Hobsbawm）出版內容涵蓋十八、十九、二十世紀系列作的最後一本書。他的著作被譽為對當代世界的開創性研究，霍布斯邦更被譽為「在世最偉大的歷史學家」。[1]《極端的年代：1914—1991》（*Age of Extremes: The Short Twentieth Century*, 1914-1991）是一部非常悲觀的作品。霍布斯邦在書中駁斥一種流行的觀點，即自由市場資本主義會使開發中國家受益，並改善處境，因為這會促使它們工業化，而且增加國際貿易量；相反地，他預測我們當前面臨的諸多危機，從經濟極端不平等到自然環境遭受破壞，從不平等的工作條件到種族仇恨、民族主義抬頭，以及「消費利己主義」等。蘇聯解體時，他也堅持資本主義表面上的勝利不過是海市蜃樓，他認為這個體系是無法持續下去的。資本主義將受到經濟蕭條和繁榮更迭的週期性影響，最終徹底走向失敗。[2]

在這本書的最後，霍布斯邦回顧過去二十餘年（一九七三至一九九九年）發生的事件，他認為這個世界已經看到「多數事物」（most things）的崩潰。展望未來，他描述這樣一個世界：科學不斷取得勝利；政客愈來愈自滿，愈來愈逃避現實；跨國企業日益壯大，而且更加貪婪。在這本書的最後幾頁，霍布斯邦關注他所預測的人道主義危機。他認為南半球人口的快速成長及政治與環境災難，將導致財富分配不公、廣泛貧窮和大規模移民。今天看來，他極具先見之明。不僅如此，他還診斷出癥結所在，即資本主義只關注利潤最大化。

這本書也描繪我們當下的時代，檢視我們可以在未來實現的事。我們生存的世界很危險，而且充滿變數；但這個時代（以及這本書）依然帶給我們希望。霍布斯邦對資本主義的偏見得到千禧世代及下個世代的回應。二〇〇六年，三個美國商人覺得受夠了，於是開啟一場革命。B型實驗室正在改變傳統商業和資本主義的流程和標準。二十世紀後期，股東利益優先和對利潤的追逐興起，這些實務讓我們走到今天的轉捩點；全球新冠肺炎疫情對經濟造成的影響則加劇這番轉折。B型實驗室正在努力改變這樣的體系，希望我們的全球經濟可以朝向不同而且更好的方向發展。B型企業革命要求企業為自己做出會影響消費者、員工、當地社區和地球的決策負責。唯有當我們充分認知到企業、社會和環境之間的相互依存關係，社會才能真正繁榮發展。

早在B型企業運動開始前，已經有人發出對自覺資本主義的呼籲，並且在企業社會責任上做出種種努力。但倡議或承諾還不夠，從根本上來說，這是一種有缺陷的辦法，它無法帶來持久且系統性的改變。為什麼呢？因為這要求領導人在一個懲罰英雄主義的體系中展現英雄氣質。這些人過於相信領導力和企業文化，卻不夠信任企業行為的實質變化，以及企業在平衡使命與利益上的法律責任。太多公司「光說不練」，除了「漂綠」，根本沒有做出實質改變。正如阿南德．葛德哈拉德斯在《贏家全拿：史上最划算的交易，以慈善奪取世界的假面菁英》一書中指出，企業往往隨波逐流，沒有實際的行動，它們只想取悅客戶。我們不能向企業要答案，他說，因為它們在本質上已經被收買了。儘管我認同他的觀點，認為政策需要調整，但我還是覺得他忽略一個關鍵點：那就是企業能夠、也必須在資本主義改革中發揮重要作用。要做到這一點，企業必須在透明度、當責制和以利害關係人為中心的企業治理上打造強大且實質的基礎。

B型實驗室推廣的流程和系統已經創造一項運動，這項運動每天都帶來真正的改變。正如我們可以從通過認證的B型企業所分享的經驗中看到，商業影響力評估不僅嚴格，而且考察面向相當廣泛，在某些情況下，它能促使接受評估的企業做出改進。我採訪過的每一家B型企業都告訴我，它們的目標是在下一次評估中提高商業影響力評估分數；而要獲得更高的分數，就需要改變公司在社會和環境上的政策。包括B型企業分析在內的其他工具出現，全球各地的公司漸漸認識到B型企業思維，即使它們本身並不是B型企業。也許這才是最重要的：B型企業運動不只與B型企業有關。它的目標並不是要讓每家公司都通過認證成為B型企業，而是鼓勵每家公司都能像B型企業一樣運作，如此一來才能推翻股東利益優先。

B型實驗室創造一種新的公司形式，那就是共益公司。它將社會和環境福利融入企業的基因。這種創新、改變世界的倡議，得到美國政府和世界各國政界人士的支持。

B型企業運動幾經起落，但也逐步取得進展。將我們的世界聯繫在一起的相互依存關係，也就是人、利潤和地球之間最基本的聯繫，是我們必須專注並嘗試尋求改善的事情。然而，最重要的是這場運動中基層的實踐。B型實驗室的創辦人無從得知事態會以怎樣的方式展開，他們低估世界對改變的需求。回顧過去十年，我們看到許多相互依存的網絡造就B型企業運動，這些運動只需要最小的投入（只有來自B型實驗室的大力支持），就能夠自然成長。B型企業和共益公司之間的聯繫與合作，促使愈來愈多人參與這項運動。所有產業都在改變自身的運作方式，以適應永續發展的要求；一如投資界也快速朝著影響力投資的方向改變，B型企業運動為社區和環境帶來顯而易見的影響。

放眼未來，B型實驗室面臨的最大挑戰在於持續擴大運動規模。B型實驗室的發起人是美國人，然而這場運動卻成為全球現象。三位創辦人必須做好準備，以適應新的市場與產業，還有不同國家與習俗；與此同時，也必須將注意力從自發性蓬勃發展的網絡，轉向上市公司和跨國企業、提高消費者認知，而且不僅要改變股東利益優先在法律和市場上的地位，還要顛覆它在人們心中的位置。

我相信，我們正處在一個朝向更美好未來發展的轉捩點。無論你是雇主、員工、消費者、學生、企業領導人，抑或兼具上述多重身分，我都希望這本書能夠說服你一起加入聲援B型企業運動的行列，幫助這場運動跨過轉捩點，邁向全球化。

致謝

我對B型企業運動的研究持續十多年，為此我要感謝在這個過程中給予我幫助和支持的人。首先，感謝B型實驗室，特別是它的三位創辦人：傑・吉柏特、巴特・胡拉翰和安德魯・卡索伊。從二〇〇九年夏天我第一次與傑通話以來，他們慷慨地分享自己的見解。讓我尤其感激的是，他們多次來到我在哈佛大學和康乃爾大學的課堂，直接跟學生們分享他們的經驗。在我追蹤了解這個運動的過程中，他們一直願意參與其中，總是毫不猶豫地為我打開大門，講述他們的故事。這不僅為本書，也為我之前在哈佛商學院和哈佛甘迺迪學院發表的案例研究提供幫助。他們不僅具有創新和奉獻精神、而且願意為了改進而積極尋求回饋。與他們合作，讓我有種耳目一新的感覺。我還想特別感謝傑・吉柏特，他透過尚未發表的文章〈敲響警鐘：全心投入工作與B型企業運動的起源故事〉（Ring the Bell: Bringing My Whole Self to Work and the Origin Story of the B Corp Movement）向我分享他的個人思考，並允許我在本書中引用。

我要感謝多年來我在B型實驗室認識的其他工作人員，包括瑞克・亞歷山大、霍利・恩賽因－巴斯托、克莉絲蒂娜・福伍德、安迪・費夫、丹・奧薩斯基和艾瑪・施內德（Emma Schned），他們一直慷慨地分享各自的工作經驗。此外我還要特別感謝蘿拉・維勒斯・維拉（Laura Velez Villa），她現在在B型實驗室負責聯合國永續發展目標方面的工作。她在大學畢業後的第一份工作是擔任我的研究助理，她對沃比派克的熱情促成我與她合撰的第一個案例研究，這對我在B型企業運動方面的研究產生影響。最後，在B型實驗室的全球合作夥伴中，我非常感謝馬塞洛・帕拉齊在歐洲B型實驗室和英國B型實驗室工作時所提供的幫助。

我在研究中認識到，企業家是改變世界的強大引擎。雖然B型實驗室和我這樣的學者會提出新的想法，但如果沒有企業家來落實這些想法，創造屬於他們的創新，那麼我們仍將原地踏步。我很感激我遇到和採訪過的許多企業家，他們當中有不少人的公司已經成為B型企業，或者正在考慮成為B型企業。能向他們請教是我的榮幸，我很感激他們願意花時間來談論自己的工作。我還要特別感謝來自六家不同B型企業的人，這六家企業是我在之前發表的哈佛案例研究中關注的公司，包括沃比派克（尼爾・布盧門撒爾和卡其・里德）、新資源銀行（文斯・西西利亞諾）、Sweetriot〔薩拉・恩德林（Sarah Endline）〕、

VeeV〔考特尼（Courtney）和卡特・雷姆（Carter Reum）〕、第一反應（高敏）和達能集團北美公司〔邁克・紐沃思（Michael Neuwirth）、洛娜・大衛斯和迪安娜・布拉特爾）〕。為了撰寫這本書，我還採訪來自世界各地各類B型企業的六十多位領導人。雖然我沒有用單獨的篇幅來感謝他們，但我希望讀者能透過他們在本書中的貢獻來了解他們。我非常感謝他們花時間與我分享自己的觀點。

我對社會影響力領域的研究受到許多學者和機構的影響。我能接觸企業在這個領域的力量，還要感謝我的論文指導委員傑利・戴維斯（Jerry Davis），我永遠感謝他對我的教誨。我在哈佛大學的職業生涯（在哈佛商學院工作十年，在哈佛甘迺迪學院工作一年半），對我的研究產生重要影響。達奇・李納德（Dutch Leonard）和卡許・朗安（Kash Rangan）對我在這個領域的早期教學工作提供支援，讓我得以進行後續的案例研究，加深對B型企業的認識，並接觸許多優秀的學生、企業家和組織。我還要感謝在這條路上與我同行的其他同事，我十分珍惜他們的見解以及我們的友誼，他們是朱莉・巴蒂拉娜（Julie Battilana）、阿爾諾・易普拉欣（Alnoor Ebrahim）、約翰娜・梅爾（Johanna Mair）和克里斯琴・西洛斯（Cristian Seelos）。我還要感謝與我合著B型實驗室或B型企業案例研究的作者，他們是約翰・奧爾曼德斯（John Almandoz）、唐納・哈利夫特（Donna Khalife）、安德魯・克拉波爾（Andrew Klaber）、馬修・李（Matthew Lee）、約書亞・馬哥利斯（Joshua Margolis）和鮑比・托馬森（Bobbi Thomason）。除了與同輩和學生建立的關係，我在哈佛大學最大的收穫就是寫了一本有價值的書，以及讓公眾參與我們這些學者有時並不願意透露的構想。

自二〇一五年來到康乃爾大學之後，我一直被康乃爾大學的學術氛圍深深吸引。這裡的學生對社會和環境問題尤其關注，這是我特別看重的一點。永續發展全球企業中心（the Center for Sustainable Global Enterprise）為真正有志投身其中的人提供獨特的學術研究匯聚點，我深受它的激勵。我還要感謝康乃爾大學的老師葛蘭・道爾（Glen Dowell）和馬克・米爾斯坦（Mark Milstein）的支持。此外，我也非常感謝我在康乃爾大學合作過的優秀研究生，特別是喬坤元和李琦，他們在研究上給予我無價的幫助。

與撰寫學術論文和案例研究相比，寫書是一種非常不同的體驗，為此我要感謝許多幫助我接受這個挑戰的人。安德拉斯・提爾席克（Andras Tilcsik）是我以前的一位學生，也是引人入勝的《系統失靈的陷阱》（*Meltdown*）一書的合著者，他提供寶貴的建議，並且很有風度地閱讀本書的前幾章。我也非常感謝吉姆・萊文（Jim Levine）與出版社給我的支持和指導，我還要感謝亞當・格蘭特（Adam Grant）介紹我認識吉姆・萊文。我也要感謝耶魯大學出版社，特別是賽斯・迪奇克（Seth Ditchik），感謝他讓本書成功問世。我還要特別感謝艾菲・沙普里迪斯（Effie Sapuridis）在合撰哈佛甘迺迪學院的案例研究〈達能集團北美公司：世界最大的B型企業〉（Danone NA: The World's Largest B Corporation）時在研究上的出色協助和清晰文筆。感謝吳坦迪（Tandy Wu）和盧芳梅（Fangmei Lu）在研究上的協助。瓊・弗里德曼（Joan Friedman）幫助我很好地理解寫書的流程，並且幫助我調整一些笨拙的學術表述。我還要感謝亞瑟・金斯瓦格（Arthur Goldswag）的深刻評論與編輯。最後，我還要感謝巴克媒體（Bark Media）團隊，特別是詹姆斯・達福特（James Duft）和珍妮佛・孔斯（Jennifer Kongs），在如何更好地傳達本書內容等方面，他們提供許多想法、幫助和支持。

在個人生活方面，我對許多人也心懷感激。我的父母瑪姬・塞特勒（Maggie Setler）和查克・塞特勒（Chuck Setler）對我十分慷慨，他們讓我住在他們在賓州塞威克利（Sewickley）的家裡。有時我一待就是幾個星期，我的兩個孩子亞力克斯（Alex）和阿娃（Ava）也和我待在一起，他們是我創造更美好的未來的靈感之源。我要感謝星巴克的員工，他們容忍我在店裡長時間逗留。雖然星巴克不是B型企業，但它也有許多令人欽佩的行動。這家公司一直為兼職員工提供福利，是永續發展的宣導者，他們的商店致力於為所在社區做出貢獻。這家公司也是抵制股東利益優先的範例，應該有更多公司要向它學習。

注釋

自序　人人都該了解B型企業運動

1. Peggie Pelosi, "Millennials Want Workplaces with Social Purpose. How Does Your Company Measure Up?" *Talent Economy*, February 20, 2018, https://www.chieflearningofficer.com/2018/02/20/millennials-want-workplaces-social-purpose-company-measure/.
2. Cinantyan Prapatti, "Chateau Maris, a Winery That Saves the Planet." *Impakter*, October 16, 2017, https://impakter.com/chateau-maris-winery-save-planet/.

前言　千禧世代正在推動資本主義改變

1. Simon Leadbetter, "We Are Stealing the Future, Selling It in the Present, and Calling It GDP," *Blue & Green Tomorrow*, October 10, 2013, https://blueandgreentomorrow.com/category/energy/.
2. Trucost Plc, *Natural Capital at Risk: The Top 100 Externalities of Business*, April 2013, https://www.trucost.com/wp-content/uploads/2016/04/TEEB-Final-Reportweb-SPv2.pdf.
3. Olivia Solon, "Uber Fires More Than 20 Employees after Sexual Harassment Investigation," *Guardian*, June 7, 2017, https://www.theguardian.com/technology/2017/jun/06/uber-fires-employees-sexual-harassment-investigation; Mythili Sampathkumar, "New York's Lawsuit against Harvey Weinstein's Company Reveals Details of Sexual Harassment Scandal," *Independent*, February 12, 2018, https://www.independent.co.uk/

news/world/americas/new-york-harvey-weinstein-company-sexual-harassment-employees-details-attorney-general-a8206976.html.

4. Sarah Butler, "HSBC Pay Gap Reveals Men Being Paid Twice as Much as Women," *Guardian*, March 15, 2018, https://www.theguardian.com/business/2018/mar/15/hsbc-pay-gap-reveals-men-being-paid-twice-as-much-as-women.
5. The Economy of Francesco website, accessed December 30, 2019, https://francescoeconomy.org.
6. B Lab UK, "Over 500 B Corps around the World Commit to Net Zero at COP25," *Medium*, December 12, 2019, https://medium.com/reinventing-business/over-500-b-corps-around-the-world-commit-to-net-zero-at-cop25–375e74b0fb83.
7. Barbara Spector, "Cascading Force for Good," *Family Business*, January/February 2018, https://www.familybusinessmagazine.com/cascading-force-good.
8. 同上。
9. Terry Macalister and Eleanor Cross, "BP Rebrands on a Global Scale," *Guardian*, July 25, 2000, https://www.theguardian.com/business/2000/jul/25/bp.
10. Rosemary Westwood, "Mutated Fish Still Haunt Louisiana's Fishermen after the BP Oil Spill," *VICE*, February 10, 2017, https://www.vice.com/en_us/article/z4gbb4/bp-oil-spill-louisiana-fishermen-deepwater-horizon; Jackie Tiffany, "Health Effects from British Petroleum Oil Spill," *Teach the Earth*, last modified March 7, 2018, https://serc.carleton.edu/68785.
11. Adam Vaughan, "Lightweight PR and Greenwash—BP's Low-Carbon Plan Dismissed," *Guardian*, April 16, 2018, https://www.theguardian.com/business/2018/apr/16/lightweight-pr-greenwash-bp-low-carbon-plan-dismissed-environmentalists.
12. Jessica Assaf, "The Ugly Truth about Lush," *Beauty Lies Truth*, May 25, 2015, http://www.beautyliestruth.com/

blog/2015/5/the-ugly-truth-about-lush.

13. Lush website, accessed September 19, 2019, https://www.lush.com/.

14. Arash Massoudi, James Fontanella-Khan, and Bryce Elder, "Unilever Rejects $143bn Kraft Heinz Takeover Bid," *Financial Times*, February 18, 2017, https://www.ft.com/content/e4afc504-f47e-11e6–8758–6876151821a6.

15. Andrew Edgecliffe-Johnson, "Unilever Chief Admits Kraft Heinz Bid Forced Compromises," *Financial Times*, February 28, 2018, https://www.ft.com/content/ea0218ce-1be0–11e8-aaca-4574d7dabfb6.

16. Allana Akhtar, "Warren Buffett Says He Eats McDonald's 3 Times a Week and Pounds Cokes because He's Not 'Bothered' by Death," *Entrepreneur Asia Pacific*, April 26, 2019, https://www.entrepreneur.com/article/332881.

17. Jo Confino, "Unilever's Paul Polman: Challenging the Corporate Status Quo," *Guardian*, April 24, 2012, https://www.theguardian.com/sustainable-business/paul-polman-unilever-sustainable-living-plan.

18. Unilever, "Unilever's Sustainable Living Plan Continues to Fuel Growth," October 5, 2018, https://www.unilever.com/news/press-releases/2018/unilevers-sustainable-living-plan-continues-to-fuel-growth.html.

19. Eillie Anzilotti, "Young People Are Really over Capitalism," *Fast Company*, December 8, 2017, https://www.fastcompany.com/40505017/young-people-are-really-over-capitalism.

20. Justin Worland, "Global CO2 Concentration Passes Threshold of 400 PPM—and That's Bad for the Climate," *Time*, October 24, 2016, https://time.com/4542889/carbon-dioxide-400-ppm-global-warming/.

21. Eddie Lou, "Why Millennials Want More Than Just Work: The Importance of Your 'Double Bottom Line,'" *Forbes*, June 9, 2017, https://www.forbes.com/sites/theyec/2017/06/09/why-millennials-want-more-than-just-work-the-importance-of-your-double-bottom-line/; "The Deloitte Global Millennial Survey 2019,"Deloitte, accessed December 31, 2019, https://www2.deloitte.com/global/en/pages/aboutdeloitte/articles/millennialsurvey.html.

22. Alex Buerkle, Max Storto, and Kylee Chang, *Just Good Business: An Investor's Guide to B Corps*, Yale Center for Business and the Environment, Patagonia, Inc., and Caprock, accessed September 17, 2019, https://cbey.yale.edu/

sites/default/files/Just%20Good%20Business_An%20Investor%27s%20Guide%20to%20B%20Corps_March%20 2018.pdf.

23. Christie Smith and Stephanie Turner, “The Millennial Majority Is Transforming Your Culture,” Deloitte, accessed December 31, 2019, https://www2.deloitte. com/content/dam/Deloitte/us/Documents/about-deloitte/us-millennial-majority-will-transform-your-culture.pdf.
24. ”Survey of Young Americans’ Attitudes toward Politics and Public Service, 29th Edition: March 18–April 3, 2016, “Harvard University Institute of Politics, accessed December 31, 2019, https://iop.harvard.edu/sites/default/files/content/160423_Harvard%20IOP_Spring%202016_TOPLINE_u.pdf.
25. Morley Winograd and Michael Hais, “How Millennials Could Upend Wall Street and Corporate America,” *Governance Studies at Brookings*, May 2014, https://www.brookings.edu/wp-content/uploads/2016/06/Brookings_Winogradfinal.pdf.
26. ”Larry Fink’s 2019 Letter to CEOs Purpose & Profit,” BlackRock, accessed December 31, 2019, https://www.blackrock.com/corporate/investor-relations/larry-fink-ceo-letter.
27. ”Political Typology Reveals Deep Fissures on the Right and Left,” Pew Research Center, October 24, 2017, https://www.people-press.org/2017/10/24/political-typology-reveals-deep-fissures-on-the-right-and-left/.
28. Megan Brenan, “More Still Disapprove Than Approve of 2017 Tax Cuts,” Gallup, October 10, 2018, https://news.gallup.com/poll/243611/disapprove-approve-2017-tax-cuts.aspx.
29. Michelle Goldberg, “No Wonder Millennials Hate Capitalism,” *New York Times*, December 4, 2017, https://www.nytimes.com/ 2017/12/04/opinion/millennials-hate-capitalism.html.
30. Julie Creswell, “Indra Nooyi, PepsiCo C.E.O. Who Pushed for Healthier Products, to Step Down,” *New York Times*, August 6, 2018, https://www.nytimes.com/2018/08/06/business/indra-nooyi-pepsi.html.
31. David Rutz, “Deval Patrick Supports Democrats Impeaching Trump if They Take House,” *Washington Free Beacon*,

August 5, 2018, https://freebeacon.com/politics/deval-patrick-supports-democrats-impeaching-trump/; "Deval Patrick and Richelieu Dennis Have Proven You Don't Have to Trade Return for Impact,"ICIC, accessed December 31, 2019, http://icic.org/blog/deval-patrick-richelieu-dennis-proven-dont-trade-return-impact/.

32. Elizabeth Warren, "Companies Shouldn't Be Accountable Only to Shareholders," *Wall Street Journal*, August 14, 2018, https://www.wsj.com/articles/companies-shouldnt-be-accountable-only-to-shareholders-1534287687.

33. Marco Rubio, "American Investment in the 21st Century," Office of Senator Marco Rubio, May 15, 2019, 3–4, https://www.rubio.senate.gov/public/_cache/files/9f25139a-6039–465a-9cf1-feb5567aebb7/4526E9620A9A7DB74267ABEA5881022F.5.15.2019.-final-project-report-american-investment.pdf.

34. George Bradt, "How the New Perspective on the Purpose of a Corporation Impacts You," *Forbes*, August 22, 2019, https://www.forbes.com/sites/georgebradt/2019/08/22/how-the-new-perspective-on-the-purpose-of-a-corporation-impacts-you/#331f303c94f1.

第一章　關注相互依存，而非外部性

1. Ryan Honeyman, "How Did the B Corp Movement Start?" *LIFT Economy*, April 28, 2019, https://www.lifteconomy.com/blog/2019/4/ 28/how-did-the-b-corp-movement-start.

2. Christopher Marquis, Andrew Klaber, and Bobbi Thomason, "B Lab: Building a New Sector of the Economy," Harvard Business School Case 411047, revised September 28, 2011, 4, https://www.sistemab.org/wp-content/uploads/2016/01/BLab-Case-Study.pdf.

3. Milton Friedman, "The Social Responsibility of Business Is to Increase Its Profits," *New York Times Magazine*, September 13, 1970, https://www.nytimes.com/1970/09/13/archives/a-friedman-doctrine-the-social-responsibility-of-businessis-to.html.

4. William G. Roy, *Socializing Capital: The Rise of the Large Industrial Corporation in America* (Princeton: Princeton University Press, 1999).
5. Adolf A. Berle and Gardiner C. Means, *The Modern Corporation and Private Property* (New Brunswick, NJ: Transaction, 1932).
6. Andrew Baskin, "Jay Coen Gilbert: How B Corps Help Fix the Source Code Error in the DNA of Business," *B the Change*, June 19, 2018, https://bthechange.com/jay-coen-gilbert-how-b-corps-help-fix-the-source-code-error-in-the-dna-of-business-c66e301fce5e.
7. Lynn A. Stout, "The Shareholder Value Myth," Cornell Law Faculty Publications Paper 771, April 19, 2013, 1–10; Lynn A. Stout, *The Shareholder Value Myth: How Putting Shareholders First Harms Investors, Corporations, and the Public* (Oakland, CA: Berrett-Koehler, 2012), https://scholarship.law.cornell.edu/cgi/viewcontent.cgi?article=2311&context=facpub.
8. B Lab, "Shareholder Primacy Myths and Truths," accessed December 31, 2019, https://docs.google.com/presentation/d/1MTqxQRnWeZ3hNkX3SqHOErAKnC8-e43Eg9-xJosafmk/edit#slide=id.g1cc9265712_0_0.
9. Jay Coen Gilbert, "Why a Delaware Corporate Lawyer Went from Businesswith-Purpose Skeptic to Full-Time Legal Advocate," *Forbes*, October 16, 2017, https://www.forbes.com/sites/jaycoengilbert/2017/10/16/why-a-delaware-corporate-lawyer-went-from-business-with-purpose-skeptic-to-full-time-legal-advocate/#425b8ff840b1.
10. Trucost Plc, *Natural Capital at Risk: The Top 100 Externalities of Business*, April 2013, https://www.trucost.com/wp-content/uploads/2016/04/TEEB-Final-Reportweb-SPv2.pdf.
11. Garrett Camp, "Uber's Path Forward," *Medium*, June 21, 2017, https://medium.com/@gc/ubers-path-forward-b59ec9bd4ef6; Aditya Gupta, "Gig Economy & the Future of Work," *Medium*, July 2, 2019, https://medium.com/swlh/gigeconomy-the-future-of-work-885354c39ad0; Paul Davidson, "The Job Juggle Is Real. Many

Americans Are Balancing Two, Even Three Gigs," *USA Today*, October 17, 2016, https://www.usatoday.com/story/money/2016/10/17/job-juggle-real-manyamericans-balancing-two-even-three-gigs/92072068/.

12. Elizabeth Bauer, "SEC Commissioner Warns: A Retirement Crisis 'Tsunami' Is Approaching," *Forbes*, October 18, 2018, https://www.forbes.com/sites/ebauer/2018/10/18/sec-commissioner-warns-a-retirement-crisis-tsunami-is-approaching/#4176f4501ac7.
13. Chris Isidore, "What's Killing Sears? Its Own Retirees, the CEO Says," *Cable News Network*, September 14, 2018, https://money.cnn.com/2018/09/14/news/companies/sears-pension-retirees/index.html; Steven R. Strahler, "Will Sears Retirees See Their Pensions?" *Crain's Chicago Business*, October 11, 2018, https://www.chicago business.com/retail/will-sears-retirees-see-their-pensions.
14. Catherine Clifford, "Whole Foods Turns 38: How a College Dropout Turned His Grocery Store into a Business Amazon Bought for $13.7 Billion," *CNBC Make It*, September 20, 2018, https://www.cnbc.com/2018/09/20/how-john-mackey-started-whole-foods-which-amazon-bought-for-billions.html.
15. Conscious Capitalism, "Welcome to Conscious Capitalism," accessed December 31, 2019, https://www.consciouscapitalism.org; John Mackey and Rajendra Sisodia, *Conscious Capitalism: Liberating the Heroic Spirit of Business* (Cambridge, MA: Harvard Business Review Press, 2013).
16. Alex Morrell, "The Hedge Fund That Turned Whole Foods into a Takeover Target for Amazon Is Walking Away with $300 Million," *Business Insider*, July 20, 2017, https://www.businessinsider.com/jana-partners-makes-300-million-return-amazon-whole-foods-deal-2017–7; John Mackey, *B Inspired Talk 2017*, interview by Jay Coen Gilbert, B Inspired Toronto, YouTube, October 26, 2018, https://www.youtube.com/watch?v=q8U-6McdL5k.
17. Jay Coen Gilbert, "Panera Bread CEO and Cofounder Ron Shaich Resigns to Join the Conscious Capitalism Movement," *Forbes*, December 13, 2017, https://www.forbes.com/sites/jaycoengilbert/2017/12/13/boy-oh-boy-oh-boy-another-conscious-capitalist-joins-the-fight-against-short-termism/#4f08b4a773cd.

18. Mackey, *B Inspired Talk 2017*.
19. Leo E. Strine Jr., "The Dangers of Denial: The Need for a Clear-Eyed Understanding of the Power and Accountability Structure Established by the Delaware General Corporation Law," *Wake Forest Law Review 50* (2015): 9, https://papers.ssrn. com/sol3/papers.cfm?abstract_id=2576389##.
20. Ken Bertsch, "Council of Institutional Investors Responds to Business Roundtable Statement on Corporate Purpose," Council of Institutional Investors, August 19, 2019, https://www.cii.org/aug19_brt_response.
21. Strine, "The Dangers of Denial," 9.
22. Ryan Bradley, "The Woman Driving Patagonia to Be (Even More) Radical," *Fortune*, September 14, 2015, https://fortune.com/2015/09/14/rose-marcario-patagonia/.
23. Jeff Beer, "Exclusive: 'Patagonia Is in Business to Save Our Home Planet,' " *Fast Company*, December 13, 2018, https://www.fastcompany.com/90280950/exclusive-patagonia-is-in-business-to-save-our-home-planet; Sandra Stewart, "Thinkshift Joins Patagonia and Other Sustainability Leaders in Becoming California's First Benefit Corporations," *Thinkshift*, January 3, 2012, https://thinkshiftcom.com/thinkshift-joins-patagonia-and-other-sustainability-leaders-in-becoming-californias-first-benefit-corporations/.
24. Bradley, "Woman Driving Patagonia."
25. Patagonia, "B Lab," accessed December 31, 2019, https://www.patagonia.com/b-lab.html.
26. Patagonia, 2017 Annual Benefit Corporation Report, accessed December 31, 2019, https://www.patagonia.com/static/on/demandware.static/-/Library-Sites-PatagoniaShared/default/dw824fac0f/PDF-US/2017-BCORP-pages_022218.pdf.
27. Karim Abouelnaga, "3 Reasons to Consider Converting a Nonprofit to a For-Profit," *Entrepreneur Asia Pacific*, July 5, 2017, https://www.entrepreneur.com/article/295533.
28. Deborah Dsouza, "The Green New Deal Explained," Investopedia, October 28, 2019, https://www.investopedia.

com/the-green-new-deal-explained-4588463.

29. Jessica Glenza, "Tobacco Companies Interfere with Health Regulations, WHO Reports," *Guardian*, July 19, 2017, https://www.theguardian.com/world/2017/jul/19/tobacco-industry-government-policy-interference-regulations; Aditya Kalra, Paritosh Bansal, Duff Wilson, and Tom Lasseter, "Inside Philip Morris' Campaign to Subvert the Global Anti-smoking Treaty," Reuters, July 13, 2017, https://www.reuters. com/investigates/special-report/pmi-who-fctc/.

30. Anand Giridharadas, *Winners Take All: The Elite Charade of Changing the World* (New York: Vintage, 2019); Jay Coen Gilbert, "Can Stakeholder Capitalism Spur Talk into Action?" *B the Change*, September 5, 2018, https://bthechange.com/can-stakeholder-capitalism-spur-talk-into-action-97fc6ee10489; " 'B Corps'—For-Benefit Corporations (Rather Than Only For-Profit)—Are Proving Their Worth," The Alternative UK, February 1, 2019, https://www.thealternative.org.uk/dailyalternative/2019/2/2/b-corps-for-benefit.

31. Coen Gilbert, "Can Stakeholder Capitalism Spur Talk into Action?"

32. Just Capital website, accessed September 19, 2019, https://justcapital.com/rankings/.

33. Just Capital, "2018 Overall Rankings," accessed December 31, 2019, https://justcapital.com/past-rankings/2018-rankings/.

34. Ian Lecklitner, "What's in This? Mountain Dew," *MEL Magazine*, accessed September 19, 2019, https://melmagazine.com/en-us/story/whats-in-this-mountaindew; Michael Moss, "The Extraordinary Science of Addictive Junk Food," *New York Times Magazine*, February 20, 2013, https://www.nytimes.com/2013/02/24/magazine/the-extraordinary-science-of-junk-food.html.

35. Cam Simpson, "American Chipmakers Had a Toxic Problem. Then They Outsourced It," *Bloomberg*, June 15, 2017, https://www.bloomberg.com/news/features/2017–06–15/american-chipmakers-had-a-toxic-problem-so-they-outsourced-it.

36. Just Capital, "2018 Overall Rankings"; "Just Capital, 2019 Overall Rankings," accessed December 31, 2019, https://justcapital.com/past-rankings/2019-rankings/; Glassdoor, "Texas Instruments Reviews," accessed September 18, 2019, https://www.glassdoor.com/Reviews/Texas-Instruments-profit-sharing-Reviews-EI_IE651.0, 17_KH18,32_IP5.htm.

37. Douglas Rushkoff, "Just Capitalism: Can Billionaires Gamify Social Good?" *Medium*, September 19, 2018, https://medium.com/team-human/just-capitalism-billionaires-social-good-1099efad5008.

38. Rushkoff, "Just Capitalism."

39. "Larry Fink's Annual Letter to CEOs: A Sense of Purpose," BlackRock, accessed December 31, 2019, https://www.blackrock.com/hk/en/insights/larry-finkceo-letter.

40. "Larry Fink's 2019 Letter to CEOs: Purpose & Profit," BlackRock, accessed December 31, 2019, https://www.blackrock.com/corporate/investor-relations/larry-fink-ceo-letter.

41. Greyston Bakery, "Center for Open Hiring," accessed September 19, 2019, https://greyston.org/the-center-for-open-hiring-at-greyston-sight-visit/.

42. Lucius Couloute and Daniel Kopf, "Out of Prison & out of Work: Unemployment among Formerly Incarcerated People," *Prison Policy Initiative*, July 2018, https://www.prisonpolicy.org/reports/outofwork.html.

43. Sentencing Project, "Criminal Justice Facts," accessed December 31, 2019, https://www.sentencingproject.org/criminal-justice-facts/.

44. Lillian M. Ortiz, "Using Business as a Force for Good," *Shelterforce*, October 20, 2016, https://shelterforce.org/2016/10/20/using-business-as-a-force-for-good-2/.

45. Greyston Bakery, "About Greyston," accessed December 31, 2019, https://greystonbakery.com/pages/about-greyston.

46. Boloco website, accessed December 31, 2019, http://www.boloco.com.

47. Allison Engel, "Inside Patagonia's Operation to Keep Clothing out of Landfills," *Washington Post*, September 1, 2018, https://www.washingtonpost.com/business/inside-patagonias-operation-to-keep-you-from-buying-new-gear/2018/08/31/d3d1fab4-ac8c-11e8-b1da-ff7faa680710_story.html.

48. Josh Hunter, "Last Chair: Yvon Chouinard," *SKI*, updated December 13, 2016, https://www.skimag.com/ski-resort-life/last-chair-yvon-chouinard.

49. Ryan Grenoble, "Patagonia Takes a Stand against Companies That Aren't Working to Better the Environment," *HuffPost*, April 3, 2019, https://www.huffpost.com/entry/patagonia-co-brand-vest-program_n_5ca4c058e4b07982402592ae?guccounter=1&guce_referrer=aHR0cHM6Ly93d3cuZ29vZ2xlLmNvbS8&guce_referrer_sig=AQAAABaMUk6T50RtSxwnpf-S-M4sxRw4oGvyxysUSjL1LB-oggBtCJGZhwDmX3WjT7dJdvLwV_cisN16qVsiTMIugp1_lmf2u-XOfmvPfRSE8xX3-jwm3OQzXGW1qycbMW4s7sfAfQ5T0Pede5L5gkr4pt5TxVyrXICPErnVsAeJ9S3X.

50. Allbirds website, accessed September 19, 2019, https://www.allbirds.com/pages/our-materials-sugar.

51. Jay Coen Gilbert, "The Best Way to Fight Climate Change Is to Treat It Like a Business," *Quartz*, May 29, 2019, https://qz.com/work/1626563/b-corps-should-declare-a-climate-change-emergency/.

52. Jay Coen Gilbert, "Allbirds' Reported Billion-Dollar Valuation: What Makes These Strange Birds Fly," *Forbes*, January 9, 2019, https://www.forbes.com/sites/jaycoengilbert/2019/01/09/allbirds-reported-billion-dollar-valuation-what-makes-these-strange-birds-fly/#3fb469237d38.

53. Cassie Werber, "The Extraordinary Story of the Only B Corp in Afghanistan," *Quartz at Work*, December 12, 2019, https://qz.com/work/1765329/roshan-the-extraordinary-story-of-the-only-b-corp-in-afghanistan/; Roshan, "Roshan Honored as a 'Best for the World' Company by B Corp for Creating Most Overall Social and Community Impact," accessed December 31, 2019, https://www.roshan.af/en/personal/about/media/roshan-honored-as-a-best-for-the-world-company-by-b-corpfor-creating-most-overall-social-and-community-impact/.

第二章 相互依存日

1. Deanna Wylie Mayer, "How to B Good," *Pacific Standard*, updated June 14, 2017, https://psmag.com/economics/how-to-b-good-4166.
2. Rob Wherry, "Hip, Hop, Hot," *Forbes*, December 27, 1999, https://www.forbes.com/forbes/1999/1227/6415060a.html#3bcc15bdd1af; Alexander Wolff, "The Other Basketball," *Sports Illustrated*, June 13, 2005, https://www.si.com/vault/2005/06/13/8263082/the-other-basketball.
3. Larry Hamermesh et al., "A Conversation with B Lab," *Seattle University Law Review* 40, no. 2 (April 2017): 323, https://digitalcommons.law.seattleu.edu/cgi/viewcontent.cgi?article=2392&context=sulr.
4. Jay Coen Gilbert, "Ring the Bell: Bringing My Whole Self to Work and the Origin Story of the B Corp Movement" (unpublished manuscript, July 5, 2017), 84.
5. Ralph Warner, Angel Diaz, and Jose Martinez, "The Oral History of the AND1 Mixtape Tour," *Complex*, September 3, 2013, https://www.complex.com/sports/2013/09/AND1-mixtape-tour-oral-history/the-hype.
6. Coen Gilbert, "Ring the Bell," 23.
7. Coen Gilbert, "Ring the Bell," 24.
8. Hamermesh et al., "A Conversation with B Lab," 324.
9. Coen Gilbert, "Ring the Bell," 55.
10. Coen Gilbert, "Ring the Bell," 55–56.
11. Coen Gilbert, "Ring the Bell," 48.
12. Andrew Kassoy, "Reconciling Profit and Purpose: A Declaration of Interdependence" (Wealth & Giving Forum Seminar, New York, March, 2007).
13. Coen Gilbert, "Ring the Bell," 56.
14. Coen Gilbert, "Ring the Bell," 56–57.

15. Coen Gilbert, "Ring the Bell," 57.
16. Coen Gilbert, "Ring the Bell," 46–48.
17. Coen Gilbert, "Ring the Bell," 89.
18. Coen Gilbert, "Ring the Bell," 88.
19. Coen Gilbert, "Ring the Bell," 59.
20. Coen Gilbert, "Ring the Bell," 88.
21. Coen Gilbert, "Ring the Bell," 88.
22. Coen Gilbert, "Ring the Bell," 89.

第三章　聚焦相互依存

1. Jay Coen Gilbert, "Ring the Bell: Bringing My Whole Self to Work and the Origin Story of the B Corp Movement" (unpublished manuscript, July 5, 2017), 95.
2. Russell Hotten, "Volkswagen: The Scandal Explained," *BBC News*, December 10, 2015, https://www.bbc.com/news/business-34324772.
3. Arwa Lodhi, "Brands You Think Are Eco Friendly . . . but Really Aren't," *Eluxe Magazine*, November 15, 2019, https://eluxemagazine.com/magazine/5-brands-you-think-are-eco-but-really-arent/.
4. Coen Gilbert, "Ring the Bell," 93.
5. Coen Gilbert, "Ring the Bell," 94.
6. B. Cohen and M. Warwick, *Values-Driven Business: How to Change the World, Make Money, and Have Fun* (Oakland, CA: Berrett-Koehler, 2006).
7. Larry Hamermesh et al., "A Conversation with B Lab," *Seattle University Law Review* 40, no. 2 (April 2017):

338, https://digitalcommons.law.seattleu.edu/cgi/viewcontent.cgi?article=2392&context=sulr.
8. Hamermesh et al., "A Conversation with B Lab," 334.
9. B Lab, "Measure What Matters," *Medium*, April 10, 2015, https://medium.com/@bthechange/measure-what-matters-c2bf7e8f5560.
10. Coen Gilbert, "Ring the Bell," 96.
11. Hamermesh et al., "A Conversation with B Lab," 335, 344.
12. Dan Osusky, "Measuring Impact versus Measuring Practices: How the B Impact Assessment's Dual Objectives Require a Balance," *B the Change*, November 15, 2018, https://bthechange.com/measuring-impact-versus-measuring-practices-how-the-b-impact-assessments-dual-objectives-require-9e44821e9c6b.
13. Jeffrey Hollender, *What Matters Most: How a Small Group of Pioneers Is Teaching Social Responsibility to Big Business, and Why Big Business Is Listening* (New York: Basic Books, 2006).
14. Christopher Marquis, Andrew Klaber, and Bobbi Thomason, "B Lab: Building a New Sector of the Economy," Harvard Business School Case 411047, revised September 28, 2011, 5, https://www.sistemab.org/wp-content/uploads/2016/01/BLab-Case-Study.pdf.
15. Issie Lapowsky, "What to Do When You're Fired from the Company You Started," *Inc. Magazine*, July/August 2011, https://www.inc.com/magazine/201107/how-i-did-it-jeffrey-hollender-seventh-generation.html.
16. Coen Gilbert, "Ring the Bell," 99.
17. Coen Gilbert, "Ring the Bell," 99.
18. Coen Gilbert, "Ring the Bell," 100.
19. Coen Gilbert, "Ring the Bell," 102.
20. Coen Gilbert, "Ring the Bell," 103.
21. Marquis, Klaber, and Thomason, "B Lab," 5.

22. Coen Gilbert, "Ring the Bell," 103.

第四章　讓法律和利害關係人站在一起

1. Jay Coen Gilbert, "Sen. Elizabeth Warren, Republicans, CEOs & BlackRock's Fink Unite around 'Accountable Capitalism,'" *Forbes*, August 15, 2018, https://www.forbes.com/sites/jaycoengilbert/2018/08/15/sen-elizabeth-warren-republicans-ceos-blackrocks-fink-unite-around-accountable-capitalism/#4270b98e51d9.
2. "Dodge v. Ford Motor Co," *Casebriefs*, accessed December 31, 2019, https://www.casebriefs.com/blog/law/corporations/corporations-keyed-to-klein/the-nature-of-the-corporation/dodge-v-ford-motor-co/.
3. Chancellor Chandler, "eBay Domestic Holdings Inc v. Craigslist, Inc., Nominal Defendant," *FindLaw*, accessed December 31, 2019, https://caselaw.findlaw.com/de-supreme-court/1558886.html.
4. Christopher Marquis, Andrew Klaber, and Bobbi Thomason, "B Lab: Building a New Sector of the Economy," Harvard Business School Case 411047, revised September 28, 2011, 10, https://www.sistemab.org/wp-content/uploads/2016/01/B-Lab-Case-Study.pdf.
5. Jay Coen Gilbert, "Ring the Bell: Bringing My Whole Self to Work and the Origin Story of the B Corp Movement" (unpublished manuscript, July 5, 2017), 106.
6. Marquis, Klaber, and Thomason, "B Lab," 10.
7. Alison Klein, "An Epic Tale: The Birth of the Benefit Corporation," *RoundPeg*, May 25, 2016, https://www.roundpegcomm.com/epic-tale-birth-benefit-corporation/.
8. Benefit Corporation, "What Is a Benefit Corporation?" accessed January 1, 2020, https://benefitcorp.net/what-is-a-benefit-corporation.
9. Lynn A. Stout, "The Shareholder Value Myth," Cornell Law Faculty Publications Paper 771, April 19, 2013,

4, https://scholarship.law.cornell.edu/cgi/viewcontent.cgi?article=2311&context=facpub; Lynn A. Stout, *The Shareholder Value Myth: How Putting Shareholders First Harms Investors, Corporations, and the Public* (Oakland, CA: Berrett-Koehler, 2012).

10. Lynn A. Stout, "The Shareholder Value Myth," *European Financial Review*, April 30, 2013, https://www.europeanfinancialreview.com/the-shareholder-valuemyth/.
11. Marc Gunther, "B Corps: Sustainability Will Be Shaped by the Market, Not Corporate Law," *Guardian*, August 12, 2013, https://www.theguardian.com/sustainable-business/b-corps-markets-corporate-law.
12. Leo E. Strine Jr., "The Dangers of Denial: The Need for a Clear-Eyed Understanding of the Power and Accountability Structure Established by the Delaware General Corporation Law," *Wake Forest Law Review* 50 (2015): 8, https://papers.ssrn.com/sol3/papers.cfm?abstract_id=2576389##.
13. Marquis, Klaber, and Thomason, "B Lab," 11.
14. Larry Hamermesh et al., "A Conversation with B Lab," *Seattle University Law Review* 40, no. 2 (April 2017): 327, https://digitalcommons.law.seattleu.edu/cgi/viewcontent.cgi?article=2392&context=sulr.
15. Jay Coen Gilbert, "Why a Delaware Corporate Lawyer Went from Business-with-Purpose Skeptic to Full-Time Legal Advocate," *Forbes*, October 16, 2017, https://www.forbes.com/sites/jaycoengilbert/2017/10/16/why-a-delaware-corporate-lawyer-went-from-business-with-purpose-skeptic-to-full-time-legal-advocate/#4540253040b1.
16. Hamermesh et al., "A Conversation with B Lab," 332.
17. Kendall Cox Park, "B the Change: Social Companies, B Corps, and Benefit Corporations" (PhD diss., Princeton University, 2018), 24–25.
18. J. Haskell Murray, "Understanding and Improving Benefit Corporation Reporting," American Bar Association, July 20, 2016, https://www.americanbar.org/groups/business_law/publications/blt/2016/07/04_murray/.
19. J. Haskell Murray, "Elizabeth Warren's Accountable Capitalism Act and Benefit Corporations," *Law Professor*

Blogs, August 16, 2018, https://lawprofessors.typepad.com/business_law/2018/08/elizabeth-warrens-accountable-capitalism-act-and-benefit-corporations.html.

20. Murray, "Understanding and Improving Benefit Corporation Reporting."
21. Social Impact Investment Taskforce Mission Alignment Working Group, *Profit-with-Purpose Businesses*, September 2014, https://www.scrt.scot/wp-content/uploads/2019/03/G8-Social-Impact-Taskforce-Mission-Alignment-Report.pdf.
22. Julia Sherbakov, "Italy Became a 'Lamp Shining a Light' for Other Countries to Pursue Better Business," *B the Change*, May 31, 2017, https://bthechange.com/italy-became-a-lamp-shining-a-light-for-other-countries-to-pursue-better-business-e35141a7ce43.

第五章　投資影響力

1. Marjorie Kelly, *The Divine Right of Capital: Dethroning the Corporate Aristocracy* (Oakland, CA: Berrett-Koehler, 2001); Marjorie Kelly, *Owning Our Future: The Emerging Ownership Revolution* (Oakland, CA: Berrett-Koehler, 2012).
2. William Donovan, "The Origins of Socially Responsible Investing," *Balance*, updated October 24, 2019, https://www.thebalance.com/a-short-history-of-socially-responsible-investing-3025578.
3. Saadia Madsbjerg, "Bringing Scale to the Impact Investing Industry," Rockefeller Foundation, August 15, 2018, https://www.rockefellerfoundation.org/blog/bringing-scale-impact-investing-industry/.
4. B Lab, "Funders & Finances," accessed January 3, 2020, https://bcorporation.net/about-b-lab/funders-and-finances.
5. Global Impact Investing Network, "About the GIIN," accessed January 3, 2020, https://thegiin.org/about/.

6. B Analytics, “Overall Impact Business Model and Overall Operations Ratings,” accessed January 3, 2020, https://b-analytics.net/content/giirs-fund-rating-methodology.
7. “Profile: Sir Ronald Cohen: Midas with a Mission—to Make Gordon King,” *Sunday Times*, January 23, 2005, https://archive.is/20110604030107/http:/www.timesonline.co.uk/article/0, 2088–1452226, 00.html.
8. “The Compassionate Capitalist,” *Economist*, August 4, 2005, https://www.economist.com/business/2005/08/04/the-compassionate-capitalist.
9. Sorenson Impact, “From Refugee to Venture Capitalist to Social Impact Pioneer,” *Forbes*, July 30, 2018, https://www.forbes.com/sites/sorensonimpact/2018/07/30/from-refugee-to-venture-capitalist-to-social-impact-pioneer/#69b683176886.
10. Bridges Ventures, “To B or Not to B: An Investor’s Guide to B Corps,” September 2015, https://www.bridgesfundmanagement.com/wp-content/uploads/2017/08/Bridges-To-B-or-Not-To-B-screen.pdf.
11. 同上。
12. Laura Colby, “J. B. Hunt Majority Backs LGBT Protection, Activist Investor Says,” *Bloomberg*, April 22, 2016, https://www.bloomberg.com/news/articles/2016–04–21/j-b-hunt-majority-backs-lgbt-protection-activist-investor-says.
13. Jon Herskovitz, “Global Investors Warn Texas to Withdraw Transgender Restroom Legislation,” Reuters, February 22, 2017, https://www.reuters.com/article/ustexas-lgbt-idUSKBN16025P.
14. jimmy-guterman, “A Venture Capital Firm Goes B Corp,” *Newco Shift*, May 24, 2016, https://shift.newco.co/2016/05/24/a-venture-capital-firm-goes-b-corp/.
15. Shelley Alpern, “When B Corp Met Wall Street,” *Clean Yield*, March 18, 2015, https://www.cleanyield.com/when-b-corp-met-wall-street/.
16. John Cassidy, “Trump University: It’s Worse Than You Think,” *New Yorker*, June 2, 2016, https://www.newyorker.

com/news/john-cassidy/trump-university-its-worse-than-you-think.

17. Brad Edmondson, "The First Benefit Corporation IPO Is Coming, and That's a Big Deal," *TriplePundit*, February 4, 2016, https://www.triplepundit.com/story/2016/first-benefit-corporation-ipo-coming-and-thats-big-deal/28586.
18. Jay Coen Gilbert, "Allbirds Quickly Soars to Success as It Aims to 'Make Better Things in a Better Way,'" *B the Change*, January 14, 2019, https://bthechange.com/allbirds-quickly-soars-to-success-as-it-aims-to-make-better-things-in-a-better-way-dffae809b14e.
19. Susan Price, "This Entrepreneur Takes Her Company's Commitment to Transparency to a New Level with Its Latest Product," *Forbes*, March 1, 2016, https://www.forbes.com/sites/susanprice/2016/03/01/this-entrepreneur-takes-her-companys-commitment-to-transparency-to-a-new-level-with-its-latest-product/#31db7452471c.
20. "Happy Family's Shazi Visram and Danone's Lorna Davis on How Going Big Doesn't Have to Mean Selling Out," *B the Change*, December 8, 2016, https://bthechange.com/happy-familys-shazi-visram-and-danone-s-lorna-davis-on-how-going-big-doesn-t-have-to-mean-selling-132f5fdc409e.
21. Danone, "Our Vision," accessed January 3, 2020, https://www.danone.com/about-danone/sustainable-value-creation/our-vision.html.
22. Keith Nunes, "Danone's Social, Environmental Journey Continues," *Baking Business*, April 12, 2018, https://www.bakingbusiness.com/articles/45925-danone-ssocial-environmental-journey-continues.
23. David Gelles, "How the Social Mission of Ben & Jerry's Survived Being Gobbled Up," *New York Times*, August 21, 2015, https://www.nytimes.com/2015/08/23/business/how-ben-jerrys-social-mission-survived-being-gobbled-up.html.
24. Kathleen Masterson, "The Giant Corporation That Bought Ben & Jerry's Acquired Another Quirky Company from Vermont—Here's What It Was Like in the Room When It Happened," *Business Insider*, December 28, 2016, https://www.businessinsider.com/unilever-is-buying-seventh-generation-but-its-ceo-is-excited-2016–12.

25. Unilever, "Unilever to Acquire Seventh Generation, Inc," September 19, 2016, https://www.unilever.com/news/press-releases/2016/Unilever-to-acquire-Seventh-Generation-Inc.html.
26. Maddie Maynard, "Alan Jope: Who Is Unilever's New Chief Executive?" *William Reed*, November 29, 2018, https://www.thegrocer.co.uk/movers/alan-jope-whois-unilevers-new-chief-executive/574319.article.
27. Kathleen Kim, "Green Merger: Method Bought by Ecover," *Inc.*, September 4, 2012, https://www.inc.com/kathleen-kim/method-and-ecover-join-hands-in-eco-friendly-partnership.html.
28. S. C. Johnson & Son, "SC Johnson Signs Agreement to Acquire Method and Ecover," September 14, 2017, https://www.scjohnson.com/en/press-releases/2017/september/sc-johnson-signs-agreement-to-acquire-method-and-ecover.
29. Amy Cortese, "Crowdfunded B Corps Find Success with Follow-on Funding," *B the Change*, December 13, 2018, https://bthechange.com/crowdfunded-b-corps-find-success-with-follow-on-funding-4a3c4a8ebc4b.
30. Lisa Anne Hamilton, "ESG Guidance from the Department of Labor Clarifies Fiduciary Duty," Center for International Environmental Law, May 8, 2018, https://www.ciel.org/esg-guidance-department-labor-fiduciary-duty/.

第六章　員工是公司重心

1. Evelyn Hartz, "How to Impact the Way Business Is Done," *Medium*, November 20, 2017, https://medium.com/@EvelynHartz/how-to-impact-the-way-business-is-done-and-the-story-behind-the-invention-of-cookie-dough-ice-481e7bc40709.
2. Laura Willard, "Rhino Foods Makes the Cookie Dough in Your Ice Cream. They Also Treat Their Employees Like Family," *Upworthy*, May 1, 2015, https://www.upworthy.com/rhino-foods-makes-the-cookie-dough-in-your-ice-cream-they-alsotreat-their-employees-like-family.

3. Rhino Foods, "Life at Rhino," accessed January 3, 2020, https://www.rhinofoods.com/about-rhino-foods.
4. "Trusting Diversity to Make a Difference: Lessons from a Company Employing Immigrants for More Than 25 Years," *B the Change*, December 7, 2016, https://bthechange.com/sponsored-rhino-foods-trusting-diversity-to-make-a-difference-e7765d53fcd1.
5. Christiane Bode, Jasjit Singh, and Michelle Rogan, "Corporate Social Initiatives and Employee Retention," *Organization Science* 26, no. 6 (October 2015): 1702–20, https://doi.org/10.1287/orsc.2015.1006; David A. Jones, Chelsea R. Willness, and Sarah Madey, "Why Are Job Seekers Attracted by Corporate Social Performance? Experimental and Field Tests of Three Signal-Based Mechanisms," *Academy of Management Journal* 57, no. 2 (2014): 383–404, http://dx.doi.org/10.5465/amj.2011.0848; David B. Montgomery and Catherine A. Ramus, "Calibrating MBA Job Preferences for the 21st Century," *Academy of Management Learning & Education* 10, no. 1 (2011); 9–26, https://doi.org/10.5465/amle.10.1.zqr9; Donald F. Vitaliano, "Corporate Social Responsibility and Labor Turnover," *Corporate Governance* 10, no. 5 (2010): 563–73, https://doi.org/10.1108/14720701011085544; Seth Carnahan, David Kryscynski, and Daniel Olson, "When Does Corporate Social Responsibility Reduce Employee Turnover? Evidence from Attorneys before and after 9/11," *Academy of Management Journal* 60, no. 5 (2017): 1932–62, https://doi.org/10.5465/amj.2015.0032.
6. Richard Yerema and Kristina Leung, "Nature's Path Foods, Inc., Recognized as One of BC's Top Employers (2019)," Canada's Top 100 Employers, February 21, 2019, https://content.eluta.ca/top-employer-natures-path-foods.
7. Bode, Singh, and Rogan, "Corporate Social Initiatives and Employee Retention," 1702–20.
8. "Rhino Foods," *Talent Rewire*, accessed January 3, 2020, https://talentrewire.org/innovation-story/rhino-foods/.
9. W. S. Badger Company, "Badger's History & Legend," accessed January 3, 2020, https://www.badgerbalm.com/s-14-history-legend.aspx.

10. W. S. Badger Company, "Family Friendly Workplace," accessed January 3, 2020, https://www.badgerbalm.com/s-98-family-friendly-workplace.aspx.

11. New Hampshire Breastfeeding Task Force, "Breastfeeding Friendly Employer Award," accessed January 3, 2020, http://www.nhbreastfeedingtaskforce.org/employerawards.php; W. S. Badger Company, "Babies at Work Policy," accessed January 3, 2020, https://www.badgerbalm.com/s-19-babies-at-work.aspx.

12. W. S. Badger Company, "Calendula Garden Children's Center," accessed January 3, 2020, https://www.badgerbalm.com/s-89-calendula-garden-child-care.aspx.

13. Katarzyna Klimkiewicz and Victor Oltra, "Does CSR Enhance Employer Attractiveness? The Role of Millennial Job Seekers' Attitudes," *Corporate Social Respon-sibility and Environmental Management* 24, no. 5 (February 2017): 449–63, https://doi.org/10.1002/csr.1419; Victor M. Catano and Heather Morrow Hines, "The Influence of Corporate Social Responsibility, Psychologically Healthy Workplaces, and Individual Values in Attracting Millennial Job Applicants," Canadian Journal of Behavioural Science / Revue canadienne des sciences du comportement 48, no. 2 (2016): 142–54, https://doi.org/10.1037/cbs0000036.

14. Annelize Botha, Mark Bussin, and Lukas De Swardt, "An Employer Brand Predictive Model for Talent Attraction and Retention: Original Research," *SA Journal of Human Resource Management* 9, no. 1 (January 2011): 1–12, https://hdl.handle.net/10520/EJC95927.

15. Helle Kryger Aggerholm, Sophie Esmann Andersen, and Christa Thomsen, "Conceptualising Employer Branding in Sustainable Organisations," *Corporate Communications: An International Journal* 16, no. 2 (May 2011): 105–23, https://doi.org/10.1108/13563281111141642.

16. James Manyika et al., *Independent Work: Choice, Necessity, and the Gig Economy*, McKinsey Global Institute, October 2016, https://www.mckinsey.com/featuredinsights/employment-and-growth/independent-work-choice-necessity-and-the-gig-economy.

17. Paul Davidson, "The Job Juggle Is Real. Many Americans Are Balancing Two, Even Three Gigs," *USA Today*, October 17, 2016, https://www.usatoday.com/story/money/2016/10/17/job-juggle-real-many-americans-balancing-two-even-three-gigs/92072068/.
18. King Arthur Flour, "Our History," accessed January 3, 2020, https://www.kingarthurfl our.com/about/history.
19. Claire Martin, "At King Arthur Flour, Savoring the Perks of Employee Ownership," *New York Times*, June 25, 2016, https://www.nytimes.com/2016/06/26/business/at-king-arthur-flour-savoring-the-perks-of-employee-ownership.html.
20. Jon L. Pierce, Stephen A. Rubenfeld, and Susan Morgan, "Employee Ownership: A Conceptual Model of Process and Effects," *Academy of Management Review* 16, no. 1 (January 1991): 121–44, https://doi.org/10.5465/amr.1991.4279000.
21. Marjorie Kelly and Sarah Stranahan, "Next Generation Employee Ownership Design," *Fifty by Fifty*, November 1, 2018, https://www.fiftybyfifty.org/2018/11/nextgeneration-employee-ownership-design/.
22. Sarah Stranahan, "Eileen Fisher: Designing for Change," *Fifty by Fifty,* August 15, 2018, https://www.fiftybyfifty.org/2018/08/eileen-fisher-designing-forchange/.
23. Kelly and Stranahan, "Next Generation Employee Ownership Design."
24. Amy Cortese, "The Many Faces of Employee Ownership," *B the Change*, April 1, 2017, https://bthechange.com/the-many-faces-of-employee-ownership-aa048ba262af.
25. Madeline Buxton, "Uber Is Facing a New Discrimination-Based Lawsuit," *Refinery* 29, October 27, 2017, https://www.refinery29.com/en-us/2017/10/178457/uberlawsuit-women-unequal-pay.
26. Salvador Rodriguez, "Uber versus Women: A Timeline," *Inc.*, March 28, 2017, https://www.inc.com/salvador-rodriguez/uber-women-timeline.html.
27. "Yonkers, New York Population 2019," World Population Review, accessed January 3, 2020, http://

worldpopulationreview.com/us-cities/yonkers-ny-population/.

28. Aaron Bence, "My Greyston Experience," Greyston Bakery, accessed September 22, 2019, https://www.greyston.org/my-greyston-experience-by-aaron-bence-unilever/; Greyston Bakery, "The Center for Open Hiring," accessed September 22, 2019, https://www.greyston.org/about/the-center-for-open-hiring/.

29. Deborah Hicks-Clarke and Paul Iles, "Climate for Diversity and Its Effects on Career and Organisational Attitudes and Perceptions," *Personnel Review* 29, no. 3 (2000): 324–45, https://doi.org/10.1108/ 00483480010324689; Derek R. Avery et al., "Examining the Draw of Diversity: How Diversity Climate Perceptions Affect Job-Pursuit Intentions," *Human Resource Management* 52, no. 2 (March/April 2013): 175–93, https://doi.org/10.1002/hrm.21524; Eden B. King et al., "A Multilevel Study of the Relationships between Diversity Training, Ethnic Discrimination and Satisfaction in Organizations," *Journal of Organizational Behavior* 33, no. 1 (January 2012): 5–20, https://doi.org/10.1002/job.728; Frances J. Milliken and Luis L. Martins, "Searching for Common Threads: Understanding the Multiple Effects of Diversity in Organizational Groups," *Academy of Management Review* 21, no. 2 (1996): 402–33, https://doi.org/10.5465/amr.1996.9605060217; Goce Andrevski et al., "Racial Diversity and Firm Performance: The Mediating Role of Competitive Intensity," *Journal of Management* 40, no. 3 (March 2014): 820–44, https://doi.org/10.1177/0149206311424318; Lisa H. Nishii, "The Benefits of Climate for Inclusion for Gender-Diverse Groups," *Academy of Management Journal* 56, no. 6 (2013): 1754–74, https://doi.org/10.5465/amj.2009.0823; Lynn A. Shore et al., "Inclusion and Diversity in Work Groups: A Review and Model for Future Research," *Journal of Management* 37, no. 4 (July 2011): 1262–89, https://doi.org/10.1177/0149206310385943;Suzanne T. Bell et al., "Getting Specific about Demographic Diversity Variable and Team Performance Relationships: A Meta-analysis," Journal of Management 37, no. 3 (May 2011): 709–43, https://doi.org/10.1177/0149206310365001.

30. David M. Kaplan, Jack W. Wiley, and Carl P. Maertz Jr., "The Role of Calculative Attachment in the Relationship between Diversity Climate and Retention," *Human Resource Management* 50, no. 2 (March/April 2011): 271–87,

https://doi.org/10.1002/hrm.20413; Eden B. King et al., "Why Organizational and Community Diversity Matter: Representativeness and the Emergence of Incivility and Organizational Performance," *Academy of Management Journal* 54, no. 6 (2011): 1103–18, https://doi.org/10.5465/amj.2010.0016; Frances Bowen and Kate Blackmon, "Spirals of Silence: The Dynamic Effects of Diversity on Organizational Voice," *Journal of Management Studies* 40, no. 6 (2003): 1393–417, https://doi.org/10.1111/1467–6486.00385; Orlando Curtae' Richard et al., "The Impact of Store-Unit–Community Racial Diversity Congruence on Store-Unit Sales Performance," *Journal of Management* 43, no. 7 (September 2017): 2386–403, https://doi.org/10.1177/0149206315579511; Patrick F. McKay et al., "Does Diversity Climate Lead to Customer Satisfaction? It Depends on the Service Climate and Business Unit Demography," Organization Science 22, no. 3 (May/June 2011): 788–803, https://doi.org/10.1287/orsc.1100.0550; Yang Yang and Alison M. Konrad, "Understanding Diversity Management Practices: Implications of Institutional Theory and Resource-Based Theory," *Group & Organization Management* 36, no. 1 (February 2011): 6–38, https://doi.org/10.1177/1059601110390997.

31. Jay Coen Gilbert, "The Elections, the Politics of Division, and the Business of Inclusion," *Forbes*, October 30, 2018, https://www.forbes.com/sites/jaycoengilbert/2018/10/30/the-elections-the-politics-of-division-and-the-business-of-inclusion/#2370f8c31add.
32. Certified B Corporation, "Inclusive Economy Challenge 2019," accessed September 22, 2019, https://bcorporation.net/for-b-corps/inclusive-economy-challenge.
33. Mise à jour le, "TriCiclos (Chile): Encouraging Sustainable Consumption through Innovative Recycling," *BipiZ*, May 23, 2016, https://www.bipiz.org/en/csr-best-practices/triciclos-chile-encouraging-sustainable-consumption-through-innovative-recycling-.html?tmpl=component&print=1.
34. Natura, "About Us," accessed September 22, 2019, https://www.naturabrasil. fr/en-us/about-us/cosmetics-leader-in-brazil.

35. "Living Paycheck to Paycheck Is a Way of Life for Majority of U.S. Workers, According to New CareerBuilder Survey," *CareerBuilder*, August 24, 2017, http://press.careerbuilder.com/2017–08–24-Living-Paycheck-to-Paycheck-is-a-Way-of-Life-for-Majority-of-U-S-Workers-According-to-New-CareerBuilder-Survey.
36. Rhino Foods, "Rhino Foods' Income Advance Program," accessed September 22, 2019, https://www.rhinofoods.com/rhino-foods-income-advance-program.
37. Income Advance website, accessed September 22, 2019, https://www.incomeadvance.org.
38. Jay Coen Gilbert, "Distracting Trade Wars: How to Really Help American Workers," *Forbes*, September 27, 2018, https://www.forbes.com/sites/jaycoengilbert/2018/09/27/distracting-trade-wars-how-to-really-help-american-workers/#380bb29f3a8f.

第七章　尋找志同道合的人：B型企業社群

1. "Beyond Certification, B Corp Is about Community," *MaRS*, October 8, 2013, https://marsdd.ca/news/beyond-certification-b-corp-is-about-community/.
2. "Sharing the Power: Solar Energy, Employee Ownership, and the B Corp Community," *B the Change*, February 6, 2018, https://bthechange.com/sharing-the-power-solar-energy-employee-ownership-and-the-b-corp-community-ceea7dcc629a.
3. RSF Social Finance, "About Us—Mission," accessed September 23, 2019, https://rsfsocialfi nance.org/our-story/mission-values/.
4. RSF Social Finance, "RSF Helps Launch the New Resource Bank," *CSRwire*, December 5, 2006, https://www.csrwire.com/press_releases/ 7152-RSF-Helps-Launch-The-New-Resource-Bank.
5. Jillian McCoy, "RSF Capital Management Is a B Corp!" RSF Social Finance, September 16, 2009, https://

rsfsocialfi nance.org/2009/09/16/rsf-cmi-b-corp/.
6. Jillian McCoy, "B Lab Seeds a Movement toward a New Kind of Corporation," RSF Social Finance, September 14, 2012, https://rsfsocialfinance.org/2012/09/14/blab-movement/.
7. Triodos Bank UK Ltd., "About Us," accessed January 3, 2020, https://www.triodos.co.uk/about-us.
8. "B Lab Partners with CESR," Leeds School of Business, September 24, 2014, https://www.colorado.edu/business/CESR/cesr-blog/b-lab-partners-cesr.
9. "Sustainability Marketplace," Leeds School of Business, January 29, 2016, https://www.colorado.edu/business/2016/01/29/sustainability-marketplace.
10. "The GrowHaus: B of Service Volunteering," Wordbank, accessed January 3, 2020, https://www.wordbank.com/us/blog/b-corp/the-growhaus-volunteering/.
11. "Los Angeles B Corporations Join Together to Form B Local LA," Falcon Water Technologies, January 1, 2016, https://falconwatertech.com/los-angeles-b-corporations-join-together-to-form-b-local-la/.
12. Kerry Vineberg, "6 Lessons from B Corp Leadership Development: Bay Area," Certified B Corporation, accessed January 3, 2020, https://bcorporation.net/news/6-lessons-b-corp-leadership-development-bay-area-0.
13. Ryan Honeyman and Tiffany Jana, *The B Corp Handbook: How You Can Use Business as a Force for Good*, 2nd ed. (Oakland, CA: Berrett-Koehler, 2019), https://bcorporation.net/news/b-corp-handbook.
14. Berrett-Koehler Publishers website, accessed January 3, 2020, https://www.bkconnection.com.
15. Numi Organic Tea, "Our Story," accessed January 3, 2020, https://numitea.com/our-story/.
16. Kristin Carlson, "GMP Becomes First Utility in the World to Receive B Corp Certification," Green Mountain Power, December 1, 2014, https://greenmountainpower.com/news/gmp-becomes-first-utility-world-receive-b-corp-certification/.
17. Andrea Kramar, "How a 25-Year-Old Turned His 'Passion Project' into a Global Business with $30 Million in

Sales," *CNBC Make It*, July 3, 2018, https://www.cnbc.com/2018/07/02/how-the-founders-of-lukes-lobster-built-a-global-food-business.html.

18. "Luke's Lobster Grows Impact and Revenue by Working with Fellow B Corps," *B the Change*, August 23, 2018, https://bthechange.com/lukes-lobster-grows-impact-and-revenue-by-working-with-fellow-b-corps-893f308855e2.

19. 同上。

20. Greyston Bakery, "Partners," accessed January 3, 2020, https://www.greyston.org/partners/.

21. Greyston Bakery, "About Greyston," accessed January 3, 2020, https://greystonbakery.com/pages/about-greyston.

22. Will Haraway, "Rubicon Global, World Centric Join Forces to Promote Shared Sustainability Vision," GlobeNewswire, September 27, 2016, https://www.globenewswire.com/news-release/2016/09/27/874918/0/en/Rubicon-Global-World-Centric-Join-Forces-to-Promote-Shared-Sustainability-Vision.html.

23. Corey Simpson, "Patagonia Leads All B Corp Group in $35 Million Dollar Residential Solar Investment," *Patagonia Works*, March 10, 2016, http://www.patagoniaworks.com/press/2016/3/10/clbwie1mk5rnw6jn5iygmi81sn7r46.

24. Adam Fetcher, "Patagonia & Kina`ole Invest $27 Million in Solar for Hawai`i," *Patagonia Works*, October 15, 2014, http://www.patagoniaworks.com/press/2014/10/14/patagonia-kinaole-invest-27-million-in-solar-for-hawaii.

25. Rana DiOrio, "It's the Why That Matters," *AdvisoryCloud*, November 25, 2015, https://www.advisorycloud.com/board-of-directors-articles/its-the-why-that-matters.

26. "Little Pickle Press," tapbookauthor, accessed January 3, 2020, http://www.tapbookauthor.com/customers-view/customers-3/.

27. The Judge Family, "Sewn to Restore: Elegantees," *Elleanor + Indigo*, August 9, 2017, https://www.elleanorandindigo.com/ontheblog/2017/7/22/sewn-to-restore-elegantees.

28. The Community of Certified B Corporations, *Welcome to the B Hive*, February 4, 2015, YouTube, https://www.youtube.com/watch?v=tsxxM6Rakmw.

29. Kendall Cox Park, "B the Change: Social Companies, B Corps, and Benefit Corporations" (PhD diss., Princeton University, 2018), 111.
30. Alex Buerkle, Max Storto, and Kylee Chang, *Just Good Business: An Investor's Guide to B Corps*, Yale Center for Business and the Environment, Patagonia, Inc., and Caprock, accessed September 17, 2019, https://cbey.yale.edu/sites/default/files/Just%20Good%20Business_An%20Investor%27s%20Guide%20to%20B%20Corps_March%202018.pdf.

第八章　走向世界

1. RP Siegel, "B Corporations to Expand 'Business for Good' Initiative Globally," *TriplePundit*, October 3, 2012, https://www.triplepundit.com/story/2012/bcorporations-expand-business-good-initiative-globally/61891.
2. Grupo Bancolombia, "Our Purpose," accessed January 3, 2020, https://www.grupobancolombia.com/wps/portal/about-us/corporate-information/financial-group.
3. Andres Felipe Perilla Rodriguez, "Bancolombia Sustainability Project," *B Analytics*, accessed January 3, 2020, https://b-analytics.net/customers/case-studies/bancolombia-sustainability-project.
4. Rodriguez, "Bancolombia Sustainability Project."
5. Academia B, *Case Studies in Innovation Purpose-Driven Companies and Sistema B in Latin America*, Inter-American Development Bank, 2017, https://sistemab.org/wp-content/uploads/2017/11/fomin_ingles_28_11_2017.pdf; Ryan Honeyman and Tiffany Jana, *The B Corp Handbook: How You Can Use Business as a Force for Good*, 2nd ed. (Oakland, CA: Berrett-Koehler, 2019), 51, https://bcorporation.net/news/b-corp-handbook.
6. "Triple Bottom Line," *Economist*, November 17, 2009, https://www.economist.com/news/2009/11/17/triple-

bottom-line.

7. "ISSP Sustainability Hall of Fame," International Society of Sustainability Professionals, accessed January 3, 2020, https://www.sustainabilityprofessionals.org/issp-sustainability-hall-fame; "John Elkington," WWF-UK, accessed January 3, 2020, https://www.wwf.org.uk/council-of-ambassadors/john-elkington.
8. Ceri Witchard, "CIC Incorporations: The New Online Process," *GOV.UK blog*, March 13, 2019, https://communityinterestcompanies.blog.gov.uk/2019/03/13/cic-incorporations-the-new-online-process/.
9. B Lab, "Global Partners and Community," accessed January 3, 2020, https://bcorporation.net/about-b-lab/global-partners.
10. Alyssa Harriman, "The Making of a Movement: The Rise of the B Corp on the Global Stage" (MSc thesis, Copenhagen Business School, 2015), 90, http://academiab.org/wp-content/uploads/2015/10/Thesis-FINAL.pdf.
11. B Lab Europe, "B Corp movement in BeNeLux," accessed January 3, 2020, https://bcorporation.eu/about-b-lab/country-partner/benelux.
12. Emmanuel Faber, "To B or Not to B Corp: That Is No Longer a Question," Linkedin, April 13, 2018, https://www.linkedin.com/pulse/b-corp-longer-question-emmanuel-faber-1/.
13. "Making an Impact with B Lab Australia & New Zealand," Hub Australia, accessed January 3, 2020, https://www.hubaustralia.com/making-an-impact-with-blab-australia-new-zealand/.
14. Wenlei Ma, "B Corps and Social Enterprise Movement to Hit Australia," *News.com.au*, August 28, 2014, https://www.news.com.au/finance/business/b-corps-and-social-enterprise-movement-to-hit-australia/news-story/7777cbe89da7be011802ab8f11cf36b3.
15. Harriman, "The Making of a Movement," 81.
16. Sara Parrott, "Social Impact Investing Discussion Paper," *Treasury*, March 20, 2017, https://static.treasury.gov.au/uploads/sites/1/2017/08/c2017–183167-Suncorp.pdf.

17. Jim Antonopoulos, "Profit and Responsibility," *Medium*, September 13, 2018, https://medium.com/meaningful-work/profit-and-responsibility-88f807b02757.
18. Gayertree Subramania, "The Low Down: B Corp Champions Retreat Alice Springs," Linkedin, May 17, 2017, https://www.linkedin.com/pulse/b-corp-championsretreat-alice-springs-gayertree-subramaniam/.
19. B Lab Taiwan, *His Excellency Ma Ying-jeou—B Corp Asia Forum 2016 Keynote*, YouTube, July 12, 2017, https://www.youtube.com/watch?v=ahrAbKjoOaw.
20. Certified B Corporation, "B Impact Report Education for Good CIC Ltd.," accessed January 3, 2020, https://bcorporation.net/directory/education-goodcic-ltd.
21. "Donghsu (Jaff) ShenGlobal," Philanthropy Forum, accessed January 3, 2020, https://philanthropyforum.org/people/donghsu-jaff-shen/.
22. Larry Hamermesh et al., "A Conversation with B Lab," *Seattle University Law Review* 40, no. 2 (April 2017): 365, https://digitalcommons.law.seattleu.edu/cgi/viewcontent.cgi?article=2392&context=sulr.
23. B Lab, "Global Partners and Community."

第九章　拓寬通道

1. Ruth Reader, "A Brief History of Etsy, from 2005 Brooklyn Launch to 2015 IPO," *VentureBeat*, March 5, 2015, https://venturebeat.com/2015/03/05/a-briefhistory-of-etsy-from-2005-brooklyn-launch-to-2015-ipo/.
2. Brady Dale, "Over Etsy's B Corp Status, Who Will Bend: B Lab or Etsy?" *Technical.ly Brooklyn*, March 16, 2015, https://technical.ly/brooklyn/2015/03/16/etsyipo-b-corp-status/.
3. Chad Dickerson, "Etsy's Next Chapter: Reimagining Commerce as a Public Company," *Etsy*, April 16, 2015, https://blog.etsy.com/news/2015/etsys-next-chapterreimagining-commerce-as-a-public-company/.

4. David Gelles, "Inside the Revolution at Etsy," *New York Times*, November 25, 2017, https://www.nytimes.com/2017/11/25/business/etsy-josh-silverman.html.
5. Max Chafkin and Jing Cao, "The Barbarians Are at Etsy's Hand-Hewn, Responsibly Sourced Gates," *Bloomberg*, May 18, 2017, https://www.bloomberg.com/news/features/2017–05–18/the-barbarians-are-at-etsy-s-hand-hewn-responsibly-sourced-gates.
6. black-and-white Capital LP, Letter to the Board of Directors of Etsy, Inc., March 13, 2017, https://www.bw-etsy.com/assets/BW-Letter-to-ETSY-Board_FINAL-3.13.17.pdf, accessed January 4, 2020.
7. "black-and-white Capital Calls for Change at Etsy," *Business Wire*, May 2, 2017, https://www.businesswire.com/news/home/ 20170502005999/en/black-and-white-Capital-Calls-Change-Etsy.
8. Catherine Shu, "Etsy Will Cut 15 Percent of Its Workforce in a New Round of Layoffs," TechCrunch, June 22, 2017, https://techcrunch.com/2017/06/21/etsy-willcut-15-percent-of-its-workforce-in-a-new-round-of-layoffs/.
9. Ina Steiner, "Etsy Gives Up B Corp Status to Maintain Corporate Structure," EcommerceBytes, November 30, 2017, https://www.ecommercebytes.com/2017/11/30/etsy-gives-b-corp-status-maintain-corporate-structure/.
10. Jay Coen Gilbert, "B Lab Responds to Etsy," Westaway, December 1, 2017, https://westaway.co/b-lab-responds-etsy/.
11. "Jessica Alba Talks Honest Beauty and Why She Loves Target," A Bullseye View, March 22, 2017, https://corporate.target.com/article/2017/03/honest-beauty; Madeline Stone, "Go Inside the Gorgeous Offices of Jessica Alba's Diaper Company, Which Reportedly Just Raised $100 Million at a $1.7 Billion Valuation," *Business Insider*, August 14, 2015, https://www.businessinsider.com/inside-the-offices-of-jessica-albas-honest-company-2015–08.
12. Dan Schawbel, "Jessica Alba on Becoming an Entrepreneur," *Forbes*, August 27, 2012, https://www.forbes.com/sites/danschawbel/2012/08/27/exclusive-jessica-alba-on-becoming-an-entrepreneur/#709cfceb2700.
13. Jason Del, "Jessica Alba's Honest Company Is Replacing Its CEO after a Sale to Unilever Fell Through," *Vox*,

March 16, 2017, https://www.vox.com/2017/3/16/14951098/new-honest-company-ceo-change-nick-vlahos.

14. Julie Gunlock, "The 'Toxic' Lies behind Jessica Alba's Booming Baby Business," *New York Post*, June 17, 2015, https://nypost.com/2015/06/17/the-toxic-liesbehind-jessica-albas-booming-baby-business/.

15. Shwanika Narayan, "Honest Company Receives $200 Million Investment," *Los Angeles Business Journal*, June 6, 2018, https://labusinessjournal.com/news/2018/jun/06/honest-co-receives-200-million-investment/.

16. James Surowiecki, "Companies with Benefits," *New Yorker*, July 28, 2014, https://www.newyorker.com/magazine/2014/08/04/companies-benefits.

17. B Analytics, "Measure What Matters Initiative Launches," accessed January 4, 2020, https://b-analytics.net/articles/measure-what-matters-initiative-launches.

18. Dan Osusky, "The B Impact Assessment's Commitment to Continuous Improvement: Public Comment of New Version Happening Now," *B the Change*, October 23, 2018, https://bthechange.com/the-b-impact-assessments-commitment-to-continuous-improvement-public-comment-of-new-version-a25b651caa4e.

19. Jo Confino, "Will Unilever Become the World's Largest Publicly Traded B Corp?" *Guardian*, January 23, 2015, https://www.theguardian.com/sustainablebusiness/2015/jan/23/benefit-corporations-bcorps-business-social-responsibility.

20. Abhijeet Pratap, "Nike Supply Chain Management," notesmatic, last updated September 26, 2019, https://notesmatic.com/2018/02/nike-supply-chain-management/.

21. B Analytics, "Measure What Matters Initiative Launches."

22. Francesca Rheannon, "Practicing Deep Sustainability: Cabot Creamery & Context Based Sustainability Metrics," *CSRwire*, August 30, 2012, https://www.csrwire.com/blog/posts/522-practicing-deep-sustainability-cabot-creamery-context-based-sustainability-metrics.

23. Marco Scuri, "Certified B Corps in Italy: Organization, Motivations and Change after the Certification" (master's

thesis, Università Commerciale Luigi Bocconi, 2016/17), 57.

24. Natura, 2016 Annual Report, accessed January 4, 2020, https://natu.infoinvest.com.br/enu/6049/natura_annual_report_2016.pdf.

25. Moyee Coffee, "About Us," accessed January 4, 2020, https://moyeecoffee.ie/pages/story; Moyee Coffee, "A Radically Transparent Impact Report, 2017," accessed January 4, 2020, http://impact.moyeecoffee.com/impact-report-2017#!/home-copycopy-copy-copy-2.

26. NYCEDC, "NYCEDC Announces Launch of Best for NYC Business Campaign to Inspire and Equip Businesses with Resources to Improve Job Quality, Invest in Communities, and Preserve a Healthier Urban Environment," March 11, 2015, https://edc.nyc/press-release/nycedc-announces-launch-best-nyc-business-campaign-inspire-and-equip-businesses.

27. Megan Anthony, "The Alliance Center Wants to See More Sustainable Companies in Colorado," 5280, October 3, 2018, https://www.5280.com/2018/10/the-alliance-center-wants-to-see-more-sustainable-companies-in-colorado/.

28. Scotland CAN B website, accessed January 4, 2020, https://canb.scot.

29. RIO+B, "O QUE é O RIO+B?" accessed September 24, 2019, http://www.riomaisb.org.br/#what.

30. United Nations, "About the Sustainable Development Goals," accessed January 4, 2020, https://www.un.org/sustainabledevelopment/sustainable-development-goals/.

31. "How the Sustainable Development Goals Provide a Framework for Impact-Minded Businesses," *B the Change*, July 31, 2019, https://bthechange.com/how-the-sustainable-development-goals-provide-a-framework-for-impact-minded-businesses-eae3f3506937.

32. Susmita Kamath, "FAQ: How the B Impact Assessment and SDG Action Manager Can Help Businesses Plan and Measure Progress," *B the Change*, November 13, 2019, https://bthechange.com/faq-how-the-b-impact-assessment-and-sdg-action-manager-can-help-businesses-plan-and-measure-5aad2d1e0b96.

33. Larry Hamermesh et al., "A Conversation with B Lab," *Seattle University Law Review* 40, no. 2 (April 2017): 339, https://digitalcommons.law.seattleu.edu/cgi/viewcontent.cgi?article=2392&context=sulr.

34. Michelle Meagher and Fran van Dijk, "B Corps Unite to Hack One Sustainable Development Goal: Responsible Consumption and Production," *B the Change*, December 8, 2017, https://bthechange.com/b-corps-unite-to-hack-one-sustainable-development-goal-responsible-production-and-consumption-b8537a3d7c2c.

35. Tim Frick, "Aligning Your Organization with U.N. Sustainable Development Goals," Mightybytes, September 24, 2018, https://www.mightybytes.com/blog/aligning-un-sustainable-development-goals/.

36. "How the Sustainable Development Goals Provide a Framework for Impact-Minded Businesses," *B the Change*, July 31, 2019, https://bthechange.com/how-the-sustainable-development-goals-provide-a-framework-for-impact-minded-businesses-eae3f3506937.

37. Meagher and van Dijk, "B Corps Unite."

38. "The Burberry Foundation Partners with Elvis & Kresse to Tackle Waste Created by the Leather Goods Industry," Elvis & Kresse, October 16, 2017, https://www.elvisandkresse.com/blogs/news/the-burberry-foundation-partners-with-elvis-kresse.

39. B Lab, *A Conversation with Emmanuel Faber & Andrew Kassoy*, YouTube, November 28, 2018, https://www.youtube.com/watch?v=P-ofxmInWwU.

第十章　大公司不一定是壞公司

1. Christopher Marquis and Effie Sapuridis, "Danone North America: The World's Largest B Corporation," Harvard Kennedy School Case 2156.0, April 26, 2019, 15, https://case.hks.harvard.edu/danone-north-america-the-worlds-largest-b-corporation/.

2. "The World's Largest B Corp on the Future of Business," *B the Change*, April 13, 2018, https://bthechange.com/the-worlds-largest-b-corp-on-the-future-of-business-673bccda1d54.
3. Certified B Corporation, "Large Companies," accessed January 3, 2020, https://bcorporation.net/certification/large-companies.
4. Elizabeth Freeburg, "Advisory Council Seeks Feedback on Recommendations for Multinational Certification," Certified B Corporation, accessed January 3, 2020, https://bcorporation.net/news/advisory-council-seeks-feedback-recommendations-multinational-certification.
5. Laureate Education, Inc., SEC Form 10-Q Quarterly Report for the Quarterly Period Ended March 31, 2019, May 9, 2019, https://www.sec.gov/Archives/edgar/data/912766/000162828019006341/laur3312019–10xq.htm.
6. Jay Coen Gilbert, "For-Profit Higher Education: Yes, Like This Please," *Forbes*, January 4, 2018, https://www.forbes.com/sites/jaycoengilbert/2018/01/04/for-profithigher-education-yes-like-this-please/#78e20bea7937.
7. Laureate Education, Inc., SEC Form S-1 Registration Statement under the Securities Act of 1933, December 15, 2016, https://www.sec.gov/Archives/edgar/data/912766/000104746916017211/a2228849zs-1a.htm.
8. Anderson Antunes, "Brazil's Natura, the Largest Cosmetics Maker in Latin America, Becomes a B Corp," *Forbes*, December, 16, 2014, https://www.forbes.com/sites/andersonantunes/2014/12/16/brazils-natura-the-largest-cosmetics-maker-inlatin-america-becomes-a-b-corp/#eaa3b5225a2e.
9. Jay Coen Gilbert, "New Business Trend: An Authentic Commitment to Purpose," *Forbes*, July 18, 2019, https://www.forbes.com/sites/jaycoengilbert/2019/07/18/new-business-trend-an-authentic-commitment-to-purpose/#749232e6324d.
10. Leon Kaye, "Brazil's Natura Cosmetics Now the World's Largest B Corp," *TriplePundit*, December 29, 2014, https://www.triplepundit.com/story/2014/brazilsnatura-cosmetics-now-worlds-largest-b-corp/38231.
11. Oliver Balch, "Natura Commits to Sourcing Sustainably from Amazon," Guardian, March 18, 2013, https://www.

theguardian.com/sustainable-business/natura-sourcing-sustainably-from-amazon.
12. Meghan French Dunbar, "How Natura Became the World's Largest B Corp—and How It's Helping," *Conscious Company*, January 5, 2016, https://consciouscompanymedia.com/sustainable-business/how-natura-became-the-worlds-largest-b-corp-and-how-its-helping/.

第十一章　讓消費者關注

1. Saerom Lee, Lisa E. Bolton, and Karen P. Winterich, "To Profit or Not to Profit? The Role of Greed Perceptions in Consumer Support for Social Ventures," *Journal of Consumer Research* 44, no. 4 (May 2017): 876, https://academic.oup.com/jcr/article-abstract/44/4/853/3835623.
2. Albena Ivanova et al., "Moderating Factors on the Impact of B Corporation Certification on Purchasing Intention, Willingness to Pay a Price Premium and Consumer Trust," *Atlantic Marketing Journal* 7, no. 2 (2018): 17–35, https://digitalcommons.kennesaw.edu/amj/vol7/iss2/2.
3. Jeff Hoffman, "Market Like Patagonia, Warby Parker, and Tom's Shoes—Your Social Values Can Be a Boon to Your Brand—and Your Revenue. Here Is How," *Inc.*, April 18, 2013, https://www.inc.com/jeff-hoffman/marketing-values-patagonia-warby-parker-toms-shoes.html.
4. "Stress of Current Events Is Generating Apathy among Americans, Says Fifth Annual Conscious Consumer Spending Index (#CCSIndex)," Good.Must. Grow., accessed January 3, 2020, https://goodmustgrow.com/cms/resources/ccsi/ccsindexrelease2017.pdf.
5. United Nations, "Goal 12: Ensure Sustainable Consumption and Production Patterns," accessed January 3, 2020, https://www.un.org/sustainabledevelopment/sustainable-consumption-production/.
6. Quadia, "Why Sustainable Production and Consumption Matters: A Perspective from Quadia Impact Finance,"

accessed January 3, 2020, http://www.quadia.ch/uploads/images/commitment/Quadia%20Impact%20Briefing.pdf.

7. "Consumer-Goods' Brands That Demonstrate Commitment to Sustainability Outperform Those That Don't," *Nielsen*, December 10, 2015, https://www.nielsen.com/us/en/press-releases/2015/consumer-goods-brands-that-demonstrate-commitment-to-sustainability-outperform/.
8. David Boyd, "Ethical Determinants for Generations X and Y," *Journal of Business Ethics* 93, no. 3 (May 2010): 465–69, https://doi.org/10.1007/s10551–009–0233–7.
9. "Consumer-Goods' Brands That Demonstrate Commitment to Sustainability Outperform Those That Don't," Nielsen, December 10, 2015, https://www.nielsen.com/us/en/press-releases/2015/consumer-goods-brands-that-demonstrate-commitment-to-sustainability-outperform/.
10. Christopher Marquis and Effie Sapuridis, "Danone North America: The World's Largest B Corporation," Harvard Kennedy School Case 2156.0, April 26, 2019, 15, https://case.hks.harvard.edu/danone-north-america-the-worlds-largest-b-corporation/.
11. Fair Trade Certified, "Consumer Insights," accessed January 3, 2020, https://www.fairtradecertified.org/business/consumer-insights.
12. "Green Generation: Millennials Say Sustainability Is a Shopping Priority," *Nielsen*, November 5, 2015, https://www.nielsen.com/ie/en/insights/article/2015/green-generation-millennials-say-sustainability-is-a-shopping-priority/.
13. 同上。
14. Ki-Hoon Lee and Dongyoung Shin, "Consumers' Responses to CSR Activities: The Linkage between Increased Awareness and Purchase Intention," *Public Relations Review* 36, no. 2 (June 2010): 193–95, https://doi.org/10.1016/j.pubrev.2009.10.014.
15. BrandIQ, "Benchmark Awareness Report," April 2017, unpublished Power-Point presentation.

16. 同上。

17. “Your Chance to Vote Doesn’t End on Election Day—Use Your Vote Every Day,” *B the Change*, November 12, 2018, https://bthechange.com/your-chance-to-vote-doesnt-end-on-election-day-use-your-vote-every-day-18d19934b1e9.

18. Anne Field, “Boosting Awareness of B Corps by Linking Them to Voting,” *Forbes*, November 27, 2018, https://www.forbes.com/sites/annefield/2018/11/27/boosting-awareness-of-b-corps-by-linking-them-to-voting/#1932eb9c6a70.

19. Certified B Corporation, “Vote Every Day. Vote B Corp,” accessed January 3, 2020, https://bcorporation.net/vote.

20. Field, “Boosting Awareness of B Corps.”

21. Anthea Kelsick, “Vote Every Day—Empowering a Movement to Take Action,” *B the Change*, November 12, 2018, https://bthechange.com/vote-every-day-empowering-a-movement-to-take-action-3802434d7068.

結語　未來不必悲觀

1. Michael Moynihan, “How a True Believer Keeps the Faith,” *Wall Street Journal*, August 20, 2011, https://www.wsj.com/articles/SB10001424053111903480904576512722707621288.

2. Eric J. Hobsbawm and Marion Cumming, *Age of Extremes: The Short Twentieth Century, 1914-1991* (London: Abacus, 1995).

國家圖書館出版品預行編目(CIP)資料

企業進化：兼顧獲利、社會與環境永續的B型企業運動／孟睿思（Christopher Marquis）著；邱墨楠譯. -- 第一版. -- 臺北市：遠見天下文化出版股份有限公司, 2024.03
392面；14.8×21公分. --（財經企管；BCB836）
譯自：Better business : how the B corp movement is remaking capitalism

ISBN 978-626-355-690-4（平裝）

1.CST: 企業管理 2.CST: 組織管理 3.CST: 社會企業

494　　113002589

財經企管 BCB836

企業進化

兼顧獲利、社會與環境永續的 B 型企業運動

Better Business:
How the B Corp Movement Is Remaking Capitalism

作者 — 孟睿思 Christopher Marquis
譯者 — 邱墨楠

總編輯 — 吳佩穎
財經館副總監暨責任編輯 — 蘇鵬元
協力編輯 — 周奕君（特約）
校對 — 黃雅蘭
封面設計 — 謝佳穎

出版者 — 遠見天下文化出版股份有限公司
創辦人 — 高希均、王力行
遠見・天下文化 事業群榮譽董事長 — 高希均
遠見・天下文化 事業群董事長 — 王力行
天下文化社長 — 王力行
天下文化總經理 — 鄧瑋羚
國際事務開發部兼版權中心總監 — 潘欣
法律顧問 — 理律法律事務所陳長文律師
著作權顧問 — 魏啟翔律師
社址 — 臺北市 104 松江路 93 巷 1 號
讀者服務專線 — 02-2662-0012 | 傳真 — 02-2662-0007；02-2662-0009
電子郵件信箱 — cwpc@cwgv.com.tw
直接郵撥帳號 — 1326703-6 號 遠見天下文化出版股份有限公司

電腦排版 — 立全電腦印前排版有限公司
製版廠 — 東豪造像股份有限公司
印刷廠 — 祥峰印刷事業有限公司
裝訂廠 — 聿成裝訂股份有限公司
登記證 — 局版台業字第 2517 號
總經銷 — 大和書報圖書股份有限公司 | 電話 — 02-8990-2588
出版日期 — 2024 年 3 月 29 日第一版第一次印行

定價 — 500 元
ISBN — 978-626-355-690-4 | EISBN — 9786263556874（EPUB）；9786263556867（PDF）
書號 — BCB836
天下文化官網 — bookzone.cwgv.com.tw